高职高专"十二五"规划教材

电机与拖动项目化教程

主　编　李庭贵　梁　杰

副主编　唐学鑫　王　攀　刘　辉

U0295789

合肥工业大学出版社

内容提要

本书将"电机学"与"电力拖动基础"两门课程的主要内容进行了有机组合。在内容组织上,本书以项目为导向,以任务来驱动,将"教"、"学"、"做"融为一体。本书主要内容有:电机的基础知识,变压器,三相异步电动机的基本原理和运行分析,三相异步电动机的启动、调速和制动,直流电机的基本原理和运行分析,直流电动机的电力拖动,其他驱动与控制电机及其应用,电动机的选择,等等。

本书为高职高专院校机电类、电气自动化类、电子信息类等专业的技术基础课教材,还可供相关工程技术人员参考。

图书在版编目(CIP)数据

电机与拖动项目化教程/李庭贵,梁杰主编. —合肥:合肥工业大学出版社,2013.5(2018.1重印)
ISBN 978 − 7 − 5650 − 1304 − 1

Ⅰ.①电… Ⅱ.①李…②…梁 Ⅲ.①电机—高等为校—教材②电力传动—高等学校—教材 Ⅳ.①TM3②TM921

中国版本图书馆 CIP 数据核字(2013)第 084254 号

电机与拖动项目化教程

李庭贵 梁 杰 主编　　　　　　　　责任编辑 马成勋

出　版	合肥工业大学出版社	版　次	2013 年 5 月第 1 版
地　址	合肥市屯溪路 193 号	印　次	2018 年 1 月第 3 次印刷
邮　编	230009	开　本	787 毫米×1092 毫米　1/16
电　话	理工编辑部:0551—62903200	印　张	15
	市场营销部:0551—62903198	字　数	346 千字
网　址	www.hfutpress.com.cn	印　刷	安徽昶颉包装印务有限责任公司
E-mail	hfutpress@163.com	发　行	全国新华书店

ISBN 978 − 7 − 5650 − 1304 − 1　　　　　定价:32.00 元

如果有影响阅读的印装质量问题,请与出版社发行部联系调换。

前　言

　　高职教育强调"以能力为本位，以职业实践为主线，努力做到把理论知识嵌入实践教学中"。

　　在机电类、电气自动化类、电子信息类专业中，《电机与拖动技术》是一门十分重要的专业技术基础课。本书根据高职高专人才培养目标，结合专业教育教学改革与实践经验，针对工程应用型教学改革和就业的需要，对现有的课程进行有机整合后编写而成。本书的编写内容以必需、够用为度，减少了原有课程教学内容中重复的部分，力图适应机电类、电气自动化类、电子信息类专业的需要，突出机电结合、电为机用的特点，体现理论先导、理论联系实际和精练实用的原则，在内容上偏重于电机及其拖动的定性分析和应用，降低理论深度，减少定量计算内容，并且适当反映近年来电机和电力拖动学科领域的新发展与新成就。另外，还注意到与"电工技术"及"电子技术"课程的衔接，并尽量避免或减少内容上的重复。

　　本教材充分体现了项目引领、任务驱动的课程体系设计思想，以理论与实践相结合为主线，适应"教、学、做"一体化的特色教学，以机电类、电气自动化类、电子信息类专业工作岗位的技术和技能需求为依据，在各项目中均引入工程应用实训案例，并配有相关目标考核，突出技术应用性，强化实践能力培养，使学生学习之后能够轻松地掌握电机与拖动技术，具有鲜明的高职教材特色。在编写过程中，既注重基础理论的学习，又结合工程实际，逐渐地培养学生的工程观点，掌握工程问题的处理方法，注重学生实际动手能力的培养。

　　本书以"项目化"形式编写，全书共8个项目模块，每个项目由相应的驱动任务组成，每个任务包括"任务要求"、"相关知识"、"应用实施"、"操作与技能考评"等部分，在任务驱动教学中包含了"电机与拖动技术课程标准"规定应掌握的所有知识点。项目一为"电机的基础知识"，包含任务"认识电机"、"熟悉电机中应用的基本物理量"。项目二为"变压器"，包含任务"认识变压器任务"、"变压器的运行分析和参数测定任务"、"三相变压器任务"、"特殊变压器的应用"。项目三为"三相异步电动机的基本原理和运行分析"，包含任务"三相异步电动机的结构和工作原理"、"三相异步电动机的运行分析及参数测定"、"三相异步电动机的机械特性分析"。项目四为"三相异步电动机的启动、调速和制动"，包含任务"认识负载"、"三相鼠笼式异步电动机的启动方法及应用"、"三相异步电动机的调速方法及应用"、"三相异步电动机的电磁制动及应用"。项目五为"直流电动机的基本原理和运行分析",包含任务"直流电动机结构和工作原理分析"、"直流电机的运行分析"、"他励直流电动机的机械特性分析"。项目六为"直流电动机的电力拖动",包含任务"他励直流电动机的启动"、"他励直流电动机的调速"、"他励直流电动机的电磁制动"。项目七为"其他驱动与控制电机及其应用",包含任务"单相异步电动机"、"三相同步电动机"、"控制电机"。项目八为"电动机的选择",包含任务"电动机额定数据的选择方法"、"电动机额定功率的选择"。

本书可作为高职高专机电类、电气自动化类、电子信息类等专业的教材,或作为职业技术培训教材,也可作为从事机电、自动化技术的工程技术人员的参考用书。

本书由泸州职业技术学院教师李庭贵、梁杰担任主编,泸州职业技术学院教师唐学鑫、王攀与安徽广播电视大学教师刘辉担任副主编。其中李庭贵编写了项目三、项目四、项目六;梁杰编写了项目一、项目二;唐学鑫编写了项目七;王攀编写了项目五;刘辉编写了项目八。李庭贵负责本书的策划、统稿及初审工作。

在编写本书的过程中,编者参考了许多文献资料(参见书后的参考文献),在此向各文献资料的作者表示感谢。

由于编者水平有限,书中难免会有错误与不妥之处,敬请使用本书的读者批评指正,并恳请将本书的使用情况及各种意见、建议及时反馈给我们(505161446@qq. com),以便我们在今后的工作中不断改进和完善。

作 者

2013 年 5 月

目　　录

项目一　电机的基础知识 …………………………………………………… (1)

任务 1.1　认识电机 ………………………………………………………… (1)

任务 1.2　熟悉电机中应用的基本物理量 ………………………………… (3)

项目小结 …………………………………………………………………… (11)

思考与练习 ………………………………………………………………… (11)

项目二　变压器 ……………………………………………………………… (13)

任务 2.1　认识变压器 ……………………………………………………… (13)

任务 2.2　变压器的运行分析和参数测定 ………………………………… (19)

任务 2.3　三相变压器 ……………………………………………………… (33)

任务 2.4　特殊变压器的应用 ……………………………………………… (43)

项目小结 …………………………………………………………………… (47)

思考与练习 ………………………………………………………………… (48)

项目三　三相异步电动机的基本原理和运行分析 ………………………… (50)

任务 3.1　三相异步电动机的结构和工作原理 …………………………… (50)

任务 3.2　三相异步电动机的运行分析及参数测定 ……………………… (71)

任务 3.3　三相异步电动机的机械特性分析 ……………………………… (86)

项目小结 …………………………………………………………………… (95)

思考与练习 ………………………………………………………………… (96)

项目四　三相异步电动机的启动、调速和制动 …………………………… (98)

任务 4.1　认识负载 ………………………………………………………… (98)

任务 4.2　三相鼠笼式异步电动机的启动方法及应用 ………………… (103)

任务 4.3　三相异步电动机的调速方法及应用 ………………………… (112)

任务 4.4　三相异步电动机的电磁制动及应用 ………………………… (124)

项目小结 ………………………………………………………………… (130)

思考与练习 ……………………………………………………………… (131)

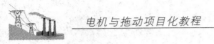
项目五 直流电机的基本原理和运行分析 ································ (133)

  任务 5.1 直流电动机结构和工作原理分析 ························ (133)

  任务 5.2 直流电机的运行分析 ································· (146)

  任务 5.3 他励直流电动机的机械特性分析 ······················ (153)

  项目小结 ··· (159)

  思考与练习 ··· (160)

项目六 直流电动机的电力拖动 ································· (161)

  任务 6.1 他励直流电动机的启动 ······························· (161)

  任务 6.2 他励直流电动机的调速 ······························· (166)

  任务 6.3 他励直流电动机的电磁制动 ··························· (171)

  项目小结 ··· (178)

  思考与练习 ··· (178)

项目七 其他驱动与控制电机及其应用 ························· (180)

  任务 7.1 单相异步电动机 ··································· (180)

  任务 7.2 三相同步电动机 ··································· (188)

  任务 7.3 控制电机 ··· (193)

  项目小结 ··· (208)

  思考与练习 ··· (209)

项目八 电动机的选择 ··· (211)

  任务 8.1 电动机额定数据的选择方法 ··························· (211)

  任务 8.2 电动机额定功率的选择 ······························· (219)

  项目小结 ··· (229)

  思考与练习 ··· (231)

参考文献 ··· (233)

项目一 电机的基础知识

本项目分两个任务模块,分别阐述电机的基本概念、分类和其在生产中的重要作用,同时介绍了在电机中应用的一些基本物理量。

任务 1.1 认识电机

任务要求

(1)掌握电机的基本概念和分类。

(2)了解目前常用电机的外形。

(3)了解电机在国民生产中的应用。

相关知识

电能易于转换、传输、分配和控制,是现代能源的主要形式。电能的生产是由发电机完成的,电能转换为机械能主要由电动机完成,电动机拖动生产机械运转称为电力拖动。电动机效率高,运转经济;电动机种类和规格很多,具有各种良好的特性,能较好地满足大多数生产机械的不同需要;电力拖动易于操作和控制,可以实现自动控制和远距离控制。因此,在现代化生产中多数生产机械都采用电力拖动。

一、电机的基本概念

电机是以电磁感应原理和电磁力定律为基本工作原理制成的一种旋转电器,能将电能转换成机械能或将其他形式的能转换成电能。

二、电机的分类

电机常用的分类方式有两种:

(1)按功能分,有发电机、电动机、变压器和控制电机四大类;

(2)按电机结构或转速分,有变压器和旋转电机。

两种分类方式归纳如下:

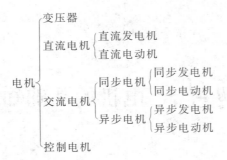

一、电机的分类产品图片

三相异步电机

伺服电机

电力变压器

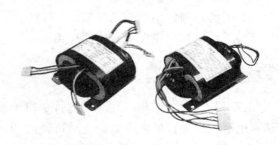

电源变压器

二、电机在国民生产中的应用

现代工业、农业、交通运输、科学技术、邮电通讯和日常生活等各个方面广泛应用的电能,几乎全部是由火电厂或水电站的交流发电机所发出的交流电能。电动机是国民经济各部门应用最多的动力机械,也是最主要的用电设备,各种电动机所消耗的电能占全国总发电量的 60%以上。变压器是将一种电压的交流电能转换为另一种电压的交流电能的装置。由于发电机发出的电压受绝缘材料和结构的限制,最高只能是 27 kV 左右,进行远距离输电时,输电线路上将产生较大的电压降落和能量损耗,输电质量和经济性都无法保证。为此,在电厂或电站,需用变压器将电压升高,使在输送功率不变的情况下输电线路中的电流明显减小,以提高输电的效率,在用电中心和用电单位,再用变压器将电压降低到用电设备所需的电压等级,以保证用电的安全。控制电机主要用于信号的变换与传递,在自动控制系统中作为多种控制元件使用,除国防工业应用较多以外,新兴的数控机床、计算机外围设备、机器人和音像设备等均需应用大量控制电机,例如金属切削机床、轧钢机、风机、水泵、起重机械和电力机车等。采用电力拖动使得生产率和产品质量进一步提高,为生产过程自动化提供了十分有利的条件。

电能是应用最为广泛的能源,而电能的产生、传输、分配和使用等各个环节都依赖于各种各样的电机,电力拖动是国民经济各部门中采用最多最普遍的拖动方式,是生产过程电气化、自动化的重要前提。由此可见,电机及电力拖动在国民经济中起着极其重要的作用。

操作与技能考评

序号	主要内容	考核标准	评分标准	配分	扣分	得分
1	电机的基础知识	(1)能够简述电机的基本概念; (2)能够看图认识电机的种类; (3)能够简述电机的应用	叙述不清、不达重点均不给分;(2)和(3)回答5种以内加1分,5种以上加2分	20		
2	电机实训台各单元的认识	能够识别8个单元的名称和作用	叙述不清、不达重点均不给分;答对1个单元给5分	40		
3	电机实训台各单元的使用方式和调节方式	(1)能够使用电源和调节可变电源; (2)能够测量和调节电压和电流大小; (3)能够调节可变电阻大小	调节成功1个单元给5分	40		

任务 1.2 熟悉电机中应用的基本物理量

任务要求

(1)掌握电机中常用的定律内容。
(2)掌握电机中应用的基本物理量的符号表示、单位表示及公式。
(3)学会运用定律、公式计算。

相关知识

一、电路定律

各种电机、变压器内部均有电路,电路中各物理量之间的关系符合欧姆定律和基尔霍夫第一定律、第二定律。

1. 欧姆定律

流过电阻 R 的电流 I 的大小与加于电阻两端的电压 U 成正比，与电阻 R 的大小成反比。对直流电路的公式为

$$U = IR$$

对于正弦交流电路，电阻 R 改为阻抗 Z，电压与电流用复数有效值表示。

$$\dot{U} = \dot{I} Z$$

2. 基尔霍夫第一定律（电流定律）

对电路中任意一个节点，电流的代数和等于零。

对于直流电路，公式为

$$\sum I = 0$$

对于正弦交流电路，公式为

$$\sum i = 0 \quad 或 \quad \sum \dot{I} = 0$$

如设流入节点的电流为正，则流出节点的电流为负。

3. 基尔霍夫第二定律（电压定律）

对于电路中的任一闭合回路，所有电压降的代数和等于所有电动势的代数和。

对于直流电路，公式为

$$\sum U = \sum E$$

对于正弦交流电路，公式为

$$\sum u = \sum e \quad 或 \quad \sum \dot{U} = \sum \dot{E}$$

式中各个电压和电动势，凡是正方向与所取回路巡行方向相同者为正，相反者为负。

二、全电流定律

1. 电流的磁效应

电流会在其周围产生磁场，这就是电流的磁效应，即所谓"电生磁"。例如电流通过一根直的导体，在导体周围产生的磁场用磁力线描述时，磁力线为以导体为轴线的同心圆，磁力线的方向可根据电流的方向由右手螺旋定则确定，即将右手四指轻握作螺旋状，大拇指伸直，当大拇指指向电流方向，则弯曲的四指所指方向即为磁力线方向，如图 1-2-1a 所示。如果是电流通过导体绕成的线圈，产生的磁场的磁力线方向仍可用右手螺旋定则确定，这时，使弯曲的四指方向与电流方向一致，则大拇指的方向即为线圈内磁力线的方向，如图 1-2-1b 所示。

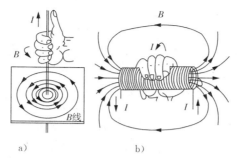

图 1-2-1　磁感应强度的方向与电流间的关系(右手螺旋定则)

2. 磁路的几个基本物理量

(1)磁感应强度 B

磁场中任意一点的磁感应强度 B 的方向,即过该点磁力线的切线方向,磁感应强度 B 的大小为通过该点与 B 垂直的单位面积上的磁力线的数目。磁感应强度 B 的单位为特斯拉(T)。

(2)磁通量 Φ

穿过某一截面 S 的磁感应强度 B 的通量,即穿过某截面 S 的磁力线的数目称为磁感应通量,简称磁通量,即

$$\Phi = \int B \cdot \mathrm{d}S$$

设磁场均匀,且磁场与截面垂直时,上式可简化为

$$\Phi = BS$$

磁通量的单位为韦伯(Wb);面积单位为 m^2。

由上式可知,磁场均匀,且磁场与截面垂直时,磁感应强度的大小可用下式表示:

$$B = \frac{\Phi}{S}$$

因此,磁感应强度又称为磁通密度。

(3)磁场强度 H

磁场强度 H 是为建立电流与由其产生的磁场之间的数量关系而引入的物理量,其方向与 B 相同,其大小与 B 之间相差一个导磁介质的磁导率 μ,即

$$H = \frac{B}{\mu} \quad \text{或} \quad B = \mu H$$

磁导率 μ 是反映导磁介质导磁性能的物理量,磁导率 μ 越大的介质,其导磁性能越好。磁导率的单位是 H/m。真空中的磁导率为

$$\mu_0 = 4\pi \times 10^{-7}\ \mathrm{H/m}$$

其他导磁介质的磁导率通常用 μ_0 的倍数来表示,即

$$\mu = \mu_r \mu_0$$

式中: μ_r——导磁介质的相对磁导率。

铁磁性材料(如铁、钴、镍及其合金)的相对磁导率 $\mu_r = 2000 \sim 6000$,但不是常数;非铁磁性材料(如铜、铝、塑料等)的相对磁导率 $\mu_r \approx 1$,且为常数。

磁场强度的单位为 A/m，工程上常沿用 A/cm 为单位。

3. 全电流定律

磁场中沿任一闭合回路的磁场强度 H 的线积分等于该闭合回路所包围的所有导体电流的代数和，其数学表达式为

$$\oint_L H\,\mathrm{d}l = \sum I$$

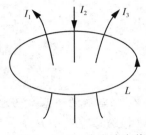

这就是全电流定律。当导体电流的方向与积分路径的方向符合右手螺旋关系时为正，如图 1-2-2 中的 I_1 和 I_3；反之则为负，如图 1-2-2 中的 I_2。

图 1-2-2　全电流定律

在电机和变压器中，常把整个磁路分成若干段，每一段磁路内的磁场强度 H、导磁材料及导磁面积 S 相同，如图 1-2-3 所示，则全电流定律简化为

$$H_1l_1 + H_2l_2 + H_3l_3 + H_4l_4 + H_5l_5 + H_\delta\delta = NI$$

即

$$\sum H_k l_k = NI = F$$

式中：H_k——第 k 段的磁场强度；

　　　l_k——第 k 段的磁路长度；

　　　F——作用在整个磁路上的磁动势；

　　　N——线圈匝数；

　　　$H_k l_k$——第 k 段磁路上的磁压降。

上式表明，作用在整个磁路上的总磁动势等于各段磁路的磁压降之和。第 k 段磁路的磁压降可以写成

$$H_k l_k = \frac{B_k}{\mu_k}l_k = \frac{1}{\mu_k} \cdot \frac{\Phi}{S_k}l_k = \Phi R_{mk}$$

式中：$R_{mk} = \dfrac{l_k}{\mu_k S_k}$称为第 k 段磁路的磁阻，则对于图 1-2-3 所示的无分支磁回路可以写成

$$F = NI = \sum H_k l_k = \sum \Phi \cdot R_{mk} = \Phi \cdot \sum R_{mk}$$

或

$$\Phi = \frac{F}{\sum R_{mk}}$$

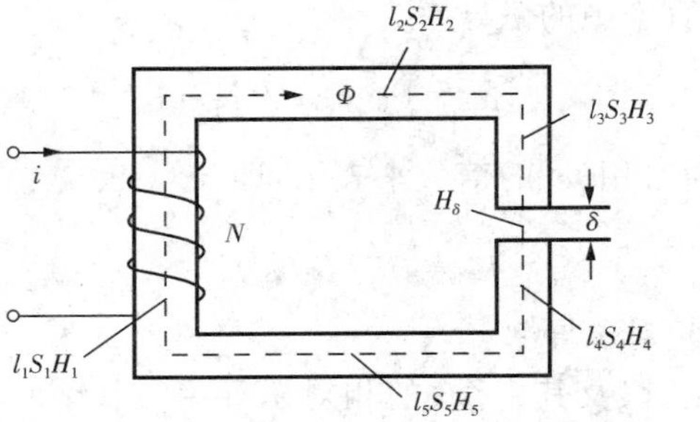

图 1-2-3　无分支磁路

三、电磁感应定律

设匝数为 N 的线圈处在磁场中,它所交链的磁链为 $\Psi = N\Phi$,则不论由于什么原因,当该线圈所交链的磁链发生变化时,在线圈内就有一感应电动势产生,这种现象称为电磁感应。感应电动势的大小和该线圈所交链的磁链变化率成正比;感应电动势的方向可以这样确定,电动势在线圈内产生电流(即感应电流,与感应电动势方向相同),使之所建立的磁通用来阻碍线圈中磁通的变化。如果感应电动势的正方向与磁通的正方向符合右手螺旋关系,则电磁感应定律可用下式表示:

$$e = -\frac{\mathrm{d}\Psi}{\mathrm{d}t} = -N\frac{\mathrm{d}\Phi}{\mathrm{d}t}$$

线圈中磁链的变化可能由两个原因所引起:

(1)线圈与磁场相对静止,但是穿过线圈的磁通本身(大小或方向)发生变化。这种情况如同变压器一样,所以这种感应电动势称为变压器电动势。

以图 1-2-4 为例,设线圈 N_1 通入随时间而变的电流 i_1 而线圈 N_2 开路。这时由 i_1 所建立的磁通也随时间而变,使与线圈 N_1 和 N_2 所交链的磁链也随时间而变化,从而在线圈 N_1 和 N_2 中分别产生感应电动势 e_1 和 e_2。感应电动势的正方向如图 1-2-4 所示,其表达式为

$$e_1 = -\frac{\mathrm{d}\Psi_1}{\mathrm{d}t} = -N_1\frac{\mathrm{d}\Phi}{\mathrm{d}t}$$

$$e_2 = -\frac{\mathrm{d}\Psi_2}{\mathrm{d}t} = -N_2\frac{\mathrm{d}\Phi}{\mathrm{d}t}$$

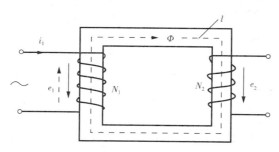

图 1-2-4 感应电动势的正方向

在此例中,由线圈 N_1 中电流 i_1 变化在自身线圈中产生的感应电动势 e_1,称为自感电动势,而由 i_1 的变化在另一线圈 N_2 内感应的电动势 e_2,称为互感电动势。

(2)磁场的大小及方向不变,而线圈与磁场之间有相对运动,使得线圈中的磁链发生变化。这种情况一般发生在旋转电机中,所以称之为旋转电动势或速率电动势。

①当导体在恒定磁场中运动时,若导体、磁力线和运动方向三者互相垂直,则导体内的感应电动势为

$$e = Blv$$

式中：B——导体所处的磁通密度，单位为 T；

　　　l——切割磁力线的导体有效长度，单位为 m；

　　　v——导体相对于磁场的运动线速度，单位为 m/s；

　　　e——导体中的感应电动势，单位为 V。

②旋转电动势的方向可以由图 1-2-5 所示的右手定则确定：右手大拇指与其余四指互相垂直，让磁力线穿过手心，大拇指指向导体相对于磁场的运动方向，则四指所指的方向即为旋转电动势的方向。

四、电磁力定律

载流导体在磁场中受到力的作用，这种力是磁场与电流相互作用产生的，故称为电磁力。若磁场与导体相互垂直，则作用在导体上的电磁力为

$$f = BIl$$

式中：B——导体所处的磁通密度，单位为 T；

　　　I——导体中的电流，单位为 A；

　　　l——导体在磁场中的有效长度，单位为 m；

　　　f——作用在导体上的电磁力，单位为 N。

电磁力的方向可由图 1-2-6 所示的左手定则确定：左手大拇指与其余四指互相垂直，让磁力线穿过手心，四指指向电流的方向，则大拇指所指的方向即为电磁力的方向。

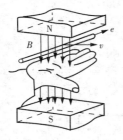　　　　　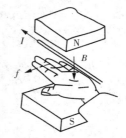

图 1-2-5　右手定则　　　　　　　　　图 1-2-6　左手定则

五、铁磁材料的特性

1. 铁磁材料的磁化特性

物质按其磁化效应可大致分为铁磁性物质和非铁磁性物质两类。铁、钴、镍等强磁性物质称为铁磁材料。铁磁材料在外磁场的作用下能产生很强的附加磁场，称为铁磁物质的磁化，外磁场停止作用后，仍能保持其磁化状态。

将一块尚未磁化的铁磁材料进行磁化，当磁场强度 H 由零逐渐增大时，磁感应强度 B 将随之增大，曲线 $B = f(H)$ 就称为起始磁化曲线，如图 1-2-7 所示。

当 H 从零开始，此时 $B = H = 0$，然后逐渐增大电流，随着 H 的增大 B 也逐渐增大，至 a 点后，铁芯中的 B 不再显著增加，介质的磁化达到饱和，即磁饱和。当铁磁材料达到饱和状态后，缓慢地减小 H，铁磁材料中的 B 并不按原来的曲线减小，并且 $H = 0$ 时，B 不等于0，而具有一定值，这种现象称为剩磁。要完全消除剩磁，必须加反向磁场，当反向磁场继续增加，铁磁材料的磁化达到反向饱和。不断地正向或反向缓慢改变磁场，磁化曲线为一闭合曲线——磁滞回线，如图

1-2-8所示。按照磁滞回线形状的不同,铁磁材料可大致分为软磁材料和硬磁材料两类。

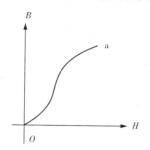

图1-2-7　铁磁材料的起始磁化曲线

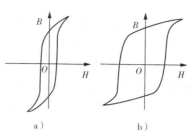

图1-2-8　磁滞回线
a)软磁材料；b)硬磁材料

软磁材料磁滞回线窄,磁导率高。如硅钢片、铸铁、铸钢等做电器设备的铁芯。硬磁材料磁滞回线宽,如铁氧体、铝镍钴等做永久磁铁。

2. 铁磁材料的损耗

(1)磁滞损耗

铁磁材料的磁滞效应可导致铁磁材料发热,也就是说磁滞会引起磁滞损耗。

铁磁材料置于交变磁场中时,材料被交变磁场反复磁化,引起磁畴的周期性转动,其转动摩擦引起的损耗就是磁滞损耗,如图1-2-9所示。磁滞损耗与磁滞回线包围的面积、磁通交变频率及铁磁材料体积成正比。

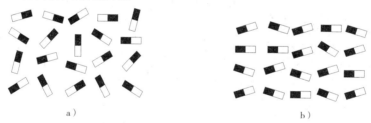

图1-2-9　铁磁材料的磁化
a)磁化前磁畴杂乱无章运动；b)磁化后磁畴有序排列运动

(2)涡流损耗

铁芯内的交变磁通将产生感应电势,进而在铁芯内引起环流。这些环流通常作涡流状流动,称为涡流。涡流引起的损耗,称为涡流损耗。

如何尽量减小涡流损耗呢？如图1-2-10所示,将铁芯切成一块块薄片状,每片放入绝缘漆中,再拿出烘干重新叠成一整块铁芯,由于每片之间是绝缘的,相当于延长了涡流的路径,使有效电阻增加,从而减小了涡流损耗。

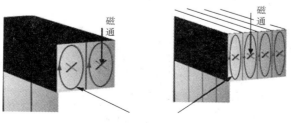

图1-2-10　产生感应电动势及涡流的等效图

当铁芯中磁通交变时,同时会产生磁滞损耗与涡流损耗。这两部分损耗总称为铁芯损耗,简称铁损。

应用实施

例题:在图 1-2-11 中,设匀强磁场的磁感应强度 B 为 0.1 T,切割磁感线的导线长度 l 为 40 cm,向右运动的速度 v 为 5 m/s,整个线框的电阻 R 为 0.5 Ω,求:

(1)感应电动势的大小;

(2)感应电流的大小和方向;

(3)使导线向右匀速运动所需的外力;

(4)外力做功的功率;

(5)感应电流的功率。

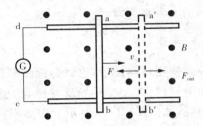

图 1-2-11 导体切割磁感线产生的感应电动势

解:(1)线圈中的感应电动势为

$$e = Blv = 0.1 \times 0.4 \times 5 \text{ V} = 0.2 \text{ V}$$

(2)线圈中的感应电流为

$$I = \frac{e}{R} = \frac{0.2}{0.5} \text{ A} = 0.4 \text{ A}$$

由右手定则可判断出感应电流方向为 abcd。

(3)由于 ab 中产生了感应电流,电流在磁场中将受到安培力的作用。用左手定律可判断出 ab 所受安培力方向向左,与速度方向相反,因此,若要保证 ab 以速度 v 匀速向右运动,必须施加一个与安培力大小相等,方向相反的外力。所以,外力大小为

$$f = BIl = 0.1 \times 0.4 \times 0.4 \text{ N} = 0.016 \text{ N}$$

外力方向向右。

(4)外力做功的功率为

$$P = fv = 0.016 \times 5 \text{ W} = 0.08 \text{ W}$$

(5)感应电流的功率为

$$P' = eI = 0.2 \times 0.4 \text{ W} = 0.08 \text{ W}$$

可以看到,$P = P'$,这正是能量守恒定律所要求的。

操作与技能考评

序号	主要内容	考核标准	评分标准	配分	扣分	得分
1	各种物理量的概念	（1）能够简述各种磁路物理量的基本概念；（2）能够简述各种磁路物理量的基本单位；（3）能够简述各种磁路物理量的基本公式	叙述不清、不达重点均不给分；对于（1）和（3）答对 5 个加 2 分，答对 5 个以上加 3 分；对于（2）答对 1 个给 1 分	50		
2	各种定律	（1）能够简述各种磁路的基本定律和公式；（2）能够简述各种基本电磁定律和公式；（3）能够简述磁性材料的几种磁性能	叙述不清、不达重点均不给分；对于（1）答对 1 条给 4 分；对于（2）和（3）答对 1 条给 5 分	50		

项目小结

电机是一种利用电磁感应原理工作的能量转换装置。众所周知，由于电能的生产比较经济，传输和分配比较方便，控制容易，因此在现代工农业生产中，电能已成为最主要的能量形式，电机也发挥越来越重要的作用。电机分为变压器、直流电机、交流电机和控制电机。电机中常用的物理量有电压、电流、磁场强度、磁通、磁势、电磁力和感应电动势等。运用的定律有电磁感应现象、欧姆定律、右手定则、左手定则、楞次定律等。电机的铁芯一般用铁磁材料（硅钢片），铁磁材料具有磁化特性。按磁滞回线不同可将铁磁材料分为硬磁材料和软磁材料。铁芯中会产生磁滞损耗和涡流损耗，总称铁损，电机在设计和使用时，应尽量采取措施减少铁损。

思考与练习

1-1 什么叫电机？电机是如何分类的？举例说明电机在国民生产中的应用。

1-2 为什么要采用高压输电？

1-3 什么是"电生磁"？什么是"动磁生电"？

1-4 在求感应电动势时，$e_L = -L\dfrac{\mathrm{d}i}{\mathrm{d}t}$，$e = -N\dfrac{\mathrm{d}\Phi}{\mathrm{d}t}$ 和 $e = Blv$ 式中，哪一个式子具有普遍的形式？另外诸式必须在各自的什么条件下才能适用？

1-5 两个线圈匝数相同，一个绕在闭合铁芯上，另一个绕在木材上，通入相同频率的交变电流。如果它们的自感电动势相等，试问哪个线圈的电流大？为什么？

1-6 在下图中，当线圈 N_1 外施正弦电压 u_1 时，为什么在线圈 N_1 及 N_2 中都会感应出电动势？当电流 i_1 增加时，标出这时 N_1 及 N_2 中感应电动势的实际方向。

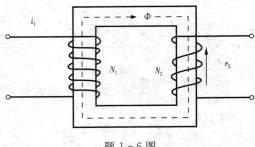

题 1-6 图

1-7 铁磁材料有什么特性？电机中的铁损包括哪些？

项目二 变压器

本项目分四个任务模块,按照变压器实际应用的要求分别介绍单相变压器和三相变压器的基本结构、工作原理、运行特性及应用等基本知识,最后介绍几种常用的特殊变压器。

任务 2.1 认识变压器

任务要求

(1)了解变压器的用途和分类。
(2)认识变压器的外形和内部结构,熟悉各部件的作用和额定值。
(3)学会单相变压器的连接。

相关知识

发电厂(站)发出的电能能够比较经济地传输、合理地分配以及安全地使用,都要使用变压器。在电力系统中,变压器是一个十分重要的设备。发电厂(站)发出的电压受发电机绝缘条件的限制不可能很高,一般只有 10.5～20 kV,目前世界上最高不超过 27 kV。而且发电厂(站)又多建在动力资源较丰富的地方,要把发出的大功率的电能直接送到很远的用电区去,几乎不可能。因为低电压大电流输电,除在输电线路上产生很大的损耗以外,线路上产生的电压降也足以使电能送不出去。为此需要采用高压输电,即用升压变压器把电压升高到输电电压,例如 110 kV、220 kV 等。当输送的功率一定,输电电压愈高,电流就愈小。因此线路上的电压降和功率损耗明显减小,线路用铜量也可减少,从而节省了投资费用,这样就能比较经济地把电能送出去。一般来说,输电距离越远、输送功率越大,则要求的输电电压越高。

当电能送到用电区后,还要用降压变压器把输电电压降低为配电电压(35 kV 以下),然后再送到各用电区,最后再经配电变压器把电压降到用户所需要的电压等级,供用户使用。大型动力设备采用 6 kV 或 10 kV,小型动力设备和照明用电则为 380 V/220 V。

如远距离输电采用直流高压输电,也需将发电机发出的三相交流电经变压器升压后,整流为直流输送到用电区,然后再把直流逆变为交流,用变压器降压后送给用户。

从发电厂(站)发出的电能输送到用户的整个过程中通常需要多次变压,变压器的安装容量为发电机容量的5~8倍,故变压器的生产和使用具有重要意义。电力系统中使用的变压器叫做电力变压器。

在电力拖动系统或自动控制系统中,变压器作为能量传递或信号传递的元件,应用十分广泛。在其他各部门,同样也广泛使用各种类型的变压器,以提供特种电源或满足特殊的需要。

一、变压器的原理

变压器是一种变换交流电能的静止电气设备,它是利用电磁感应作用把一种等级的电压或电流变成同频率的另一种等级的电压或电流。它由绕在同一铁芯上的两个或两个以上的线圈组成,线圈之间通过交变的磁通相互联系着。为了画图简明起见,常把两线圈画成分别套在铁芯的两边,如图 2-1-1 所示。

通常两个线圈中一个接交流电源,称为原绕组,也可叫做原边或初级;另一个接负载,称为副绕组,也可叫做副边或次级。当原边外加交流电压时,原绕组中便有交流电流流过,并在铁芯中产生交变磁通 Φ,其频率和外加电压的频率一样。这个交变磁通 Φ 同时交链原、副绕组。根据电磁感应定律,在原、副绕组中感应出电动势 e_1、e_2,其大小分别正比于原、副绕组的匝数。副边有了电动势,便向负载供电,实现了能量的传递。只要改变原、副绕组的匝数,就可改变原、副边感应电动势的大小,从而达到改变电压的目的。这就是变压器利用电磁感应作用变压的原理。

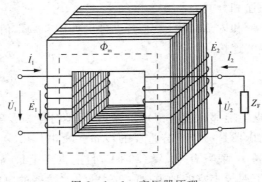

图 2-1-1 变压器原理

副边电压大于原边电压时,叫做升压变压器,反之就是降压变压器。电压高的绕组叫高压绕组,反之就叫低压绕组。在变压器中,原边各量均注下标"1",副边各量均注下标"2",以示区别。

二、变压器的分类

变压器可以按用途、绕组数目、冷却方式等分别进行分类。

按用途分类为: 电力变压器、互感器、特殊用途变压器、调压器、实验用高压变压器。

按绕组数目分类为: 双绕组变压器、三绕组变压器、多绕组变压器和自耦变压器。

按相数分类为: 单相变压器和三相变压器。

按冷却方式分类为: 以空气为冷却介质的干式变压器、以油为冷却介质的油浸变压器。

按铁芯结构分类为：芯式变压器、壳式变压器。

按容量大小分类为：小型变压器、中型变压器、大型变压器和特大型变压器。

三、变压器的结构

变压器的种类很多，各类变压器在结构上、性能上的差异很大，一般按用途可分为电力变压器，特种变压器（电炉变压器、整流变压器、电焊变压器等），测量变压器（电压互感器和电流互感器）等。

从变压器的功能来看，铁芯和绕组是基本组成部分，统称为器身，此外还有油箱、绝缘套管及其他附件。现分述如下：

1. 铁芯

变压器的铁芯由铁芯柱（外面套绕组的部分）和铁轭（连接铁芯柱的部分）组成。

铁芯是变压器的磁路部分，为了提高磁路的磁导率，降低铁芯内的磁滞损耗、涡流损耗和减小励磁电流，铁芯常用 0.35 mm 厚、表面涂绝缘漆的硅钢片叠压而成。

为了充分利用空间，大型变压器的铁芯柱一般做成阶梯形截面，而小型变压器铁芯柱截面可采用矩形或方形。变压器有芯式和壳式两种结构，如图 2-1-2 和图 2-1-3 所示。

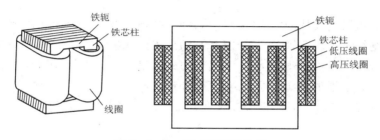

图 2-1-2 芯式变压器铁芯

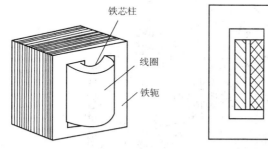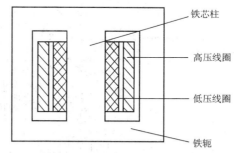

图 2-1-3 壳式变压器铁芯

2. 绕组（线圈）

变压器的绕组是变压器的电路部分，由绝缘扁导线或圆导线绕成（铜或铝线），并用绝缘材料构成线圈的主绝缘和纵向绝缘，使线圈固定在一定的位置，形成纵、横向油道，便于变压器油流动，加强散热和冷却效果。根据高、低压线圈之间的相对位置排列不同，分为同心式和交叠式两大类，如图 2-1-4 所示。

根据绕组绕制特点又可分为圆筒式、饼式、连续式、纠结式、螺旋式和铝箔筒式等几种主要形式，以适应不同容量、不同电压变压器的选用。

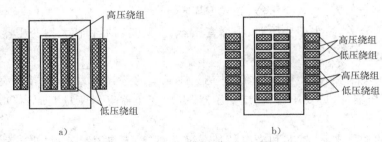

图 2-1-4　变压器绕组(线圈)

a)同心式绕组(线圈);b)交叠式绕组(线圈)

3. 油箱

如果器身放置在盛满变压器油的油箱里,这种变压器叫做油浸式变压器。它是生产量最大、应用最广的一种变压器。油箱内的变压器油起冷却和绝缘作用。

油箱包括油箱体和油箱盖,为了把变压器运行时铁芯和绕组中产生的热量及时散出去,一般在油箱体的箱壁上焊有许多散热管,帮助散热,有的则安装散热器,散热效果更好。

4. 绝缘套管

变压器的绕组引出线从油箱内穿过油箱盖时,必须经过绝缘套管,以使带电的引线和接地的油箱之间绝缘。绝缘套管一般是瓷质的,结构主要取决于电压等级。1 kV 以下的采用实心瓷套管;10～35 kV 的采用空心充气或充油式绝缘套管;电压 110 kV 及以上的采用电容式绝缘套管。为了增加表面放电距离,套管外形做成多级伞形,电压愈高级数愈多。

变压器还有许多其他附件,如油枕(又叫储油柜)、测温装置、气体继电器、安全气道和分接开关等。

图 2-1-5 是一台油浸式电力变压器示意图。

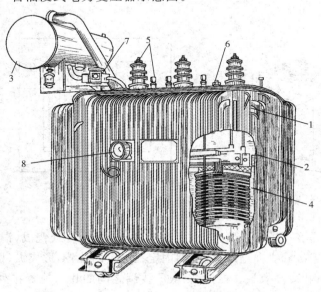

图 2-1-5　油浸式电力变压器

1—油箱;2—铁芯及绕组;3—储油柜;4—散热筋;5—高、低绕组出线端;
6—分接开关;7—气体继电器;8—信号温度计

四、变压器的铭牌和额定值

每台变压器都有一个铭牌,上面标明了变压器的型号、额定数据及其他数据。用户须清楚地了解铭牌上各项内容的含义,才能根据实际需要选用合适的变压器。

1. 额定容量 S_N

它是变压器的额定视在功率,单位为 VA 或 kVA。由于变压器效率高,通常把原、副边的额定容量设计得相等。

2. 额定电压 U_{1N}/U_{2N}

U_{1N} 是原边所加的额定电压值,U_{2N} 是当变压器原边加上 U_{1N} 时的副边空载电压,它们的单位为 V 或 kV。对三相变压器,额定电压是指线电压。

3. 额定电流 I_{1N}/I_{2N}

根据额定容量和额定电压算出的原、副边电流即为额定电流,单位为 A。对三相变压器,是指线电流。为此额定电流为

单相变压器:
$$I_{1N}=\frac{S_N}{U_{1N}},\quad I_{2N}=\frac{S_N}{U_{2N}}$$

三相变压器:
$$I_{1N}=\frac{S_N}{\sqrt{3}\,U_{1N}},\quad I_{2N}=\frac{S_N}{\sqrt{3}\,U_{2N}}$$

4. 额定频率 f

我国规定标准工业用电频率为 50 Hz(赫兹)。

此外,额定运行时变压器的效率、温升等数据也是额定值。除额定值外,铭牌上还标有变压器的相数、接线图及联接组别、阻抗电压等。

图 2-1-6 是一台三相电力变压器的铭牌。

三相电力变压器

型　　号	S9—500/10
产品代号	IFATO、710、022
标准代号	GB 1094.1—5—1996
额定容量	500kVA
	3相 50Hz

开关位置		电压（V）		电流（A）	
		高压	低压	高压	低压
Ⅰ	+5%	10500			
Ⅱ	额定	10000	400	28.27	721.7
Ⅲ	-5%	9500			

额定效率	98.6%		
使用条件	户外式	联接组别　Yyn0	短路电压　4.4%
冷却方式	ONAN	额定温升　80℃	器身重　1115kg
油　重	311kg	总 重 量　1779kg	出厂序号　201201061

×× 变压器厂　　　　　　　　　　2012年1月

图 2-1-6　三相电力变压器的铭牌

应用实施

一、选择变压器和确定变压器的合理容量

首先要调查用电地方的电源电压、用户的实际用电负荷和所在地方的条件,然后参照变压器铭牌标示的技术数据逐一选择。一般应从变压器容量、电压、电流及环境条件综合考虑,其中容量选择应根据用户用电设备的容量、性质和使用时间来确定所需的负荷量,以此来选择变压器容量。在正常运行时,应使变压器承受的用电负荷为变压器额定容量的75%~90%。运行中如测出变压器实际承受负荷小于50%时,应更换小容量变压器,如大于变压器额定容量应立即更换大变压器。同时,根据线路电源决定变压器的初级线圈电压值,根据用电设备选择次级线圈的电压值,最好选用低压三相四线制供电,这样可同时提供动力用电和照明用电。对于电流的选择要注意负荷在电动机启动时能满足电动机的要求(因为电动机启动电流要比稳定运行时大 4~7 倍)。

二、例题

S—100/10 变压器,用作降压变压器,U_{1N}/U_{2N}＝10000 V/400 V,求高、低压侧额定电流。

解:高压侧线电流

$$I_{1N}=\frac{S_N}{\sqrt{3}\,U_{1N}}=\frac{100\times10^3}{\sqrt{3}\times10000}\text{ A}=5.77\text{ A}$$

低压侧线电流

$$I_{2N}=\frac{S_N}{\sqrt{3}\,U_{2N}}=\frac{100\times10^3}{\sqrt{3}\times400}\text{ A}=144\text{ A}$$

操作与技能考评

序号	主要内容	考核标准	评分标准	配分	扣分	得分
1	变压器的应用	(1)能够简述变压器在电力系统中的应用; (2)能够举例描述变压器在日常生活中的应用	叙述不清、不达重点均不给分;对于(2)答对 3 个以内不给分,3 个以上给分	40		
2	变压器的电路接线	(1)会单相变压器的绕组连接; (2)会单相变压器的基本电路接线	连接错误扣 5 分,造成电器损害或短路不给分	30		
3	变压器额定功率的公式验证	(1)会单相变压器的额定参数测量方法; (2)会三相变压器的额定参数测量方法	测量方法不对不给分	30		

任务 2.2　变压器的运行分析和参数测定

任务要求

(1)了解单相变压器运行各物理量的性质和公式的推导。
(2)掌握单相变压器运行特性和利用等效电路计算。
(3)掌握电压表、电流表、功率表的使用方法。
(4)掌握单相变压器的空载实验和短路实验。

相关知识

一、变压器空载运行

1. 主磁通和漏磁通

图 2-2-1 表示单相变压器空载运行时的原理图。当副边 ax 开路,原边 AX 接到额定频率、电压为 U_1 的交流电源上时,原边就会有电流 I_0 流通,这种运行状态称为空载运行状态,I_0 称为空载电流。此时会产生空载磁势 E_0,从而建立空载磁场。这个磁场在变压器内部的分布情况是很复杂的,为便于分析计算,将它分成两部分等效磁通,主要部分(约为总磁通量的 99% 以上)在铁芯中闭合流通,与原、副边绕组相交链,是变压器实现能量转换和传递的主要因素,称为主磁通,用 Φ 表示;另一小部分主要通过非磁性介质(空气或变压器油),仅与原边绕组相交链,称为漏磁通,用 $\Phi_{1\delta}$ 表示。图中已将只与部分原边绕组相交链的漏磁通等效成与所有原边绕组相交链的漏磁通。

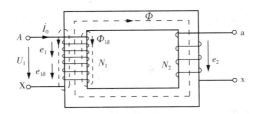

图 2-2-1　单相变压器空载运行原理图

2. 正方向

为了用数学式子表示变压器内部的电磁关系,必须首先假定各电磁量的正方向,正方向可随意设定,但一经设定,就不得随意改变。在图 2-2-1 中首先假定电源电压 U_1 的正方向,空载电流 I_0 的正方向与 U_1 的正方向相一致,磁通 Φ 和漏磁通 $\Phi_{1\delta}$ 的正方向与 I_0 的正方向符合右手螺旋定则。要特别注意的是按照惯例,都是假定感应电动势与产生它的磁通的正方向之间符合右手螺旋关系,由此设定主磁通 Φ 分别在原、副绕组中感应的电动势 e_1、e_2 的正方向,漏磁通 $\Phi_{1\delta}$ 在原绕组中感应的漏电动势 $e_{1\delta}$ 的正方向按同样方法设定。图 2-2-1 中标明了各个物理量的正方向。

3. 感应电动势和变比

当主磁通按正弦规律变化,即

$$\Phi = \Phi_m \sin\omega t \tag{2-2-1}$$

式中:Φ_m——主磁通的幅值,单位用 Wb。则原边绕组中的感应电动势为

$$e_1 = -N_1 \frac{\mathrm{d}\Phi}{\mathrm{d}t} = -\omega N_1 \Phi_m \cos\omega t = E_{1m} \sin(\omega t - 90°)$$

$$= \sqrt{2} E_1 \sin(\omega t - 90°) \tag{2-2-2}$$

$$E_1 = \frac{E_{1m}}{\sqrt{2}} = \frac{2\pi f N_1 \Phi_m}{\sqrt{2}} = 4.44 f N_1 \Phi_m \tag{2-2-3}$$

式中:$E_{1m} = \omega N_1 \Phi_m = 2\pi f N_1 \Phi_m$,$f$ 为电源电压的频率,单位用 Hz。

副边绕组中的感应电动势为

$$e_2 = -N_2 \frac{\mathrm{d}\Phi}{\mathrm{d}t} = -\omega N_2 \Phi_m \cos\omega t = E_{2m} \sin(\omega t - 90°) \tag{2-2-4}$$

$$E_2 = \frac{E_{2m}}{\sqrt{2}} = \frac{2\pi f N_2 \Phi_m}{\sqrt{2}} = 4.44 f N_2 \Phi_m \tag{2-2-5}$$

式中:$E_{2m} = \omega N_2 \Phi_m = 2\pi f N_2 \Phi_m$。

将式(2-2-2)和式(2-2-4)与式(2-2-1)进行比较可知,原、副边的感应电动势 e_1、e_2 均滞后于主磁通 Φ 90°。所以当原、副边感应电动势用相量表示时,有

$$\dot{E}_1 = -\mathrm{j}4.44 f N_1 \dot{\Phi}_m \tag{2-2-6}$$

$$\dot{E}_2 = -\mathrm{j}4.44 f N_2 \dot{\Phi}_m \tag{2-2-7}$$

忽略原绕组的电阻及漏磁通时,根据电路的基尔霍夫电压定律,空载运行的变压器原、副边电压关系为

$$\frac{E_1}{E_2} = \frac{U_1}{U_2} = \frac{4.44 f N_1 \Phi_m}{4.44 f N_2 \Phi_m} = \frac{N_1}{N_2} = K \tag{2-2-8}$$

式中:K——原、副边感应电动势之比,称为变压器的变比。

由式 2-2-3 可得

$$\Phi_m = \frac{U_1}{4.44 f N_1} \tag{2-2-9}$$

当电源频率 f 和一次侧线圈匝数 N_1 一定时,主磁通 Φ_m 的大小由电源电压 U_1 决定,而与铁芯材质及几何尺寸基本无关。

由于漏磁通 $\Phi_{1\delta}$ 主要经非磁性材料闭合,所以漏磁路是不饱和的,因此漏磁通 $\Phi_{1\delta}$ 和空载电流 i_0 成正比,即 $\Phi_{1\delta} = N_1 i_0 \Lambda_{1\delta}$,则

$$e_{1\delta} = -N_1 \frac{\mathrm{d}\Phi_{1\delta}}{\mathrm{d}t} = -N_1^2 \Lambda_{1\delta} \frac{\mathrm{d}i_0}{\mathrm{d}t} \tag{2-2-10}$$

式中：$\Lambda_{1\delta}$——原边漏磁路的磁导；$L_{1\delta}$为原边线圈的漏电感，是一个常数。用相量表示为

$$\dot{E}_{1\delta}=-\mathrm{j}\,\dot{I}_0\omega L_{1\delta}=-\mathrm{j}\,\dot{I}_0X_{1\delta} \tag{2-2-11}$$

式中：$X_{1\delta}=\omega L_{1\delta}=2\pi f L_{1\delta}$称为原边漏电抗，也是一个常数。

当原边线圈电阻为 R_1 时，则将 $Z_1=R_1+\mathrm{j}X_{1\delta}$ 称为原边漏阻抗。

4. 空载电流（励磁电流）

变压器空载运行时，原边绕组中流通的空载电流 i_0，一方面要建立空载运行时的磁场，另一方面要引起空载损耗（铁耗和铜耗）。前者对应于空载电流 i_0 中的无功电流分量 $\dot{I}_{0Q}$，称为励磁电流，后者对应于空载电流 i_0 中的有功分量 $\dot{I}_{0p}$。由于空载时原边绕组电阻 R_1 上的铜耗远小于铁芯中的铁耗，故一般只考虑铁芯中的铁耗（磁滞损耗和涡流损耗）。这样，有功电流分量就称为铁耗电流 $\dot{I}_{Fe}$，由于变压器的铁损耗很小，$I_{0p}<10\% I_{0Q}$，故可认为 $\dot{I}_0=\dot{I}_{0Q}$，空载电流也就认为是励磁电流。用相量形式来表示，三者之间具有下列关系：

$$\dot{I}_0=\dot{I}_{0p}+\dot{I}_{0Q}$$

把励磁电流与主磁通及其感应电动势画在图 2-2-2 所示的相量图中。空载电流比主磁通在相位上超前一个不大的角度，叫做铁耗角，这个角度的大小由 I_{0p} 与 I_{0Q} 的比值决定。由于一般变压器都采取措施减少铁芯损耗，因此 I_{0p} 是不大的，铁耗角也不大。

5. 空载运行时的电动势平衡方程式

根据基尔霍夫定律，按图 2-2-1 所规定的正方向，变压器空载运行时原边的电动势平衡方程式为

$$u_1=-e_1-e_{1\delta}+i_0R_1 \tag{2-2-12}$$

用相量式表示为

$$\dot{U}_1=-\dot{E}_1-\dot{E}_{1\delta}+\dot{I}_0R_1=-\dot{E}_1+\mathrm{j}\dot{I}_0X_{1\delta}+\dot{I}_0R_1=-\dot{E}_1+\dot{I}_0Z_1 \tag{2-2-13}$$

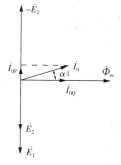

图 2-2-2　空载运行时的励磁电流

上式说明原边绕组中的电动势和漏阻抗限制了空载电流的大小，额定电压时所需空载电流为 $(2\%\sim8\%)I_N$，所以空载电流所引起的漏阻抗压降很小，故在分析变压器空载运行的物理情况时，一般将漏阻抗压降忽略，则

$$\dot{U}_1\approx-\dot{E}_1 \tag{2-2-14}$$

变压器空载时，副边绕组中没有电流流通，所以电压与电动势相等，即

$$U_2=E_2 \tag{2-2-15}$$

6. 空载运行时的等效电路

变压器的工作原理是建立在电磁感应定律的基础上，而变压器运行时，既有电路问题又有电和磁的耦合问题，尤其当磁路存在饱和现象时，将给分析和计算变压器的性能带来不便和困难。若将变压器运行中的电和磁之间的相互耦合关系用一个模拟电路的形式来等效，

将使分析和计算大为简化,所谓等效电路就是基于这一概念而建立起来的。

前已分析,漏磁感应的电动势 $e_{1\delta}$ 可用空载电流 i_0 流过漏电抗 $X_{1\delta}$ 所引起的电压降来表示。同样,主磁通所感应的电动势 e_1 也可以用类似的方法来解决。因为励磁电流 i_0 既包含有功分量 i_{Fe},与 $-\dot{E}_1$ 同相位,又包含无功分量 i_{0Q},滞后于 $-\dot{E}_1$ 为 $90°$。因此,$-\dot{E}_1$ 可以用 i_0 流过一个电阻元件上的电压降和流过一个电感元件上的电压降来表示,即

$$-\dot{E}_1 = \dot{I}_0 R_m + j\dot{I}_0 X_m = \dot{I}_0 Z_m$$

式中:R_m——励磁电阻;

$\quad\quad X_m$——励磁电抗;

$\quad\quad Z_m = R_m + jX_m$——励磁阻抗。

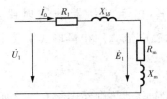

图 2-2-3 变压器空载运行时的等效电路

二、单相变压器的负载运行

1. 变压器负载运行时的物理情况

变压器副边 ax 端接通负载阻抗时的工作状态称为负载运行,如图 2-2-4 所示。在 e_2 的作用下,副边绕组就有电流 i_2 流通,负载阻抗 Z_L 的大小决定了副边电流 i_2。根据全电流定律,这时铁芯中的主磁通必由原边磁动势和副边磁动势共同产生,与空载相比有所变化,从而改变了原、副边的感应电动势 e_1 和 e_2,在电压 u_1 和原边漏阻抗 Z_1 一定的情况下,Z_L 的改变必然引起原边电流从空载时的 i_0 变为负载时的 i_1。但应注意,由于原边漏阻抗很小,因此主磁通 Φ 和感应电动势 e_1 的变化也是很小的。当然,副边磁动势除了参与产生主磁通外,同样会产生只与副边线圈相交链的漏磁通 $\Phi_{2\delta}$,会在副边线圈中产生感应电动势 $e_{2\delta}$,用相量表示为

$$\dot{E}_{2\delta} = -j\dot{I}_2 X_{2\delta} \quad\quad (2-2-16)$$

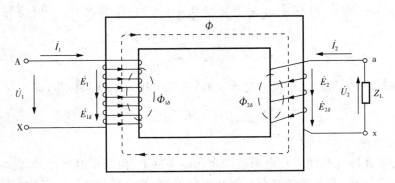

图 2-2-4 单相变压器负载运行原理图

2. 负载运行时的基本方程式

(1)磁动势平衡方程式

变压器负载运行时,原边绕组产生磁动势 $\dot{F}_1 = \dot{I}_1 N_1$,副边绕组产生磁动势 $\dot{F}_2 = \dot{I}_2 N_2$,两者合成的磁动势 $\dot{F}_1 + \dot{F}_2 = \dot{F}_m$,就是产生负载运行时的主磁通 Φ 的励磁磁动势 $\dot{F}_m$。一般用原边绕组通入励磁电流 $\dot{I}_m$ 所产生的磁动势来表示,即 $\dot{F}_m = \dot{I}_m N_1$,则磁动势平衡方程式为

$$\dot{I}_1 N_1 + \dot{I}_2 N_2 = \dot{I}_m N_1 \qquad (2-2-17)$$

$$\dot{I}_m = \dot{I}_1 + \frac{N_2}{N_1}\dot{I}_2 = \dot{I}_1 + \frac{\dot{I}_2}{K} \qquad (2-2-18)$$

式中:$\dot{I}_m$——励磁电流。显然,空载电流 $\dot{I}_0$ 就是空载时的励磁电流,两者基本接近,或

$$\dot{I}_1 = \dot{I}_m + \left(-\frac{\dot{I}_2}{K}\right) = \dot{I}_m + \dot{I}_{1L} \qquad (2-2-19)$$

式中:$\dot{I}_{1L}$——原边电流的负载分量。

上式表明,负载运行时,原边电流可以认为由两个分量组成:一个是励磁电流 $\dot{I}_m$,另一个是负载分量 $\dot{I}_{1L}$,而负载分量产生的磁动势用以抵消副边绕组产生的磁动势,即

$$\dot{I}_{1L} N_1 + \dot{I}_2 N_2 = 0 \qquad (2-2-20)$$

(2)电动势平衡方程式

按图 2-2-4 所表示的各物理量正方向,根据电路定律,可得负载运行时,原、副边电动势平衡方程式如下:

$$\dot{U}_1 = -\dot{E}_1 + \dot{I}_1 R_1 + j\dot{I}_1 X_{1\delta} = -\dot{E}_1 + \dot{I}_1(R_1 + jX_{1\delta})$$

$$= -\dot{E}_1 + \dot{I}_1 Z_1 \qquad (2-2-21)$$

$$\dot{U}_2 = \dot{E}_2 - \dot{I}_2 R_2 + \dot{E}_{2\delta} = \dot{E}_2 - \dot{I}_2 R_2 - j\dot{I}_2 X_{2\delta}$$

$$= \dot{E}_2 - \dot{I}_2(R_2 + jX_{2\delta}) = \dot{E}_2 - \dot{I}_2 Z_2 \qquad (2-2-22)$$

式中:$Z_2 = R_2 + jX_{2\delta}$ 称为副边的漏阻抗,且

$$\dot{U}_2 = \dot{I}_2 Z_L \qquad (2-2-23)$$

3. 变压器的折算法

根据上述分析,我们对变压器已能进行定量计算。但因变压器原、副边线圈的匝数相差较大,原、副边的参数和电压、电流的数值相差较大,计算时不方便,画相量图就更困难,所以一般均采用折算法,即用一个匝数和原边线圈相等的新的副边线圈来替代实际的副边线圈。这个新的副边线圈的各种物理量就称为副边的折算值。应当注意:折算仅仅是一种数学方法,所以在副边线圈折算前后,保持变压器原来的电磁关系、磁场分布情况和能量关系不变。折算值用原来物理量的右上角加"'"来表示。各物理量的折算方法如下:

（1）折算前后副边产生的磁动势保持不变，即 $\dot{I}'_2 N_1 = \dot{I}_2 N_2$，得

$$\dot{I}'_2 = \frac{N_2}{N_1} \dot{I}_2 = \frac{\dot{I}_2}{K} \tag{2-2-24}$$

（2）折算前后副边输出的视在功率保持不变，即 $E'_2 I'_2 = E_2 I_2$，得

$$E'_2 = (I_2 / I'_2) E_2 = K E_2 \tag{2-2-25}$$

折算前后副边输出的有功功率保持不变，即 $U'_2 I'_2 = U_2 I_2$，得

$$U'_2 = (I_2 / I'_2) U_2 = K U_2 \tag{2-2-26}$$

（3）折算前后副边绕组的损耗保持不变，即 $I'^2_2 R'_2 = I^2_2 R_2$，得

$$R'_2 = (I_2 / I'_2)^2 R_2 = K^2 R_2 \tag{2-2-27}$$

（4）折算前后副边绕组的无功功率保持不变，即 $I'^2_2 X'_{2\delta} = I^2_2 X_{2\delta}$，得

$$X'_{2\delta} = (I_2 / I'_2)^2 X_{2\delta} = K^2 X_{2\delta} \tag{2-2-28}$$

综上所述，将副边物理量折算到原边的方法为电动势、电压的折算值等于原值乘以变比 K；电流的折算值等于原值除以 K；阻抗的折算值等于原值乘以 K^2。折算后变压器的基本方程组为

$$\left.\begin{array}{r}
\dot{U} = \dot{E}_1 + \dot{I}_1 \dot{R}_1 + j \dot{I}_1 X_1 = -\dot{E}_1 + \dot{I}_1 Z \\[2mm]
\dot{U}'_2 = \dot{E}'_2 - \dot{I}'_2 R'_2 - j \dot{I}'_2 X'_2 = \dot{E}'_2 - \dot{I}'_2 Z'_2 \\[2mm]
\dot{I}_1 + \dot{I}'_2 = \dot{I}_m \\[2mm]
\dot{E}'_2 = \dot{E}_1 \\[2mm]
\dot{E}_1 = -Z_m \dot{I}_m = -\dot{I}_m (R_m + j X_m) \\[2mm]
\dot{U}'_2 = \dot{I}'_2 \dot{Z}'_L
\end{array}\right\} \tag{2-2-29}$$

4. 等效电路

（1）T 形等效电路

根据上述方程式组可以画出等效电路图如图 2-2-5a 所示。图中的箭头表示电动势的正方向。因 $\dot{E}'_2 = \dot{E}_1$，所以可以将两条电动势相等的电路合并成一条支路，而流过这条支路的电流为 $\dot{I}_1 + \dot{I}'_2 = \dot{I}_m = \dot{I}_0$，等效电路变成如图 2-2-5b 所示。根据 $\dot{E}_1 = -\dot{I}_m (R_m + j X_m)$，可以得到用纯阻抗表示的等效电路如图 2-2-5c 所示。由于电路中的阻抗（不包括负载阻抗）分布呈"T"形，所以称为 T 形等效电路。

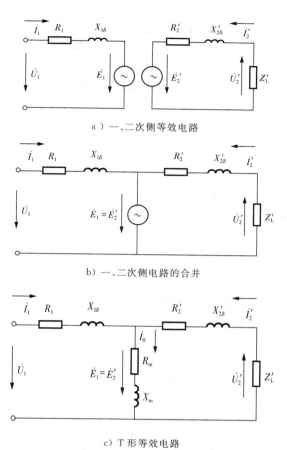

a）一、二次侧等效电路

b）一、二次侧电路的合并

c）T 形等效电路

图 2-2-5　T 形等效电路的形成过程

（2）近似 T 形等效电路图

T 形等效电路能准确地反映变压器内在的电磁关系,但它包含有串联电路和并联电路,进行相量运算比较复杂。为简化计算,考虑到 $Z_1 \ll Z_m$,可以将 T 形等效电路中的励磁支路 R_m 和 X_m 直接移到电源端,成为如图 2-2-6 所示的近似 T 形等效电路图,使计算大为简化,且误差不大。

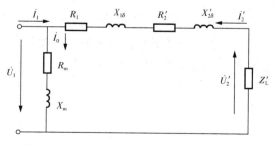

图 2-2-6　近似等效电路

（3）简化等效电路

在电力变压器中,励磁电流 $\dot{I}_0 \approx 0$,这样可以将励磁支路断开,得到变压器的简化等效电路。在简化等效电路中,将一次侧、二次侧的参数合并,得到 $R_k = R_1 + R_2'$,$X_k = X_{1\delta} + X_{2\delta}'$,$Z_k =$

$R_k + jX_k$。R_k 称为短路电阻；X_k 称为短路电抗；Z_k 称为短路阻抗。简化等效电路如图 2-2-7 所示。用简化等效电路来计算实际问题十分简便，在多数情况下精度已能满足工程要求。

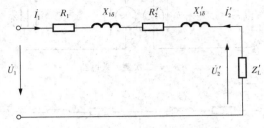

图 2-2-7　简化等效电路

从简化等效电路图可知，当变压器负载短路时，短路电流为 $I_k = U_1/Z_k$。由于短路阻抗很小，因此短路电流很大，可以达到额定电流的 $10 \sim 20$ 倍，为此必须对变压器进行短路保护。

5. 相量图

根据变压器基本方程式组不仅可以画出 T 形等效电路，同时还可以画出相量图，如图 2-2-8所示。

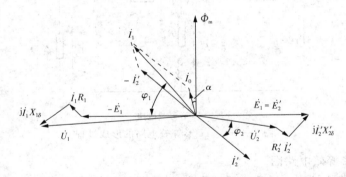

图 2-2-8　变压器负载运行相量图

值得注意的是：①由于变压器原、副边漏阻抗压降值远远小于感应电动势和原、副边电压，励磁电流也远远小于原、副边电流，所以不可能严格按实际值的比例去画相量图；②对应于不同的等效电路，有不同的相量图。

总之，基本方程组、等效电路和相量图是分析变压器运行状况的三种方法，三者之间是相互关联和统一的，只是基本方程组概括了变压器中的电磁关系，定量计算时一般利用基本方程组和等效电路；讨论各物理量之间的相位关系时，利用相量图就显得特别方便明了。

三、变压器的工作特性

1. 变压器的外特性

当电源电压为额定值，负载功率因数一定时，副绕组端电压 U_2 与负载电流 I_2 之间的关系曲线称为变压器的外特性。由于变压器原、副边线圈中均有漏阻抗存在，因此在负载运行时，当负载电流流过漏阻抗时，就会有电压降，因而变压器副边的输出电压将随负载电流的变化而变化，变化规律与负载的性质有关，图 2-2-9 是变压器在不同负载性质时的外特性。一般为电感性负载,是一条下垂曲线。

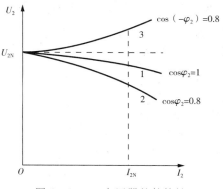

图 2 - 2 - 9 变压器的外特性

为表征 U_2 随负载电流 I_2 变化而变化的程度,用电压变化率(或称电压调整率)ΔU 来表示。它的定义是:当原边施加额定频率的额定电压时,副边空载电压 U_{20} 与某一功率因数下额定负载时的副边电压 U_2 之差,与副边额定电压 U_{2N} 的比,即

$$\Delta U = \frac{U_{20} - U_2}{U_{2N}} \times 100\%$$

电压变化率 ΔU 是变压器的一项重要性能,它反映了供电电压的稳定性。

2. 变压器的损耗和效率特性

(1)变压器的损耗

变压器负载运行时,损耗主要是铁损耗和铜损耗。

由于铁芯中的磁通是交变的,所以在铁芯中要产生磁滞损耗和涡流损耗,合称为铁损耗 P_{Fe}。铁损耗的大小与磁通密度,硅钢片材料、厚度以及电源频率 f 等有关。对于已有的变压器,其铁损耗可以通过空载实验测定。变压器空载运行,当电压为额定值 U_N 时,空载电流 $I_0 = (2\% \sim 10\%)I_N$,铜耗可以忽略,所以额定电压时的空载损耗就是变压器的铁耗($P_{Fe} = P_0$)。由于变压器的主磁通 Φ 从空载到负载基本不变,所以变压器的铁耗基本不变,因此,铁耗也称为不变损耗。

铜损耗为线圈电阻上的功率损耗,铜损耗与电流的平方成正比,因此常把铜损耗叫做可变损耗。变压器的铜损耗可以通过变压器的短路实验测定。由于当短路实验时外电压很低,铁芯中磁通密度很小,因此铁损耗可以忽略不计,所以短路损耗主要是铜损耗。在一定负载下,变压器的铜损耗 P_{Cu} 为

$$P_{Cu} = I_2^2 R_k = \left(\frac{I_2}{I_{2N}}\right)^2 I_{2N}^2 R_k = \beta^2 P_k \qquad (2-2-30)$$

式中:$\beta = I_2 / I_{2N}$——变压器的负载系数;

P_k——变压器的短路损耗。

因此,变压器的总损耗为

$$\sum P = P_{Fe} + P_{Cu} = P_0 + \beta^2 P_k \qquad (2-2-31)$$

（2）变压器的效率

变压器的效率为变压器的输出功率与其输入功率之比，即

$$\eta = \frac{P_2}{P_1} = \frac{P_1 - \sum P}{P_1} = \left[1 - \frac{\sum P}{P_1}\right] \times 100\% = \left[1 - \frac{\sum P}{P_2 + \sum P}\right] \times 100\%$$

$$(2-2-32)$$

式中：P_1——变压器的输入功率，即

$$P_1 = U_1 I_1 \cos\varphi_1 \qquad\qquad (2-2-33)$$

P_2——变压器的输出功率，即

$$P_2 = U_2 I_2 \cos\varphi_2 \qquad\qquad (2-2-34)$$

一般来说，因 ΔU 很小，$U_2 \approx U_{20} \approx U_{2N}$，则

$$P_2 = U_2 I_2 \cos\varphi_2 = U_{2N} I_2 \cos\varphi_2 = U_{2N}\beta I_{2N}\cos\varphi_2 = \beta S_N \cos\varphi_2 \qquad (2-2-35)$$

将式（2-2-35）代入式（2-2-32）中，得

$$\eta = \left[1 - \frac{P_0 + \beta^2 P_k}{P_0 + \beta^2 P_k + \beta S_N \cos\varphi_2}\right] \times 100\% \qquad (2-2-36)$$

式（2-2-36）说明，在一定性质负载（$\cos\varphi_2$ 为常值）下，变压器效率仅是负载系数 β 的函数，取不同的负载电流，得出效率 $\eta = f(\beta)$ 的关系曲线，称为变压器的效率特性曲线，如图 2-2-10。

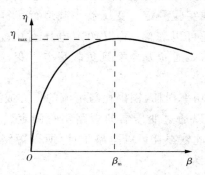

图 2-2-10　变压器的效率特性曲线

从图 2-2-10 中可以看出，当负载较小时，铜损耗很小，变压器的总损耗增加很小；当负载较大时，铜损耗与电流的平方成正比上升；当负载达到一定值时，损耗的增加超过了输出功率的增加，这时负载的增大反而使效率下降，因此在 $\eta = f(\beta)$ 特性曲线上有一个最高效率点。

为了求出最大效率，对（2-2-36）式求导，且令 $\mathrm{d}\eta/\mathrm{d}\beta = 0$，可求得当可变损耗等于不变

损耗时,效率达到最大值,此时负载系数为

$$\beta_{m} = \sqrt{\frac{P_0}{P_k}} \qquad (2-2-37)$$

将式(2-2-37)代入式(2-2-36)中,便得到最大效率表达式为

$$\eta_{max} = \left(1 - \frac{2P_0}{\beta_m S_N \cos\varphi_2 + 2P_0}\right) \times 100\% \qquad (2-2-38)$$

由于电力变压器在电网上运行时,铁损耗总是存在的,同时变压器不可能一直在满载下运行,为了使变压器运行时总的经济效益高,铁损耗应相对小些,故一般电力变压器的最大效率发生在 $\beta_m = 0.5 \sim 0.7$ 之间,这时铁损耗与短路损耗之比 P_0/P_k 为 $0.25 \sim 0.5$。

应用实施

一、例题

已知一台单相变压器,$S_N = 4.6$ kVA,$U_{1N}/U_{2N} = 380$ V/115 V,$R_1 = 0.15$ Ω,$R_2 = 0.024$ Ω,$X_1 = 0.27$ Ω,$X_2 = 0.053$ Ω,负载阻抗 $X_L = (4+j3)$ Ω,当外加电压为额定电压时,用简化等效电路计算原、副边电流和副边电压。

解:变比为

$$K = \frac{U_{1N}}{U_{2N}} = \frac{380}{115} = 3.3$$

原边电流为

$$\dot{I}_1 = -\dot{I}_2 = \frac{U_{1N}}{(R_1 + R_2' + R_L') + j(X_1 + X_2' + X_L')}$$

$$= \frac{380}{(0.15 + 3.3^2 \times 0.024 + 3.3^2 \times 4) + j(0.27 + 3.3^2 \times 0.053 + 3.3^2 \times 3)} \text{ A}$$

$$= 6.87 \angle -37.32° \text{ A}$$

副边电流为

$$\dot{I}_2 = K\dot{I}_1 = 3.3 \times 6.87 \angle -37.32° \text{ A} = 22.67 \angle -37.32° \text{ A}$$

副边电压为

$$\dot{U}_2 = \dot{I}_2 Z_L = 22.67 \angle -37.32° \times (4+j3) \text{ V} = 113.35 \angle -0.45° \text{ V}$$

二、变压器的参数测定

在求解变压器基本方程组、画等效电路图和相量图时,均需要知道变压器的参数,即原、副边绕组的电阻、漏抗和励磁阻抗。这些参数,对新设计的变压器可以通过计算获得,对已有的变压器可以通过空载实验和短路实验测定。

1. 变压器的空载实验

变压器的空载实验的目的是要测定变比、空载电流和空载损耗,并求出励磁阻抗。

为便于测量和安全起见,通常将正弦波电源电压加在低压绕组上,高压侧开路。实验接线图如图2-2-11所示。由于空载实验时,外加电压为额定值,故感应电动势和铁芯中的磁通密度为正常运行时的数值,铁芯中的磁滞损耗和涡流损耗也是正常运行时的数值。从图2-2-11中看出,此时变压器不输出有功功率,变压器空载运行时的输入功率 P_0 为铁芯损耗 P_{Fe} 与空载铜损耗 P_{Cu} 之和;由于空载电流很小,故空载铜损耗 P_{Cu} 远小于铁芯损耗 P_{Fe},所以铜损耗可以忽略不计。可以认为变压器空载运行时的输入功率就等于变压器的铁芯损耗,即 $P_0 = P_{Fe} = I_{20}^2 R_m$。

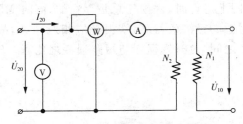

图 2-2-11 变压器空载实验接线图

依据变压器的空载等效电路图 2-2-3 和空载实验的测量结果得

$$\left. \begin{array}{l} K = \dfrac{U_{1N}}{U_{20}} \\[3mm] Z_m = \dfrac{U_{2N}}{I_{20}} \\[3mm] R_m = \dfrac{P_0}{I_{20}^2} \\[3mm] X_m = \sqrt{Z_m^2 - R_m^2} \end{array} \right\} \qquad (2-2-29)$$

应注意,上面的计算是对单相变压器进行的,如求三相变压器的参数,必须根据一相的空载损耗、相电压、相电流来计算。上面的公式是在低压侧做空载实验而得到的,所以测量和计算所得的励磁参数是低压侧的值。如果要折算到高压侧,则必须在计算数据上乘以 K^2。

一般变压器在额定电压时,空载电流 $I_0 = (2\% \sim 10\%)I_N$,空载损耗 = $(0.2\% \sim 1.0\%)S_N$,随着变压器容量的增大,空载电流和空载损耗逐渐减小。

2. 变压器的短路实验

为便于测量,短路实验通常将电源施加在高压边,而副边直接短路。实验接线图如图2-2-12所示。考虑到短路实验时电流需超过额定值,而电压很低,为减少测量仪表上的电压降引起的误差,一般将电压表和功率表的电压线圈接在靠变压器绕组侧。变压器短路时,外施电压仅用于克服变压器中的等效漏阻抗压降,由于一般电力变压器的短路阻抗 Z_k 很小,为了避免产生过大的短路电流而使绕组烧毁,短路实验应当在低电压下进行(为额定电压的 4.5% ~ 10%)。调节外施电压,直到一次侧电流从 0 逐渐增加到 I_N 为止,测出所加电压 U_k 和输入功率 P_k。

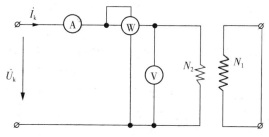

图 2-2-12 变压器短路实验接线图

由于短路实验时外施电压很低,铁芯中磁通密度很低,铁耗和励磁电流均可忽略,这时的功率可以认为完全消耗在绕组的电阻上,取 $I_k = I_{1N}$ 时的测量结果,由等值电路可算得下列参数。

$$\left. \begin{array}{l} Z_k = U_k / I_k \\ R_k = P_k / I_k^2 \\ X_k = \sqrt{Z_k^2 - R_k^2} \end{array} \right\} \qquad (2-2-30)$$

由于导体的电阻值和温度有关,而短路实验时的温度与变压器实际运行时不同,因此,由短路实验所得的参数应换算到基准工作温度(75 ℃)时的数值。换算公式为

$$R_{k75℃} = R_{k\theta}(\alpha + 75) / (\alpha + \theta)$$

$$Z_{k75℃} = \sqrt{R_{k75℃}^2 + X_k^2}$$

式中:θ——实验时的室温;

$R_{k\theta}$——θ 温度下的短路电阻;

α——温度折算系数,绕组为铜线时,$\alpha = 234.5$,绕组为铝线时,$\alpha = 228$。

一般电力变压器当短路电流值达到额定电流值时,短路损耗为$(0.4\% \sim 4\%)S_N$,数值随着变压器容量的增大而减小。

当短路电流达到额定值时,外施电压 $U_k = I_{1N} Z_{k75℃}$ 称为短路电压(或称为阻抗电压),为便于使用,短路电压通常用额定电压的百分值表示,即

$$u_k = \frac{U_k}{U_{1N}} \times 100\% = \frac{I_{1N} Z_{k75℃}}{U_{1N}} \times 100\%$$

它的有功分量(或称电阻分量)u_{kR}和无功分量(或称电抗分量)u_{kX}分别为

$$\left. \begin{array}{l} u_{kR} = \dfrac{I_{1N} R_{k75℃}}{U_{1N}} \times 100\% \\[3mm] u_{kX} = \dfrac{I_{1N} X_{k75℃}}{U_{1N}} \times 100\% \\[3mm] u_k = \sqrt{u_{kR}^2 + u_{kX}^2} \end{array} \right\} \qquad (2-2-31)$$

阻抗电压 u_k 是变压器的一个重要参数,它的大小反映了在额定负载时,变压器漏阻抗压降的大小,u_k 较小,则变压器负载变化时,输出电压的波动较小,但当变压器短路时,短路

电流就较大。一般电力变压器的 u_k 为 $4\%\sim10\%$,其数值随着变压器容量的增大而增大。

三、标幺值

工程和科技计算中,各物理量如电压、电流、阻抗和功率等往往不用它们的实际值来表示,而是表示成这些物理量与选定的同单位的基值之比的形式,称为标幺值。为区分实际值和标幺值,在各物理量原来符号的右上角加一个"*"号来表示该物理量的标幺值。一般电流、电压选定它们的额定值为基值,原、副边阻抗的基值分别取 $Z_{1N}=U_{1N}/I_{1N}$、$Z_{2N}=U_{2N}/I_{2N}$,功率的基值为 $S_N=U_{1N}I_{1N}=U_{2N}I_{2N}$。这样处理后可使采用标幺值表达的基本方程式与采用实际值时的方程式在形式上保持一致。

原、副边电压、电流的标幺值为

$$U_1^*=U_1/U_{1N}, \quad U_2^*=U_2/U_{2N}$$

$$I_1^*=I_1/I_{1N}, \quad I_2^*=I_2/I_{2N}$$

原、副边绕组阻抗的标幺值为

$$Z_1^*=\frac{Z_1}{Z_{1N}}=\frac{I_{1N}Z_1}{U_{1N}}, \quad R_1^*=\frac{R_1}{Z_{1N}}=\frac{I_{1N}R_1}{U_{1N}}, \quad X_{1\delta}^*=\frac{X_{1\delta}}{Z_{1N}}=\frac{I_{1N}X_{1\delta}}{U_{1N}}$$

$$Z_2^*=\frac{Z_2}{Z_{2N}}=\frac{I_{2N}Z_2}{U_{2N}}, \quad R_2^*=\frac{R_2}{Z_{2N}}=\frac{I_{2N}R_2}{U_{2N}}, \quad X_{2\delta}^*=\frac{X_{2\delta}}{Z_{2N}}=\frac{I_{2N}X_{2\delta}}{U_{2N}}$$

使用标幺值的优点是:

(1)不论变压器的容量大小和电压高低,所有同类型的变压器,用标幺值表示的参数和性能数据的变化范围很小,便于分析比较。例如,电力变压器的空载电流 $I_0^*=0.05\sim0.1$,短路阻抗 $Z_k^*=0.05\sim0.1$。

(2)采用标幺值时,原、副边各物理量不再需要进行折算。因原、副边绕组各采用自身的额定值作为基值,因而能自然地消除原、副边绕组匝数的差别,例如:

$$R_2^*=\frac{I_{2N}R_2}{U_{2N}}=\frac{(I_{2N}/K)K^2R_2}{KU_{2N}}=\frac{I_{1N}R_2'}{U_{1N}}=R_2'^*$$

显然,副边绕组电阻实际值和折算到原边值的标幺值是相等的,已无折算的必要,这给分析和运算带来很大的方便。

(3)采用标幺值时,某些物理量具有相同的数值,便于计算。例如:

$$Z_k^*=I_{1N}Z_k/U_{1N}=U_k^*$$

(4)额定电压、额定电流的标幺值等于1。在三相变压器中,线电压、线电流的标幺值和相电压、相电流的标幺值是相等的。

应当注意,在分析和计算三相变压器时,阻抗的基值应是相额定电压与相额定电流之比。

操作与技能考评

序号	主要内容	考核标准	评分标准	配分	扣分	得分
1	空载、短路实验	（1）会空载实验和短路实验的接线； （2）会利用空载实验测出 R_m 和 X_m 值； （3）会利用短路实验测出 R_k 和 X_k 值	接线错误不给分，参数测量错误一个扣4分	25		
2	空载运行、负载运行电路接线	会空载运行、负载运行电路接线	连接错误扣5分，造成电器损害或短路不给分	25		
3	空载运行、负载运行的参数测定	会空载运行、负载运行的参数测定	参数测量错误一个扣3分	25		
4	空载运行、负载运行的公式验证	会根据测量值进行空载运行、负载运行的公式验证	验证结果不准确扣5分，不正确扣15分	25		

任务 2.3　三相变压器

任务要求

（1）了解三相变压器的结构特点。
（2）熟悉三相变压器的联接组。
（3）掌握三相变压器并联运行的条件。

相关知识

在电力系统中广泛使用三相变压器。三相变压器在对称三相负载下运行时，各相的电压、电流大小相等，相位互差120°，因此在运行原理分析和计算时，可以取三相中的任意一相来研究。这样，前面导出的单相变压器的基本方程式、等效电路图和相量图均可直接适用于三相中的任一相。当然，三相变压器也具有自身的特点，如三相绕组的联接方式、三相磁路系统以及绕组内的感应电动势波形等问题。

一、三相变压器的绕组联接法和联接组

1. 三相变压器绕组的联接法

三相绕组通常采用的联接法有：星形（Y形）联接，用Y（或y）表示；三角形（△形）联接，用△或 D(或 d)表示。如图 2-3-1 所示,由于一般变压器有原、副边两套绕组,两边可以采用相同或不相同的联接法,因此可以出现多种不同的配合,通常有 Y/Y、Y/△、△/Y、△/△,其中 Y 接法当有中点引出线时用 Y_0 表示。

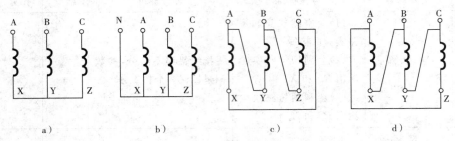

图 2-3-1 三相绕组的星形和三角形联接法

a)星形联接;b)星形联接中心点引出;c)三角形逆联;d)三角形顺联

为了正确联接,在变压器绕组进行联接之前,必须对绕组的各个出线端点进行标记。如表 2-1 所列。

表 2-1 绕组首端和末端标志

绕组名称	首端	末端	中性点
高压绕组	A、B、C	X、Y、Z	N
低压绕组	a、b、c	x、y、z	n

2. 单相变压器绕组的标志方式

图 2-3-2a 中画出了套在同一铁芯上的两个绕组,它们的出线端分别为 A、X 及 a、x。当磁通瞬时值在图示箭头方向上增加时,根据楞次定律两绕组中感应电动势的瞬时实际方向是从 X 指向 A 和从 x 指向 a,可见 A 和 a 为同极性端,X 和 x 为同极性端,可以在 A 和 a 两端打上"·"做标记。同极性端也叫同名端。图 2-3-2b 中的两个绕组,由于绕向不同,A 和 x 为同极性端。

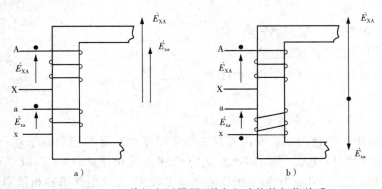

图 2-3-2 单相变压器原、副边电动势的相位关系

当高、低压绕组 A 和 a 两端为同名端,这时高、低压绕组相电动势 $\dot{E}_A$ 与 $\dot{E}_a$ 同相位,如图 2-3-2a 所示。所谓时钟表示法,就是将高压侧绕组的相电动势 $\dot{E}_A$ 作为时钟的分针指向 12 点,则低压侧绕组的相电动 $\dot{E}_a$ 作为时钟的时针也指向 0 点(12 点),此时 $\dot{E}_A$ 与 $\dot{E}_a$ 同相位,二者之间的相位差为零,故该单相变压器的联接组是 II0。其中 II 表示高、低压绕组均为单相,0 表

示其联接组的标号。如果高、低压绕组的首端为异名端时,$\dot{E}_A$ 与 $\dot{E}_a$ 相位相反,如图 2-3-2b 所示,此时低压侧绕组的相电动 $\dot{E}_a$ 作为时钟的时针指向 6 点,该单相变压器的联接组为 II6。

通过上面的分析可知,单相变压器的绕组相电动势只有同相位和反相位两种情况。

3. 三相变压器绕组的联接

三相变压器每相的相电动势即为该相绕组电动势,其线电动势是指引出端的电动势,线电动势 $\dot{E}_{AB}$ 是从 A 到 B 的电动势,$\dot{E}_{BC}$ 是从 B 到 C 的电动势,$\dot{E}_{CA}$ 是从 C 到 A 的电动势。在三相对称系统中,接成 Y 方式或 △ 方式的三相绕组,其相电动势与线电动势之间的关系随绕组接线方式的不同而不同。

(1)星形接法

接线图如图 2-3-3a 所示,在接线图中,绕组按相序自左向右排列。

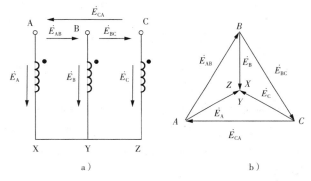

图 2-3-3 三相绕组 Y 接法的相电动势与线电动势

a)接线图;b)相量图

相电动势:$\dot{E}_A = E\,\underline{/0^\circ}$,$\dot{E}_B = E\,\underline{/-120^\circ}$,$\dot{E}_C = E\,\underline{/-240^\circ}$ 。

线电动势:$\dot{E}_{AB} = \dot{E}_A - \dot{E}_B$,$\dot{E}_{BC} = \dot{E}_B - \dot{E}_C$,$\dot{E}_{CA} = \dot{E}_C - \dot{E}_A$ 。

画出相量图如图 2-3-3b 所示,这是一个位形图,它的特点是图中重合在一处的各点是等电位的,如 X、Y、Z,并且图中任意两点间的有向线段就表示该两点的电动势相量,如 $\overrightarrow{AX}$ 即 $\dot{E}_{AX} = \dot{E}_A$,$\overrightarrow{AB}$ 即 $\dot{E}_{AB}$。该相量图可先画它的相电动势部分,注意 X、Y、Z 要重合,相序要正确,然后画出 $\overrightarrow{AB}$、$\overrightarrow{BC}$、$\overrightarrow{CA}$,即为线电动势相量。

(2)三角形接法

第一种三角形接法如图 2-3-4a 所示,接线顺序 CZ—BY—AX—CZ。

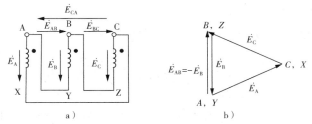

图 2-3-4 三相绕组三角形逆联接线图和电势相量图

a)接线图;b)相量图

线电动势与相电动势的关系为：$\dot{E}_{AB} = -\dot{E}_B$，$\dot{E}_{BC} = -\dot{E}_C$，$\dot{E}_{CA} = -\dot{E}_A$。

相量图如图 2-3-4b 所示。这也是个位形图，可先画相电动势，再画线电动势。

第二种三角形接线方式如图 2-3-5a 所示，接线顺序是 AX—BY—CZ—AX，线电动势与相电动势的关系为：$\dot{E}_{AB} = \dot{E}_A$，$\dot{E}_{BC} = \dot{E}_B$，$\dot{E}_{CA} = \dot{E}_C$。

相量图如图 2-3-5b 所示，也是个位形图。

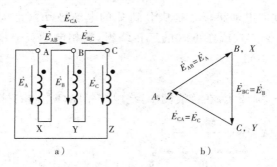

图 2-3-5　三相绕组三角形顺联接线图和电势相量图
a)接线图；b)相量图

从 Y 接法和△接法的电动势相量位形图看出，只要三相的相序为 A—B—C—A 时，则 A、B、C 三个点为顺时针方向依次排列，△ABC 是个等边三角形，这个结果可以帮助我们正确地画出电动势相量位形图来。三相变压器高、低压绕组都可用 Y 或△联接，用 Y 联接时中点可出线，也可不出线。

4. 三相变压器的联接组别

在三相系统中，关心的是线值和三相变压器高、低压绕组线电动势之间的相位差角。由于高、低压绕组的不同，接线方式也不一样，但是不论怎样联接，高压绕组线电动势$\dot{E}_{AB}$和低压绕组线电动势$\dot{E}_{ab}$之间相位差总是 30°的整数倍。当然，$\dot{E}_{BC}$和$\dot{E}_{bc}$或$\dot{E}_{CA}$和$\dot{E}_{ca}$相对应的原、副边线电动势之间的相位关系与$\dot{E}_{AB}$和$\dot{E}_{ab}$之间相位关系是完全一样的，因为原、副边都是对称的三相系统。因此，国际上规定了标志三相变压器高、低压绕组线电动势的相位关系，仍采用时钟表示法，即规定高压边线电动势$\dot{E}_{AB}$为长针，永远指向钟面上的"12"，低压边线电动势$\dot{E}_{ab}$为短针，它指向钟面上除"12"以外的任一数字，该数字则为三相变压器联接组别的标号，指向"12"时，标号为"0"。联接组别书写形式是用大写、小写英文字母依次表示高、低压绕组接线方式，星接用 Y 或 y 表示，有中线引出时用 Y_N 或 y_n 表示，三角形接用 D 或 d 表示，在英文字母后边写出标号数字。

下面分别对高、低压为 Y/Y 联接及 Y/△联接的变压器具体分析一下它们的联接组别。

(1)Yy 联接组

以绕组接线图 2-3-6 所示的 Y/Y 联接三相变压器为例。三相变压器绕组接线图中，上下对着的高、低压绕组套在同一铁芯柱上。图 2-3-6a 中的绕组上，AX 与 ax、BY 与 by、CZ 与 cz 打"·"的一端表示每个铁芯柱的高、低压绕组都是同极性端，三相对称。

当已知三相变压器绕组接线及同极性端，确定变压器的联接组别的方法是分别画出高压绕组和低压绕组的电动势相量位形图,从图中高压边线电动势$\dot{E}_{AB}$与低压边线电动势$\dot{E}_{ab}$的相位关系,便可确定其联接组别的标号,具体步骤为:

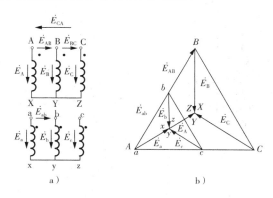

图 2-3-6 Yy0 联接组别

a)接线图;b)相量图

①在接线图上标出各个线电动势与相电动势。见图 2-3-6a,标出了$\dot{E}_{BC}$、$\dot{E}_{AB}$、$\dot{E}_{CA}$及$\dot{E}_A$、$\dot{E}_B$、$\dot{E}_C$等。

②按照高压绕组接线方式,首先画出高压绕组电动势相量位形图。见图 2-3-6b,高压边为 Y 接,绕组电动势相量图与图 2-3-3b 完全一样。

③根据同一铁芯柱上的高、低压绕组的相位关系,先确定低压绕组的相电动势相位,然后按照低压绕组的接线方式,画出低压绕组电动势相量位形图。从图 2-3-6a 看出,同一铁芯柱上的绕组 AX 和 ax,两绕组首端是同极性端,因此,高、低压绕组电动势$\dot{E}_A$与$\dot{E}_a$同相位(即该单相变压器是 Ⅱ0 联接组别);同理$\dot{E}_B$与$\dot{E}_b$,$\dot{E}_C$和$\dot{E}_c$同相位。画低压绕组电动势相量图时,把 a 点重合在高压边的 A 点上,先画$\dot{E}_a$相量,定出 a、x 两点,这样$\dot{E}_A$与$\dot{E}_a$不仅同方向,而且共起点。低压绕组也是 Y 接,其电动势相量图见图 2-3-6b,与图 2-3-3b 也是一样的。

④从高、低压绕组电动势相量图中$\dot{E}_{AB}$与$\dot{E}_{ab}$的相位关系,根据时钟表示法的规定,$\dot{E}_{AB}$指向钟面 12 的位置,由$\dot{E}_{ab}$指的数字确定联接组标号。如图 2-3-6b 所示,$\dot{E}_{AB}$与$\dot{E}_{ab}$同位置,因此该变压器联接组别标号为 0,表示为 Yy0。

以上确定联接组别的步骤,对各种接线情况的三相变压器都是适用的。在这些步骤中有两点要注意:

① 会根据高、低压绕组的接线方式画出各自的电动势相量图。

② 高压绕组电动势相量图与低压绕组电动势相量图之间的相位关系要画对,其依据就是套在同一铁芯柱上的高、低压绕组电动势,当绕组首端为同极性端时,它们的相位相同;当绕组首端为异极性端时,它们的相位相反。我们把 a 与 A 重合,是为了使高、低压绕组线电动势$\dot{E}_{AB}$与$\dot{E}_{ab}$共起点,它们的相位关系可以表现得更直观。

(2)Yd 联接组

①若低压绕组为第一种△接法,以绕组接线如图 2-3-7a 所示的三相变压器为例。

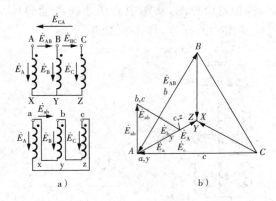

图 2-3-7　Yd11 联接组别

a)接线图；b)相量图

采用同样的办法,画出高、低压绕组电动势相量图,如图 2-3-7b 所示,从而确定它的联接组别为 Yd11。

②若三相低压绕组为△接法的第二种接法。其他条件与①相同,则此种联接组别为 Yd1,如图 2-3-8 所示。

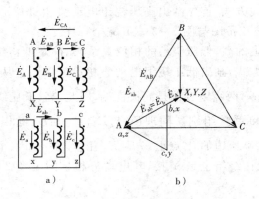

图 2-3-8　Yd1 联接组别

a)接线图；b)相量图

5. 标准联接组

单相和三相变压器有很多联接组别,为了避免制造与使用时造成混乱,国家标准对单相双绕组电力变压器规定只有一个标准联接组别为 II0;对三相双绕组电力变压器规定了以下五种联接组别:Yyn0、Yd11、YNd11、YNy0 及 Yy0。

Yyn0 主要用作配电变压器,其副边有中线引出作为三相四线制供电,这种变压器高压边电压不超过 35 kV,低压边电压为 400～230 V,既可用于照明,也可用于动力负载。Yd11 用于高压侧额定电压为 35 kV 以下,低压侧为 3 kV 和 6 kV 的大中容量的配电变压器,最大容量可达 31500 kVA,且有一边连接成三角形,对运行有利。YNd11 用在 110 kV 以上的高压输电线路中,其高压侧可以通过中点接地。YNy0 用于原边需要接地的场合。Yy0 供三相动力负载。

二、三相变压器的磁路系统

三相变压器的磁路系统分为各相磁路彼此独立的三相组式变压器和各相磁路彼此相关的三相芯式变压器。

三相组式变压器是由三台同规格的单相变压器按一定的接线方式联接成的三相变压器,如图2-3-9所示。三相组式变压器的特点是:当原边外施对称的三相电压时,对称的三相主磁通$\dot{\Phi}_A$、$\dot{\Phi}_B$和$\dot{\Phi}_C$在各自的铁芯中自成闭合磁路,彼此无关。其优点是制造及运输方便,备用的变压器容量较小(是全组容量的1/3);其缺点是硅钢片用量较多、价格较贵、效率较低、占地面积较大。所以一般不采用,仅用于大容量及起高压的变压器中。

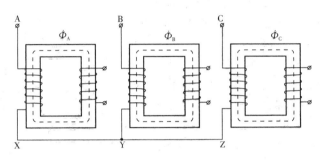

图2-3-9 三相组式变压器的磁路系统

三相芯式变压器的各相磁路彼此相关,我国电力系统用得最多的是三相三铁芯柱变压器。如将三台同规格的单相变压器的各个铁芯柱合并成如图2-3-10a所示的形式,则由于三相磁通是对称的,所以中间铁芯柱中的磁通为三相磁通的相量和,即$\sum\dot{\Phi}=\dot{\Phi}_A+\dot{\Phi}_B+\dot{\Phi}_C=0$。这样中间铁芯柱可以省略,变成如图2-3-10b所示的形式。实用上,为便于制造,常将三相的三个铁芯柱布置在同一个平面内,这样就得到了常用的三相芯式变压器的铁芯,如图2-3-10c所示。在这种磁路系统中,每相主磁通均要借助另外两相的磁路才能闭合,由于中间相的磁路最短,因而在外施三相对称电压时,三相励磁电流是不相等的,B相的励磁电流最小。但由于励磁电流很小,这种不对称对变压器负载运行的影响便可以忽略不计。三相芯式变压器具有材料消耗少、价格低、占地面积小和维护方便等优点,因此得到广泛的应用。但对容量很大的巨型变压器,为便于运输和减少备用容量,常常采用三相组式变压器。

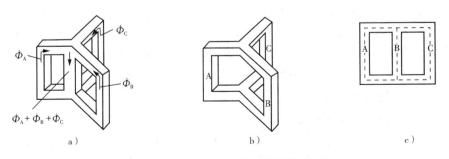

a)　　　　　　　　b)　　　　　　　　c)

图2-3-10 三相芯式变压器的磁路系统

应用实施

发电厂和变电所中,常采用两台或两台以上的变压器以并联运行方式供电,共同承担传输电能的任务。所谓变压器并联运行,就是把两台或两台以上变压器的原、副绕组相同标号的出线端联在一起,分别接到公共的母线上去,如图 2-3-11 所示为两台变压器并联运行时的接线图。其意义在于:

(1)提高供电的经济效益。负载一般是逐步发展的,变压器的容量和台数随负载逐步增加,需要变压器并联运行时,可以根据负载的变化投入相应的容量和台数,尽量使运行着的变压器接近满载,提高系统的运行效率和改善系统的功率因数。

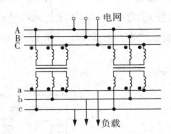

图 2-3-11 变压器并联运行线路

(2)提高供电的可靠性。如果某台变压器发生故障需要检修时,可以把它从电网上切除,其他变压器仍继续运行,确保电网正常供电,从而保证了供电的连续性和可靠性。

(3)降低供电成本。由于每台变压器的容量小于并联运行变压器的总容量,故备用变压器通常用一台即可。

一、并联运行的理想情况和条件

变压器并联运行必须满足一定的条件,而不是任意的变压器组合在一起就能并联运行。为了减少损耗,避免可能出现的危险情况,并联运行的变压器应具备以下理想情况:

(1)空载时每一台变压器副边电流都为零,与单独空载运行时一样。各台变压器间无环流。

(2)负载运行时各台变压器分担的负载按其容量大小成比例地分配,保证每台变压器的容量能得到充分利用。

(3)负载运行时各台变压器输出的电流同相位,这样在总的负载电流一定时,各台变压器所承担的电流最小,并且各台变压器输出电流一定时,总的输出电流最大。

为了满足理想运行情况,并联运行的变压器应满足以下条件:

(1)各变压器原、副边额定电压相同(变比相等)。

(2)各变压器具有同一联接组别。

(3)各变压器短路阻抗标幺值相等。

满足条件(1)、(2),可保证空载时各并联变压器间无环流。满足条件(3),能保证各并联变压器的负载按它们的额定容量合理分配,并使各变压器的装置容量得到充分利用。其中,条件(2)必须严格保证,否则会引起极大的环流,有可能将变压器绕组烧毁。

二、变压器并联运行分析

1. 变比不相等时变压器并联运行问题

以两台变压器并联运行为例,设第一台的变比为 K_1,第二台的变比为 K_{11},且 $K_1 < K_{11}$,因为两台变压器的原边接在同一电源上,副边电压 $U_1/K_1 > U_1/K_{11}$,故在空载时两台并联运行的变压器之间就已有环流。为便于计算,将原边各物理量折算到副边,并忽略励磁电流,则可得并联运行时的简化等效电路如图 2-3-12 所示。可见,空载运行时二次回路中产生了环流 $\dot{I}_C$,则空载时的环流为

$$\dot{I}_C = \frac{\dot{U}_1/K_1 - \dot{U}_1/K_{11}}{Z_{K1} + Z_{K11}}$$

式中:Z_{K1}、Z_{K11}——分别为折算到副边的两台变压器的短路阻抗。

尽管二次回路电压差不大,但因短路阻抗很小,也会产生很大的环流,造成空载损耗增加,降低变压器输出能力。

根据磁势平衡原理,由于 $\dot{I}_C$ 出现,在变压器一次侧也会出现平衡电流,并占用变压器容量,增加了损耗。因此,为了限制环流,通常规定并联运行变压器的电压比差值 $\Delta K = (K_1 - K_{11})/\sqrt{K_1 K_{11}}$,变化范围为 $\pm 0.5\%$。

2. 联接组别不同时变压器并联运行问题

如果并联运行的变压器额定电压等级即变比相同,而标准联接组别不一样时,就等于只保证了副边额定电压的大小相等,相位却不相同。例如,两台联接组别分别为 Yy0 和 Yd11 的变压器并联运行时,即使副边的线电动势大小相等,但它们之间仍存在 30° 的相位差,如图 2-3-13 所示,则在两台变压器二次绕组闭合回路中有电动势差 $\Delta U_{20} = 2U_{11}\sin 15° = 0.518U_{11}$。由于变压器的短路阻抗很小,在这个电动势差作用下将会产生极大的环流,同时一次侧也感应很大的环流,这将超过额定电流许多倍,可能烧毁变压器,后果是十分严重的,所以联接组别不同的变压器绝不允许并联运行。

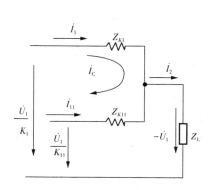

图 2-3-12　变比不等时的并联运行简化等效电路

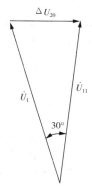

图 2-3-13　Yy0 和 Yd11 两台变压器并联运行时二次绕组电压的相量图

3. 短路阻抗电压不等时变压器并联运行问题

只讨论并联运行的变压器原、副边额定电压相同,又属同一联接组别,只是短路阻抗电压不等的运行情况。设 $u_{K1} > u_{K11}$,即分别在负载上加额定电流时,第一台变压器的内部压降大于第二台变压器的内部压降,也就是说它们有不同的外特性,前者较后者的外特性向下倾斜的程度大,如图 2-3-14 所示。但是并联运行的两台变压器二次绕组接在同一母线上,具有相同的 U_2 值,因而使变压器的负载分配不均,致使第一台变压器的负载电流还小于额定值时(如 $\beta_1 = 0.8$)第二台变压器已经过载了($\beta_{11} = 1.2$)。也就是说两台变压器并联

运行时的负载系数与阻抗电压成反比,阻抗电压比较小的变压器担负着较大的负载。为了使第二台变压器不过载运行,第一台变压器的负载系数更小了,结果总的负载容量小于总的设备容量,使变压器不能充分利用。因此,为了使并联运行的变压器不致浪费容量,要求并联运行的变压器阻抗电压之差不应超过它们平均值的10%。实际中,为了使设备得到充分利用,应取容量大的变压器的短路阻抗电压相对值小一些,也就是让容量大的变压器先达到满载,充分利用大变压器的容量。

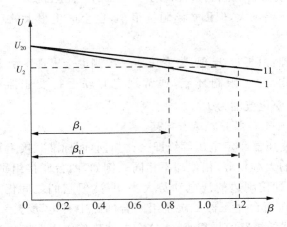

图 2-3-14　阻抗电压不等时并联运行的负载分配

操作与技能考评

序号	主要内容	考核标准	评分标准	配分	扣分	得分
1	三相变压器的绕组联接方式	(1)能够简述三相变压器的绕组联接方式; (2)能够绕制三相变压器的绕组	对于(1)叙述不清、不达重点扣5分;对于(2)不会绕制不给分	25		
2	三相变压器的联接组别识别	能够判断三相变压器的联接组别	叙述不清、不达重点均不给分	25		
3	三相变压器的联接组别接线	会三相变压器的联接组别接线	叙述不清、不达重点均不给分	25		
4	三相变压器的并联运行	(1)能够简述并联运行的条件; (2)测定内阻抗对负载分配的影响	对于(1)叙述不清、不达重点均不给分;对于(2)不会测量不给分	25		

任务 2.4 特殊变压器的应用

任务要求

(1)熟悉自耦变压器的结构特点及应用场合。

(2)熟悉仪用互感器的用途和使用注意事项。

(3)了解电焊变压器的特性。

相关知识

一、自耦变压器

原、副边共用一部分绕组的变压器叫自耦变压器,即自耦变压器的铁芯上仅绕一个绕组,当作降压变压器使用时,原边绕组中的一部分兼作副边绕组,如图 2-4-1 所示;当作升压变压器使用时,外施电压只施加在部分绕组上,而整个绕组作为副边绕组。因此,自耦变压器的原、副边绕组之间,不仅有磁的耦合,而且还有电的直接连接,故其一部分功率不通过电磁感应,而直接由原边传导到副边。自耦变压器有单相的,也有三相的。

自耦变压器原、副边电压与电流的分析方法与普通变压器原、副边电压与电流一样,即 $U_1/U_2 = E_1/E_2 = N_1/N_2 = K_A$($K_A$ 为自耦变压器的变压比);$\dot{I}_1 = -1/K_A \dot{I}_2$。而自耦变压器公用部分绕组中,电流 $\dot{I}$ 是原、副边绕组电流之和,接近于空载电流($\dot{I} = \dot{I}_1 + \dot{I}_2 = \dot{I}_0$)。

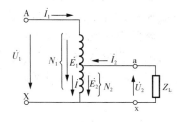

图 2-4-1 自耦变压器原理图

自耦变压器的特点是:材料和体积均较普通变压器小得多,材料减少到普通变压器的 $1 \sim 1/K_A$。与同容量双绕组变压器相比,自耦变压器所用有效材料(硅钢片和铜材)较少,所以自耦变压器的铜损耗和铁损耗相应较少,效率较高,故在电力系统中常用作不同电压等级电网之间的联络变压器。

在实验室和家用电器中,为了能在负载情况下平滑地调节输出电压,常使用自耦接触式调压器,如图 2-4-2 所示,它实际上是将绕组绕在环形铁芯上,环形的一端经加工后铜线裸露,放一组可滑动的电刷与裸铜线相接触,作为副边绕组的一个出线头。这样,当电刷移动时,便可以平滑地调节输出电压。自耦接触式调压器结构简单、效率高且便于移动,使用较多。但因受被电

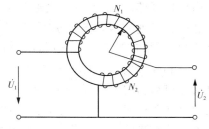

图 2-4-2 自耦接触式调压器原理图

刷短路线圈中短路电流的限制,绕组每一匝的电压不能太高,一般不超过 1 V,而且负载电

流也不能太大,所以容量一般小于几十 kVA,电压多在 500 V 以下。因此,当需要更大容量和更高电压时,应选用动圈式调压器或感应式调压器。

由于自耦变压器的原、副边有电的联系,当过电压浸入或公共绕组断线时,低压侧将承受高电压。因此,自耦变压器的低压侧必须加高压保护设备,防止过高电压损坏低压侧的电气设备。另外,自耦变压器的短路阻抗较小,短路电流比双线圈变压器大,因此必须加强保护。

二、仪用互感器

仪用互感器分为电流互感器和电压互感器两种。当被测电流很大或电压很高时,如电力系统中,仪用互感器可使测量仪表、控制回路和继电保护装置与高压线路隔离,以保障操作人员和设备的安全;它也可同时与其他测量仪表和控制线路配合,对电流、电压和功率等进行自动检测和控制,以及将被测的大电流和高电压转换成统一标准值范围来测量,以利于仪表和控制装置的标准化。

1. 电流互感器

电流互感器的原边绕组由一匝或数匝截面积较大的导线绕制,原边与被测量电路串联,副边绕组匝数较多、截面积较小,并与阻抗很小的仪表(如电流表、功率表的电流线圈等)组成闭合回路,如图 2-4-3 所示,所以电

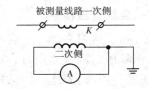

图 2-4-3 电流互感器接线图

流互感器相当于运行在变压器的短路运行状态下。由于电流互感器的铁芯和线圈采用了优质的铁磁材料和导电材料,其漏电抗和线圈电阻非常小,折算到原边的等值阻抗也是非常小的,因此它与被测电路的负载阻抗相比可以忽略不计,对被测电路的电流几乎没有影响。

为减少测量误差,铁芯中的磁通密度一般取得较低,为 $0.08 \sim 0.1$ T,故所需励磁电流很小,可以忽略不计,则根据磁动势平衡关系,得到

$$\frac{I_1}{I_2} = \frac{N_2}{N_1} = K_i$$

这样,利用原、副边绕组不同的匝数比,可以将被测量电路中的电流变为小电流来测量。一般电流互感器副边的额定电流为 1 A 或 5 A。

使用电流互感器时应注意:①副边绕组一端必须可靠接地,以防止高压绕组可能损坏后使副边绕组带高压而引起伤害事故。②电流互感器在工作时,副边绕组绝对不允许开路。因为当副边开路时,$I_2 = 0$,副边磁势失去对原边的去磁作用,原边磁势 $I_1 N_1$ 成为励磁磁势,使铁芯中的磁通密度显著增加,导致铁芯过热而损坏绕组绝缘,同时大大降低了准确度。更为严重的是,当磁路高度饱和时,匝数很多的副边将感应出幅值极高的电压,会击穿绝缘,并危及人身和仪表安全。因此在工作情况下需要在副边更换仪表时,首先应将副边绕组短接,待更换结束后再打开短接开关。③副边回路不能串入过多的测量仪表和控制仪表,不使总阻抗超过允许的额定值,以免测量误差增大。

为了可在现场不切断电路的情况下测量电流和便于携带使用,把电流表和电流互感器合起来制造成钳形电流表(图 2-4-4)。互感器的铁芯做成钳形,可以开合,铁芯上只绕有连接电流表的副绕组,被测电流导线可钳入铁芯窗口内成为原绕组,匝数 $N_1 = 1$。

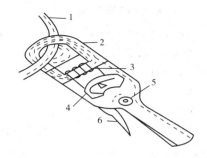

图 2-4-4　钳形电流表结构图

1—被测载流导线；2—铁芯；3—二次绕组；4—电流表；5—量限开关；6—钳形表手柄

2. 电压互感器

电压互感器的原边绕组并联在被测电压两端,副边绕组与内阻抗很大的电压表、功率表电压线圈等组成闭合回路,如图 2-4-5 所示。所以电压互感器相当于变压器的空载运行状态。如果忽略励磁电流和原、副边的漏阻抗压降,则有

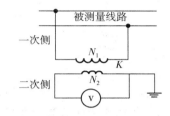

图 2-4-5　电压互感器接线图

$$U_1 = \frac{N_1}{N_2}U_2 = K_u U_2 \quad (K_u \text{ 为电压互感器的变压比})$$

同样,为减少测量误差,铁芯中的磁通密度一般取得较低,为 0.6~0.8 T,同时采用大截面导线和改进原、副边绕组之间的排列,使漏阻抗减小。副边额定电压一般为 100 V。

使用电压互感器时应注意:①副边绕组绝对不允许短路,否则会产生很大的短路电流将绕组烧毁。②铁芯和副边绕组的一端必须可靠接地,以防止因绝缘损坏时副边出现高压,危及操作人员的人身安全。③电压互感器工作时,也不宜接过多的仪表,以免电流过大引起较大的漏阻抗压降,影响互感器的准确度。

三、电焊机变压器

电焊机在生产中的应用非常广泛,它是利用变压器的特殊外特性(二次侧可以短时短路)工作的,如图 2-4-6 所示,实际上它是一台降压变压器。

1. 电焊工艺对变压器的要求

要保证电焊的质量及电弧燃烧的稳定性,电焊机对变压器有以下几点要求:

① 空载时,空载电压一般应为 60~75 V,以保证容易起弧。但考虑到操作者的安全,U_{20} 最高电压不超过 85 V。

② 负载(即焊接时),变压器应具有迅速下降的外特性,如图 2-4-6 所示,在额定负载时的输出电压 U_2(焊钳与工件间的电弧)约为 30 V。

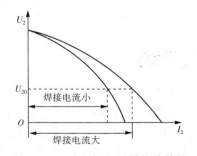

图 2-4-6　电焊变压器的外特性

③ 当短路(焊钳与工件间接触)时,I_{2k} 短路电流不应过大,一般 $I_{2k} < 2I_N$。

④ 为了适应不同焊接工件和焊条,要求焊接电流大小在一定范围内均匀可调。

由普通变压器的工作原理可知,引起变压器副边(二次侧)电压 U_2 下降的内因是内阻抗 Z_2 的存在($U_2 = E_2 - I_2Z_2$)。而普通变压器 Z_2 很小,I_2Z_2 也很小,从空载到额定负载,U_2 变化不大,不能满足电焊要求。因此电焊变压器应具备较大的电抗,才能使 U_2 迅速下降,并且电抗还要可调。改变电抗的方法不同,可得不同的电焊变压器。

2. 磁分路动铁芯电焊变压器

磁分路动铁芯电焊变压器如图 2-4-7 所示,原、副绕组分装于两铁芯柱上,在两铁芯柱之间安装了一个磁分路动铁芯,动铁芯通过一螺杆可以移动调节,以改变漏磁通的大小,从而改变电抗的大小,继而改变焊接电流的大小。另外,通过改变副绕组的抽头,可以调节起弧电压的大小。

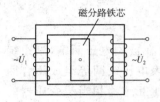

图 2-4-7 磁分路动铁芯电焊变压器

3. 串联可变电抗器的电焊变压器

串联可变电抗器的电焊变压器如图 2-4-8 所示,在普通变压器副绕组中串联一可变电抗器,电抗器的气隙 δ 通过一螺杆调节大小,便可以改变电抗器的磁阻,从而改变电抗的大小。这样就可以得到不同的外特性和不同的焊接电流。这时焊钳与焊件之间电压为 $\dot{U}_2$。另外通过改变原边绕组的抽头,可以调节起弧电压的大小。

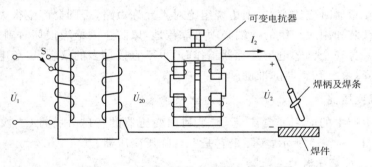

图 2-4-8 串联可变电抗器的电焊变压器

应用实施

自耦变压器的应用:

自耦变压器在不需要初、次级隔离的场合都有应用,具有体积小、耗材少、效率高的优点。常见的交流(手动旋转)调压器、家用小型交流稳压器内的变压器、三相电机自耦减压启动箱内的变压器等,都是自耦变压器的应用范例。

随着我国电气化铁路事业的高速发展,自耦变压器(AT)供电方式得到了长足的发展。由于自耦变压器供电方式非常适用于大容量负荷的供电,对通信线路的干扰又较小,因而被客运专线以及重载货运铁路广泛采用。

操作与技能考评

序号	主要内容	考核标准	评分标准	配分	扣分	得分
1	各种变压器的参数测量连线	（1）会电压互感器的参数测量连线； （2）会电流互感器的参数测量连线； （3）会自耦变压器的参数测量连线	一个电路连接错误扣5分,造成电器损害或电路短路不给分	45		
2	各种变压器的参数测量方法	（1）会电压互感器的参数测量方法； （2）会电流互感器的参数测量方法； （3）会自耦变压器的参数测量方法	参数测量错误一个扣3分	40		
3	公式验证	根据以上三种测量结果,进行公式验证	验证结果不准确扣3分,不正确扣5分	15		

项目小结

　　变压器是由铁芯、绕组及其他部件构成的一种静止电气设备,绕组是变压器的电路部分,铁芯是变压器的磁路部分,铁芯是由硅钢片叠成的,可以减小涡流损耗和磁滞损耗。变压器利用原、副绕组的匝数不同,通过电磁感应作用,把一种等级的电压或电流变换成同频率的另一种等级的电压或电流。

　　变压器的内部磁场分布比较复杂,通常将磁通分成主磁通和漏磁通来处理,这是由于这两部分磁通所经过磁路的性质和所起的作用不同。主磁通沿铁芯闭合,铁芯饱和现象使磁路为非线性,主磁通在原、副绕组中感应出电动势 E_1 和 E_2,起传递功率的媒介作用;漏磁通通过非磁性物质闭合,磁路是线性的,漏磁通只起电抗压降作用而不直接参与能量传递。这样处理以后,就可引入电路参数——励磁阻抗和漏抗这些不同性质的参数去反映磁路对电路的影响,从而把较复杂的磁路问题简化成电路的问题,这是分析变压器的基本思想。

　　通过对变压器空载、负载稳态运行时内部电磁关系的分析,我们导出了变压器的基本方程式、等效电路和相量图。基本方程式概括了电动势平衡和磁动势平衡两个基本电磁关系,负载变化对原边的影响就是通过副边磁动势 $\dot{F}_2$ 起作用的。等效电路是基本方程式的模拟电路,而相量图是基本方程式的图形表示法。三者在物理意义上完全一致,都是分析变压器的有力工具,应能根据不同的情况选用,在应用等效电路作定量分析计算时,注意原、副边各量的折算关系。无论列基本方程式、画等效电路或相量图,都必须首先规定各物理量的正方向,正方向定得不同,方程式中各物理量前的符号和相量图中各相量的方向也不同。

　　励磁电抗 X_m 和漏电抗 $X_{1\delta}$ 及 $X_{2\delta}$ 是变压器的重要参数。X_m 与主磁通相对应,受磁路饱和影响,不是常数;而 $X_{1\delta}$ 和 $X_{2\delta}$ 则分别与原、副绕组的漏磁通相对应,由于磁路基本不受铁芯饱和的影响,因此它们为常数。

变压器的电压变化率和效率是衡量其运行性能的两个主要指标。ΔU 的大小反映了变压器负载运行时副边电压的稳定性,而效率 η 则表明运行时的经济性。参数对 ΔU 与 η 影响很大,因此在设计变压器时应正确选择。对已制成的变压器则可通过空载实验和短路实验测出这些参数。

三相变压器的磁路系统有两种:一种是变压器组式磁路,另一种是芯式变压磁路。三相变压器在对称负载下运行时,其每一相就相当于一台单相变压器,完全可用单相变压器的分析方法及其结论。对三相变压器仅研究特殊问题。联接组别关系到变压器能否并联运行,分析判断它要注意绕组绕向、出线端标志、绕组联接与电动势相位的关系。根据变压器原、副边线电动势的相位差,三相变压器有各种不同的联接组别,为了制造和并联运行方便,国标规定了五种标准联接组别,分别为 Yyn0、Yny0、Yy0、Yd11、Ynd11。

变压器并联运行时应满足变比相等、联接组相同和短路阻抗电压相等三个条件。这样才能保证并联运行时的变压器在空载时不产生环流,同时,负载可按变压器的容量进行分配,从而使设备得以充分利用,否则并联的变压器就会损坏。

自耦变压器的特点是原、副边不仅有磁的耦合,而且还有电的直接联系,故其一部分功率不通过电磁感应,而直接由原边传导到副边,因此自耦变压器具有材料省、体积小、损耗小和效率高等优点。

仪用互感器是测量用的变压器,使用时应注意将其副边接地,电流互感器绝不允许副边开路,而电压互感器副边不允许短路。

电焊变压器是交流电弧焊机的专用变压器,具用特殊的外特性。

思考与练习

2-1 变压器中主磁通和漏磁通的性质和作用有什么不同? 它们各由什么磁势产生?

2-2 变压器能否用来直接改变直流电压的等级? 如果把变压器原绕组接到电压大小相同的直流电源上,副绕组两端电压是多大? 会产生什么后果?

2-3 变压器的铁芯导磁回路中如果出现间隙,对变压器有什么影响?

2-4 变压器如果抽掉其铁芯,原、副绕组完全不变,行不行?

2-5 变压器空载运行时,原边加额定电压,这时原绕组电阻 R_1 很小,为什么空载电流 I_0 不大?

2-6 为什么变压器空载运行时功率因数很低?

2-7 电流互感器与电压互感器产生误差的原因是什么? 它们的副边仪表接得过多有什么不好? 它们的副边为何要接地? 电流互感器副边为何绝不许开路,而电压互感器副边为何不许短路?

2-8 变压器并联运行没有环流的条件是什么?

2-9 电流互感器工作在什么状态? 为什么严禁电流互感器二次侧开路? 为什么二次侧和铁芯要接地?

2-10 使用电压互感器时应注意哪些事项?

2-11 变压器的一次绕组为2000匝,变压比 $K=30$,一次绕组接入工频电源时,铁芯中的磁通最大值 $\Phi_m=0.015$ Wb。试计算一次绕组、二次绕组的感应电动势各为多少?

2-12 一台单相变压器,额定容量 $S_N=2$ kVA,额定电压为 220 V/36 V。试求原、副绕组的额定

电流。

2-13 S—50/10 型变压器,低压侧额定电压为 500 V,求高、低压侧额定电流。

2-14 一台单相变压器,$U_{1N}=10000$ V,$U_{2N}=400$ V,$R_1=R_2'=2.44$ Ω,$X_1=X_2'=8.24$ Ω,负载阻抗 $Z_L'=(250+j88)$ Ω,忽略 I_0 不计,当原边加额定电压时,求原、副边电流,副边电压。

2-15 有一台单相变压器的额定电压为 $U_{1N}=1100$ V,$U_{2N}=220$ V,二次绕组电阻 $R_2=0.6$ Ω,漏电抗 $X_2=0.8$ Ω,当一次侧电源接额定电压,二次侧接负载时,$U_2=205$ V,$I_2=5$ A,求 R_2、X_2、U_2、I_2 折算到一次侧的数值。

项目三 三相异步电动机的基本原理和运行分析

> 本项目将分三个任务模块,按照实际工作要求,分别阐述三相异步电动机的基本结构、工作原理、运行分析以及机械特性和工作特性。

任务 3.1 三相异步电动机的结构和工作原理

任务要求

(1)认识三相异步电动机的内部结构,能拆装电机。
(2)掌握三相异步电动机的工作原理,了解旋转磁场的产生。
(3)掌握三相异步电动机的运行分析方法、公式的推导和机械特性。
(4)掌握三相异步电动机的参数的测量方法。

相关知识

交流电机可分为同步电机和异步电机两大类。同步电机的转速与所接电源频率之间存在严格不变的关系,主要用于发电机;异步电机的转速与所接电源频率之间不存在严格不变的关系,主要用于电动机。

异步电动机是生产设备中应用最广泛的动力设备,如在工农业、交通运输、日常生活等各个方面都有应用。异步电动机之所以获得广泛应用,是因为它和其他各种电机比较,具有结构简单、制造方便、运行可靠等优点。如与同容量的直流电机相比,异步电机的质量约为直流电机的一半,其价格约为直流电机的 1/3。但是异步电动机也存在一些缺点:不能经济地实现范围较广的平滑调速,对电网永远是一个感性负载,使电网的功率因数降低。但总体而言,大多数生产设备并不要求大范围地平滑调速,且随着现代交流调速技术的发展,异步电动机的平滑调速得以解决,而电网的功率因数又可以采用其他方法补偿。因此异步电动机在电力拖动系统中获得了广泛的应用。

目前,我国生产的异步电动机按尺寸大小可分为大型、中型、小型和微型四类。电动机的中心高 H 大于 630 mm 或定子铁芯的外径 D_1 大于 1000 mm 的称为大型电动机;H 在 355～630 mm 或 D_1 在 500～1000 mm 范围内的称为中型电动机;H 在 80～315 mm 或 D_1

在 120～500 mm 范围内的称为小型电动机;H 在 45～71 mm 范围内的称为微型电动机。此外,异步电动机还有很多其他的分类方式,如按定子的相数可分为三相异步电动机和单相异步电动机;按转子绕组的形式可分为鼠笼式异步电动机和绕线式异步电动机;按外壳的防护形式可分为防护式异步电动机、封闭式异步电动机和开启式异步电动机。因此,了解和掌握异步电动机的基本理论知识和实践操作极为重要。

一、三相异步电动机的基本结构

三相异步电动机主要由定子和转子两大部分组成,定子和转子之间存在很小的气隙,此外还有端盖、轴承、风扇等部件。三相异步电动机的结构如图 3-1-1 所示。下面分别介绍各主要部件的结构和作用。

1. 定子

三相异步电动机的定子由定子铁芯、定子绕组和机座三部分组成。

(1)定子铁芯

定子铁芯是电动机磁路的一部分,定子铁芯的结构如图 3-1-2 所示。为了减少电机的铁芯损耗,定子铁芯采用 0.5 mm 厚的硅钢片叠成,叠好后压装在机座的内腔中。硅钢片内圆周表面冲有槽形,用以嵌放定子绕组。槽的形状有半闭口槽、半开口槽和开口槽,如图 3-1-3 所示。小容量的电动机由于铁芯的涡流电动势较小,相叠时利用硅钢片表面的氧化层即可减小涡流损耗。对于容量较大的电动机,在硅钢片两面涂绝缘漆作为片间绝缘。

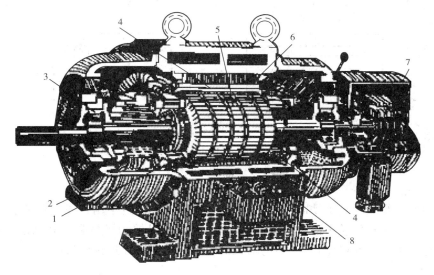

图 3-1-1 三相鼠笼式异步电机结构图
1—转子绕组;2—端盖;3—轴承;4—定子绕组;
5—转子;6—定子;7—集电环;8—出线盒

(2)定子绕组

定子绕组是电机的电路部分,其主要作用是感应电势,通过电流实现机电能量转换。它由嵌在定子铁芯槽内的线圈按一定规律组成,根据定子绕组圈在槽内的布置可分为单层绕组和双层绕组。绕组的槽内部分与铁芯之间必须可靠的绝缘,这部分绝缘称为槽绝缘。如果是双层绕组,两层绕组之间还应有层间绝缘,槽内的导线用槽楔固定在槽内,如图 3-1-3 所示。

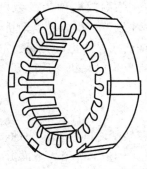

图 3-1-2　定子铁芯

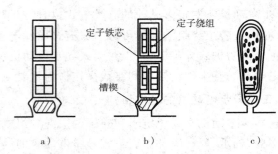

图 3-1-3　定子铁芯槽形及槽内布置

a)开口槽;b)半开口槽;c)半闭口槽

三相异步电动机的定子绕组必须是对称绕组,即每相绕组匝数和结构完全相同,在空间相差120°电角。每相绕组的首端用 U_1、V_1、W_1 表示,尾端用 U_2、V_2、W_2 表示。首端分别引出到电动机的接线盒里,以便根据需要接成星形或三角形,如图3-1-4所示。

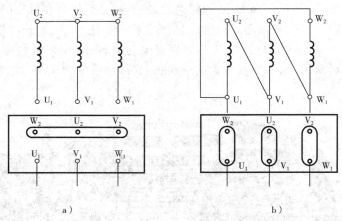

图 3-1-4　三相异步电动机的定子接线

a)星形联接;b)三角形联接

(3)机座

机座的作用是支撑定子铁芯的固定端盖,在中小型电动机中端盖还具有轴承座的作用,机座还要支撑电动机的转子部分。因此,机座必须具有足够的机械强度和刚度。中小型异步电动机通常采用铸铁机座,而大型电动机的机座都是用钢板焊接而成的。

2. 转子

转子主要部分有转子铁芯、转子绕组和转轴等构成。

(1)转子铁芯

转子铁芯是电动机磁路的一部分,由 0.5 mm 厚的硅钢片叠压而成。硅钢片外圆周上冲有槽形,以便浇铸或嵌放转子绕组。中小型异步电机的转子铁芯大多直接安装在转轴上,而大型异步电机的转子则固定在转子支架上,转子支架再套装固定在转轴上。

(2)转子绕组

转子绕组的作用是产生感应电动势和感应电流,并产生电磁转矩。其结构形式有鼠笼式和绕线式两种。

① 鼠笼式转子绕组

鼠笼式转子绕组按制造绕组材料的不同可分为铜条转子绕组和铸铝转子绕组。铜条转子绕组是在转子铁芯的每一槽内插入一根铜条,每一根铜条两端各用一端环焊接起来。铜条转子绕组主要用在容量较大的异步电动机中。小容量异步电动机为了节约铜和简化制造工艺,绕组采用铸铝工艺将转子槽内的导条以及端环和风扇叶片一次浇铸而成,称为铸铝转子。如果把铁芯去掉,绕组就像一个笼子,故称为鼠笼式绕组,如图3-1-5所示。由于两个端环分别把每一根导条的两端连接在一起,因此,鼠笼式转子绕组是一个自行闭合的绕组。鼠笼式转子绕组的导条都做成斜的,其目的是为了使电机转子导电条在任何一个位置都能切割磁力线,从而在整周内都有一样大小的转矩,使电机转速均匀。

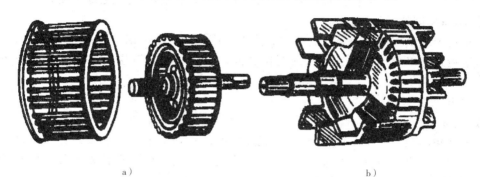

a)   b)

图3-1-5 鼠笼式绕组结构示意图

a)铜条构成的笼型转子;b)铸铝构成的笼型转子

② 绕线式绕组

绕线式转子绕组和定子绕组一样,是由嵌放到转子铁芯槽内的线圈按一定规律组成的三相对称绕组。转子三相绕组一般接成星形,三个尾端接在一起,三个首端分别与装在转轴上但与转轴绝缘的三个滑环相连接,再经电刷装置引出。当异步电动机启动或调速时,可以串接附加电阻,如图3-1-6所示。

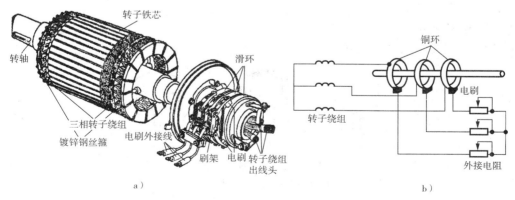

a)   b)

图3-1-6 绕线式异步电动机结构和接线示意图

a)结构图;b)接线图

3. 气隙

异步电机定子铁芯与铁芯之间的空气间隙称为气隙。气隙的大小对异步电动机的运行性能影响极大,气隙大则磁路磁阻大,由电网提供的励磁电流也大,使电机的功率因数降低。但是气隙过小,将使电机装配困难,运行时可能会发生定子、转子铁芯相擦,而且气隙过小会使高次谐波磁场的影响增大,对电机产生不良影响,因此气隙又不能过小。一般情况下异步电动机的气隙在 0.2～1.6 mm 之间。

二、异步电动机的定子绕组

在三相异步电动机的结构中,定子绕组是三相异步电动机的核心部件,是实现电机机电能量转换的关键。在此有必要对定子绕组的结构作详细讨论。

三相异步电动机对定子三相绕组的要求是:①各相绕组的磁势和电势要对称,阻抗要平衡;②绕组产生的磁势和电势在波形上接近于正弦波;③用铜量省,绝缘强度、机械强度高,散热条件好;④制造、维修方便。

三相定子绕组按照槽内导体的层数分为单层绕组和双层绕组。单层绕组按连接方式不同分为整距式绕组、链式绕组、交叉式绕组和同心式绕组等。双层绕组又分为叠绕组和波绕组。

1. 绕组的基本知识

(1)线圈

线圈是构成绕组的基本单元,由一匝或多匝线圈串联而成。每个线圈在铁芯槽内的直线部分是线圈产生感应电势的主要部分,故称为有效边或导体。在槽外的部分把有效边连接起来,称为端部,如图 3-1-7 所示。

(2)极距 τ

定子绕组通入电流后将产生磁场,磁极在定子圆周上均匀分布。相邻两磁极轴线之间的距离称为极距,可用定子槽数或定子内圆弧长来表示:

$$\tau=\frac{\pi D}{2P} \quad 或 \quad \tau=\frac{Z_1}{2P} \tag{3-1-1}$$

式中:Z_1——定子总槽数;

$\quad\quad D$——定子内径;

$\quad\quad P$——极对数;

$\quad\quad 2P$——电机的极数。

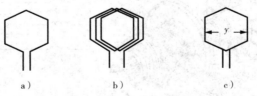

图 3-1-7　线圈示意图

a)单匝线圈;b)多匝线圈;c)多匝线圈简化图

(3)节距 y

y 为一个线圈的两个有效边在定子圆周上跨过的距离(如图 3-1-7c 所示),用槽数来表示。$y=\tau$ 时称为整距线圈;$y<\tau$ 时称为短距线圈;$y>\tau$ 时称为长距线圈。由于长距线圈端部跨距大,用铜量大,故很少采用。

（4）电角度与机械角度

电机圆周从几何上看为 360°，这种角度称为机械角度。但从电势观点来看，由于电机的磁场沿圆周空间按正弦规律分布，经过 N、S 一对磁极时，正弦曲线变化一个周期，相当于 360°，称为 360°电角度。若电机的极对数为 P，则电机定子圆周对应的电角度为 $P \times 360°$。电角度与机械角度的关系为

$$电角度 = P \times 机械角度$$

（5）槽距角 α

相邻两槽之间的距离用电角度表示，称为槽距角 α，即

$$\alpha = \frac{P \times 360°}{Z_1} \tag{3-1-2}$$

（6）每极每相槽数 q

在每个磁极每相所占有的槽数，称为每极每相槽数 q。若定子绕组相数为 m_1，则

$$q = \frac{Z_1}{2Pm_1} \tag{3-1-3}$$

（7）相带

每个极距内属于同一相的槽在圆周上连续占有空间（用电角度表示），称为相带。

因为每对磁极占有 360°电角，故每个磁极占有 180°电角。由于三相绕组对称，则每相在每个磁极下应占有 60°电角，又称 60°相带。将 60°相带三相绕组称为 60°相带绕组。三相异步电动机一般采用 60°相带绕组。

由于三相绕组彼此相距 120°电角，即三相绕组的首端 U_1、V_1、W_1 应分别相距 120°电角，三相绕组的尾端 U_2、V_2、W_2 也分别相距 120°电角。因此在一对磁极下，相带划分排列的次序应为 U_1、W_2、V_1、U_2、W_1、V_2，分别称为 U_1 相带、W_2 相带、V_1 相带、U_2 相带、W_1 相带、V_2 相带，如图 3-1-8 所示。

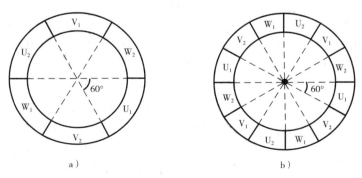

图 3-1-8　60°相带示意图

a）$P=1$；b）$P=2$

2. 单层绕组

单层绕组每个槽内只嵌放一个有效边，故线圈的总数为总槽数的一半。单层绕组可分为链式绕组、同心式绕组、交叉绕组等。

（1）链式绕组

现以一台 4 极，定子槽数 24 的三相异步电动机为例，说明单层链式绕组的绕法特点。

① 计算极距 τ，每极每相槽数 q 和槽距角 α

$$\tau = \frac{Z_1}{2P} = \frac{24}{4} = 6$$

$$q = \frac{Z_1}{2Pm_1} = \frac{24}{4 \times 3} = 2$$

$$\alpha = \frac{P \times 360°}{Z_1} = \frac{2 \times 360°}{24} = 30°$$

② 分相

在平面上画出 24 根线表示 $Z_1 = 24$，并将槽依次编号，以第 1 槽为划分相带的起始位置。由于 $q = 2$，则第 1 槽、第 2 槽属于 U_1 相带，按 60° 相带的排列次序，各相带所属的槽号如表 3-1 所列。

表 3-1 各相带所属槽号排列

相带	U_1	W_2	V_1	U_2	W_1	V_2
第一对磁极槽号	1,2	3,4	5,6	7,8	9,10	11,12
第二对磁极槽号	13,14	15,16	17,18	19,20	21,22	23,24

③ 画绕组展开图

先画 U 相绕组。如图 3-1-9 所示，从同属于 U 相槽的 2 号槽开始，根据 $y = \tau - 1 = 5$，把 2 号槽的线圈边和 7 号槽的线圈边组成一个线圈，8 号和 13 号，14 号和 19 号，20 号和 1 号，共组成 4 个线圈，把这些同一极相的 $2P = 4$ 个线圈串联成一个 U_1U_2 线圈组，构成 U 相绕组。各线圈之间的连线按同一相的相邻线圈边电流应反相的原则，连成一路串联，其规律是线圈的"尾连尾，头连头"。我们称一相绕组为链式绕组，链式绕组为等距元件，而且每个线圈跨距小，端部短，可以省铜，还有 $q = 2$ 的两个线圈各朝两边翻，散热好。

对于三相绕组，仿上可以分别画出与 U 相相差 120° 的 V 相（从 6 号槽开始）及与 U 相相差 240° 的 W 相（从 10 号槽开始）的绕组展开图，从而得到三相对称绕组 U_1U_2、V_1V_2、W_1W_2。然后根据铭牌要求，将线引至接线盒上连接成星形或三角形。

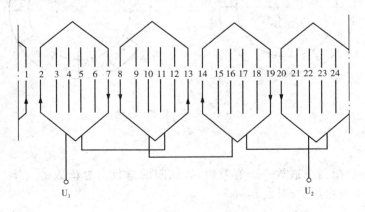

图 3-1-9 三相单层链式绕组 U 相展开图（$Z_1 = 24, q = 2$）

（2）同心式绕组

同心式绕组的特点是将每对磁极下属于同一相的导体组成的线圈同心排列,如在上例中,将 U 相槽内的有效边 1—8,2—7 组成两个同心线圈,再将这两个线圈串联起来构成一个线圈组。同理,将第二对磁极下的线圈 13—20,14—19 串联起来形成另一个线圈组。最后将 2 个线圈组串联起来形成 U 相绕组,其展开图如图 3-1-10 所示。同心式绕组的特点是线圈端部互相错开,叠压层数较少,有利于嵌线,线圈散热较好。

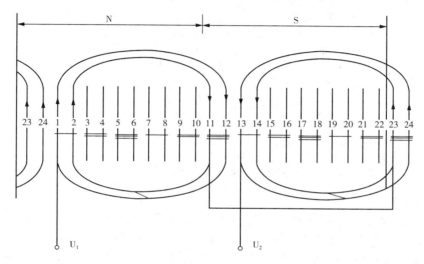

图 3-1-10　三相单层同心式绕组 U 相展开图($Z_1 = 24$,$q = 2$)

（3）交叉式绕组

现以一台 $Z_1 = 36$,$2P = 4$ 的三相异步电动机为例说明。其极距 τ,每极每相槽数 q 和槽距角 α 分别为

$$\tau = \frac{Z_1}{2P} = \frac{36}{4} = 9$$

$$q = \frac{Z_1}{2Pm_1} = \frac{36}{4 \times 3} = 3$$

$$\alpha = \frac{P \times 360°}{Z_1} = \frac{2 \times 360°}{36} = 20°$$

根据 60°相带划分,各相带对应的槽号见表 3-2。

表 3-2　各相带所属槽号排列

相带 槽号	U_1	W_2	V_1	U_2	W_1	V_2
第一对磁极	1,2,3	4,5,6	7,8,9	10,11,12	13,14,15	16,17,18
第二对磁极	19,20,21	22,23,24	25,26,27	28,29,30	31,32,33	34,35,36

U 相的绕组展开图如图 3-1-11 所示,这种绕组的特点是绕组的节距不等,有大圈 $(y = \tau - 1)$ 和小圈 $(y = \tau - 2)$ 之分,一个线圈的导体分布于三个相邻磁极下。其优点是线圈

端部较短,节约用铜量。交叉式绕组主要用于$q=3,2P=4$或6的小型三相异步电动机中。

单层绕组的优点是每槽只有一个有效边,嵌线方便,无层间绝缘,槽利用率高,而且链式绕组和交叉式绕组线圈端部较短,可以省铜。但不论什么样的绕组形式,从电磁观点来看,其等效节距仍然是整距的,不可能用绕组的短距来改善感应电动势及磁场的波形。因而其电磁性能较差,一般只能适用于中心高160 mm,功率10 kW以下的小型异步电动机。

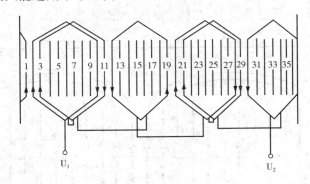

图3-1-11　三相单层交叉式绕组U相展开图$(Z_1=36,q=3)$

3. 双层叠绕组

双层绕组是铁芯的每个线槽中分上、下两层嵌放两条线圈边的绕组。为了使各线圈分布对称,安排嵌线时一般某个线圈的一条边如在上层,另一条则一定在下层。以叠绕组为例,这种绕组的线圈用一绕线模绕制,线圈端部逐个相叠,均匀分布,故称"叠绕组"。为使绕组产生的磁场分布尽量接近正弦分布,一般取线圈节距等于极距的5/6左右,即$y=5/6\tau$,这种$y<\tau$的绕组叫短距绕组。这种绕组可使电动机工作性能得到改善,线圈绕制也方便,目前10 kW以上的电动机,几乎都采用双层短距叠绕组。

现以4极、24槽三相电动机为例,讨论三相双层叠绕组的排列和连接的规律。

① 计算极距τ,每极每相槽数q和槽距角α

$$\tau=\frac{Z_1}{2P}=\frac{24}{4}=6$$

$$q=\frac{Z_1}{2Pm_1}=\frac{24}{4\times3}=2$$

$$\alpha=\frac{P\times360°}{Z_1}=\frac{2\times360°}{24}=30°$$

② 分相

依据60°相带的排列次序,分相的结果如表3-3所列。

表3-3　各相带所属槽号排列

相带 槽号		U_1	W_2	V_1	U_2	W_1	V_2
第一对磁极	上层边	1,2	3,4	5,6	7,8	9,10	11,12
	下层边	6′,7′	8′,9′	10′,11′	12′,13′	14′,15′	16′,17′

（续表）

相带 槽号		U_1	W_2	V_1	U_2	W_1	V_2
第二对磁极	上层边	13,14	15,16	17,18	19,20	21,22	23,24
	下层边	18′,19′	20′,21′	22′,23′	24′,1′	2′,3′	4′,5′

③ 画绕组展开图

取线圈的号码与槽的号码一致，即第一线圈的上层边放在第 1 槽的上层，下层边则放在第 6 槽的下层。在第一对磁极下属于 U_1 相带的槽为 1,2 槽，则属于 U_1 相带的线圈为 1 号和 2 号线圈。将此相邻的两个线圈串联起来构成一个线圈组。同理可得 U 相的另外三个线圈组（由此可知，双层绕组每相共有 2P 个线圈组）。根据需要的并联支路数，将 U 相的四个线圈组串联和并联。当把它们接成一路串联时，应采取"尾连尾，头连头"的接法。U 相绕组的展开图如图 3-1-12 所示。按上述规律可绘出 V 相、W 相的绕组展开图。

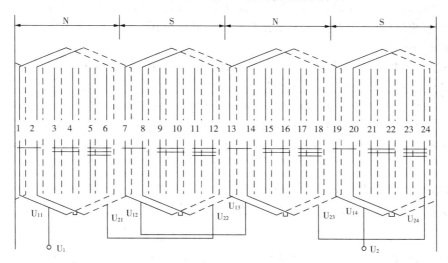

图 3-1-12　双层叠绕组 U 相展开图

三、三相异步电动机的工作原理

三相对称的定子绕组接到对称的三相交流电源后，定子绕组就会通过对称的三相电流，电流流过定子绕组时产生的磁场为旋转磁场，旋转磁场是三相异步电动机的关键。下面简要分析旋转磁场的产生和三相异步电动机的工作原理。

1. 旋转磁场的产生

由于三相定子绕组结构相同、彼此在空间位置互差 120°电角，为简化分析，用彼此互隔 120°电角的三个线圈来表示。当三相定子绕组接上对称的三相电源后，流过三相对称电流，各相电流的瞬时表达式为

$$i_U = I_m \sin(\omega t + 0°)$$

$$i_V = I_m \sin(\omega t - 120°)$$

$$i_W = I_m \sin(\omega t + 120°)$$

三相电流的波形如图 3-1-13 所示。

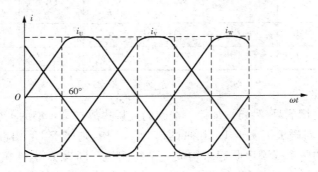

图 3-1-13　三相电流波形图

如果规定电流的正方向为从绕组的首端流向尾端,那么当各相电流瞬时值为正值时,电流从该相绕组的首端(U_1、V_1、W_1)流入,从尾端(U_2、V_2、W_2)流出。当电流的瞬时值为负时,电流从该相绕组的尾端流入,而从首端流出。分析时用符号"×"表示电流流入,"·"表示电流流出。

下面以 $\omega t = 0°$、$\omega t = 90°$、$\omega t = 180°$、$\omega t = 270°$ 四个特定的时刻分析。当 $\omega t = 0°$ 时,U 相电流为零,不用标电流方向;而 V 相电流为负值,表示电流从 V_2 流入,从 V_1 流出;W 相电流为正,表示电流从 W_1 流入,从 W_2 流出,如图 3-1-14a 所示。根据右手螺旋定则,可知三相绕组产生的合成磁场为 2 极磁场,磁场的方向从上向下,上方为 N 极,下方为 S 极。

用同样的方法可以画出 $\omega t = 90°$、$\omega t = 180°$、$\omega t = 270°$ 这三个瞬时的电流分布情况,分别如图 3-1-14b、c、d 所示。观察图 3-1-14,发现当三相对称电流流入三相对称绕组后,所建立的合成磁场并不是静止不动的,而是旋转的。电流变化一周,合成磁场在空间也旋转一周。若电源的频率为 f,则 2 极磁场每分钟旋转 $60f$ 周。

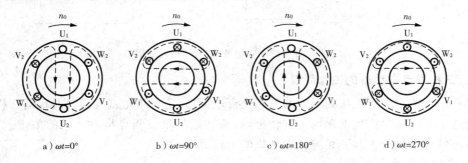

a)$\omega t = 0°$　　b)$\omega t = 90°$　　c)$\omega t = 180°$　　d)$\omega t = 270°$

图 3-1-14　2 极旋转磁场示意图

定子绕组磁场的旋转速度又称同步转速,它与三相电流的频率和磁极对数 P 有关。图 3-1-14 所示的定子绕组,它在任一时刻合成的磁场只有一对磁极(磁极对数 $P=1$),即只有两个磁极,对只有一对磁极的旋转磁场而言,三相电流变化一周,合成磁场也随之旋转一周,如果是 50 Hz 的交流电,旋转磁场的同步转速就是 50 转/秒或 3000 转/分,在工程技术中,常用转/分(r/min)来表示转速。

如果定子绕组合成的磁场有两对磁极(磁极对数 $P=2$),即有 4 个磁极,由图 3-1-15

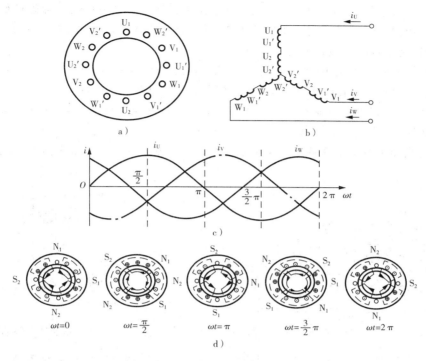

图 3-1-15 4极旋转磁场示意图

可以证明,电流变化一个周期,合成磁场在空间旋转180°,由此可以推广得出:P 对磁极旋转磁场每分钟的同步转速 n_1 为

$$n_1 = \frac{60f}{P} \quad (\text{r/min}) \tag{3-1-4}$$

工频 50 Hz 时,对应于不同磁极对数 P,其旋转磁场的同步转速见表 3-4。

表 3-4 三相异步电动机旋转磁场的同步转速($f = 50$ Hz)

P	1	2	3	4	5	6
n_1(r/min)	3000	1500	1000	750	600	500

2. 三相异步电动机的工作原理

三相异步电动机是利用旋转磁场转动的,其工作原理可通过以下演示实验来直观地了解。演示实验如图 3-1-16 所示,一个装有手柄的蹄形磁铁以轴座 O_1 为支撑自由转动;在蹄形磁铁两磁极之间有一个鼠笼转子,鼠笼转子以轴座 O_2 为支撑自由转动;轴座 O_1 和轴座 O_2 在同一条轴线上。蹄形磁铁和鼠笼转子之间无机械连动关系,二者均可各自独立自由转动。当摇动手柄使蹄形磁铁旋转时,其磁场也是旋转的,称为旋转磁场,旋转磁场的转速用 n_1 表示,转子的转速用 n 表示。

当摇动手柄使蹄形磁铁顺时针方向以转速 n_1 旋转时,磁场的磁感应线就切割鼠笼转子上的铜条,相当于转子铜条逆时针方向切割磁感应线,闭合的铜条中就会产生感应电流,其方向可用右手定则判定,如图 3-1-17 所示。通电的铜条受到磁场力 F 的作用而使转子转动,F 的方向可根据左手定则判定,从判定的结果可知转子转动方向与蹄形磁铁旋转方向一致。手柄摇得快,转子转得也快;手柄摇得慢,转子转得也慢。同理,如果让蹄形磁铁逆时针方向旋转时,转子也随之按逆时针方向旋转。

鼠笼转子的转动方向虽然与旋转磁场的转动方向相同,但转子转速 n 不可能达到旋转磁场的转速 n_1,因为如果两者相等,转子与旋转磁场之间就不存在相对运动,转子导体就不能切割磁感应线,转子上也就不再产生感应电流及电磁转矩。可见,异步电机的转速 n 总是小于同步转速 n_1,即与旋转磁场"异步地"转动,故称为异步电动机。

三相交流异步电动机任意对调两根电源线即可使旋转磁场反转,这样电动机就实现了反转。

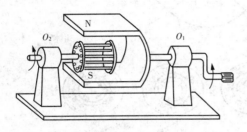

图 3-1-16　异步电动机原理演示图

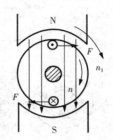

图 3-1-17　鼠笼转子转动原理

转子与旋转磁场的相对速度,即同步转速 n_1 与转子转速 n 之差称为转差 Δn,转差即为转子切割旋转磁场的速度。Δn 与 n_1 之比称为转差率,用 s 表示,即

$$s = \frac{n_1 - n}{n_1} \times 100\% \qquad (3-1-5)$$

异步电动机的转速随负载的变化而变化,转差率 s 也就随负载的变化而变化。但正常工作时,转差率变化不大,空载时 s 约在 0.5% 以下;额定负载时绝大部分电动机 s 在 $1.5\% \sim 6\%$ 范围内。

四、三相交流绕组的磁势和磁场

旋转磁场是电动机工作的基本条件,是电机实现机电能量转换的媒介。它由三相对称定子绕组通入对称三相交流电流所产生的旋转磁势建立。由于定子绕组是由分布在定子圆周不同槽内(不同空间位置)的线圈按一定规律连接起来的,而流过绕组的电流又随时间变化,因此三相交流绕组产生的磁势既是沿空间分布,又是随时间变化的。它既是空间的函数,又是时间的函数。

由于三相交流绕组的磁势是由在空间互差 120°电角的三相定子绕组分别产生的单相磁势合成的,因此,分析时从一个线圈产生的磁势开始分析,然后分析一个线圈组的磁势,再分析一相绕组的磁势,最后把三个单相绕组的磁势叠加起来,便得到三相绕组的磁势(分析过程是:一个线圈产生的磁势⇒一个线圈组的磁势⇒一相绕组的磁势⇒三相绕组的磁势)。

(1)一个整距线圈的磁势

设在定子铁芯槽内只放一个整距线圈,线圈的匝数为 N_y。当线圈通过的电流为 i_y 时,便产生一个如图 3-1-18a 所示的两极磁场。从图可知,磁力线是以线圈的轴线对称分布的。根据全电流定律,任一闭合回线磁路总磁压降等于这个回线所包围的全电流 $i_y N_y$,即

$$\oint H \mathrm{d}l = \sum I = i_y N_y \qquad (3-1-7)$$

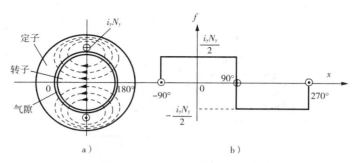

图 3-1-18　整距线圈的磁势

a)整距线圈产生的磁场；b)磁势分布曲线

如果忽略定子、转子铁芯的磁阻不计，则全部磁势降到两段气隙上。在任一回线磁路中，作用在每一气隙的磁势等于全部磁势的一半，也就是说，在电机气隙圆周任一点上，作用在每一气隙的磁势都有相同的数值，即 $f_y = \frac{1}{2} i_y N_y$。将图 3-1-18a 展开后，就得到图 3-1-18b 的磁势波形，该磁势空间作矩形分布，矩形波的高度为 $f_y = \frac{1}{2} i_y N_y$，周期为 2τ，磁势的正负取决于磁通的方向。

若线圈电流 $i_y = \sqrt{2} I_y \sin\omega t$，则

$$f_y = \frac{\sqrt{2}}{2} I_y N_y \sin\omega t = F_{ym} \sin\omega t \qquad (3-1-8)$$

式中：$F_{ym} = \frac{\sqrt{2}}{2} I_y N_y$ 为矩形波磁势的最大值。

由以上分析可知，正弦电流通过整距线圈时的定子磁势，在气隙圆周中作矩形分布，矩形波的高度随时间作正弦变化，其轴线在空间保持固定位置，这种磁势叫脉动磁势。

由于矩形波磁势为非正弦的周期曲线，根据傅里叶级数展开，矩形波磁势可以分解为基波磁势和一系列的谐波磁势，如取线圈的轴线为纵坐标，由于 $f(x) = f(-x)$，那么谐波中只存在余弦项，而且磁势分布又对称于横轴，即 $f(x) = -f(x+\tau)$，那么矩形波磁势分解后仅含有 $1,3,5,\cdots$奇次谐波。这样按傅里叶级数展开后的磁势可写为

$$f_y(x) = \frac{4}{\pi} F_{ym} \left(\cos\theta - \frac{1}{3}\cos3\theta + \frac{1}{5}\cos5\theta - \cdots \right)$$

$$= \frac{4}{\pi} F_{ym} \left(\cos\frac{\pi}{\tau}x - \frac{1}{3}\cos3\,\frac{\pi}{\tau}x + \frac{1}{5}\cos5\,\frac{\pi}{\tau}x - \cdots \right) \qquad (3-1-9)$$

式中：$\theta = \frac{\pi}{\tau}x$ 为气隙任一点 x 处所对应的空间电角。分解后的波形在空间的分布如图 3-1-19所示。

在图中只画出了基波、三次谐波和五次谐波。从图中可知，基波与被分解的矩形波具有

相同的周期 2τ，三次谐波和五次谐波的极距分布分别为 $\tau/3$ 和 $\tau/5$，对 υ 次谐波来说，$\tau_\upsilon=\tau/\upsilon$。因此对基波来说为 $180°$ 电角，对三次谐波则为 $3\times180°=540°$ 电角，对 υ 次谐波则为 $\upsilon\times180°$ 电角。

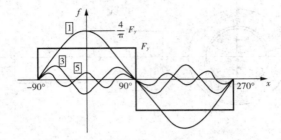

图 3-1-19 整距线圈矩形波磁势的分解

由于矩形波磁势随时间作正弦变化，由它分解的基波磁势和高次谐波磁势也必然随时间作正弦变化，因此一个整距线圈产生的磁势可表示为

$$f(x,t)=\frac{4}{\pi}F_{ym}\left(\cos\frac{\pi}{\tau}x-\frac{1}{3}\cos3\frac{\pi}{\tau}x+\frac{1}{5}\cos5\frac{\pi}{\tau}x-\cdots\right)\sin\omega t \qquad (3-1-10)$$

基波磁势的最大幅值（即电流为最大瞬时基波磁势在空间的最大值）为

$$F_{y1}=\frac{4}{\pi}F_{ym}=\frac{4}{\pi}\times\frac{\sqrt{2}}{2}I_yN_y=0.9I_yN_y \qquad (3-1-11)$$

而 υ 次谐波的最大幅值为

$$F_{y\upsilon}=\frac{1}{\upsilon}F_{y1} \qquad (3-1-12)$$

对于异步电动机，在运行时起主要作用的是基波磁势，其表达式为

$$f_{y1}(x,t)=0.9I_yN_y\cos\frac{\pi}{\tau}x\sin\omega t \qquad (3-1-13)$$

由上式可知，气隙基波磁势在空间按正弦分布，其幅值随时间作正弦变化。高次谐波磁势在空间也按正弦分布，幅值随时间作正弦变化。由于谐波磁势会对电机产生不良影响，所以应设法削弱，使磁势在空间分布接近于正弦波。

（2）一个整距线圈组的磁势

在交流电机绕组中，每个线圈组都是由 q 个相同的线圈串联而成，线圈之间依次相距一个槽距角 α。由于每个线圈通过相同的电流，因此每个线圈的矩形波磁势在空间依次相隔 α 电角，如图 3-1-20a 所示。每个矩形波都可以用傅里叶级数分解为基波和一系列高次谐波。

下面重点分析基波磁势。现取一个 $q=3$ 的整距线圈组，三个线圈基波磁势的最大幅值相等，在时间上相同，在空间上依次相差 α 电角，如图 3-1-20b 中曲线 1，2，3 所示。将这三个基波磁势相加便得到整距线圈组的基波磁势。由图可见，合成的基波磁势在空间的分布仍然为正弦波，其幅值随时间作正弦变化，幅值出现在线圈组的轴线上。

为了求出合成基波磁势的最大幅值，可采用矢量相加的方法，矢量的长度代表基波磁势的最大幅值，q 个相位依次相差 α 的矢量 F_{y1} 相加，便构成一个正多边形的一部分，正多边形的顶点均在它的外接圆上，如图 3-1-20c 所示。根据几何关系可知线圈组合成基波磁势

的最大幅值为 $F_{q1}=2R\sin\dfrac{q\alpha}{2}$，而每个线圈基波磁势的最大幅值 $F_{y1}=2R\sin\dfrac{\alpha}{2}$。其中 R 为外接圆的半径。

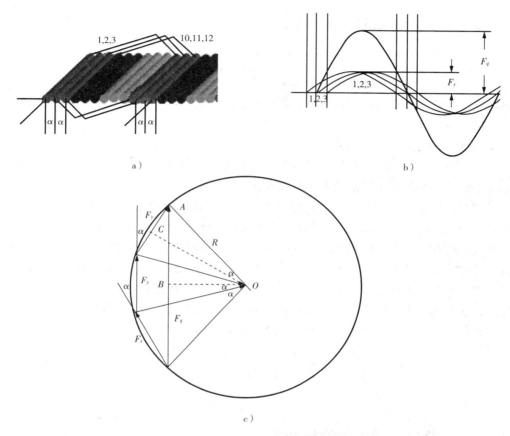

图 3-1-20　一个整距线圈组的磁势

a)各线圈的磁势；b)基波磁势的合成；c)矢量图

从图 3-1-20 中可知，分布在 q 个槽内的线圈形成的分布线圈组的基波磁势的最大幅值 F_{q1} 比 q 个线圈集中放在一起的集中线圈组的基波磁势的最大幅值 qF_{y1} 略小，把分布绕组合成磁势与集中绕组合成磁势之比称为分布系数。基波的分布系数为

$$k_{q1}=\frac{F_{q1}}{qF_{y1}}=\frac{2R\sin\dfrac{q\alpha}{2}}{q2R\sin\dfrac{\alpha}{2}}=\frac{\sin\dfrac{q\alpha}{2}}{q\sin\dfrac{\alpha}{2}}<1 \qquad (3-1-14)$$

分布线圈的基波磁势的最大幅值为

$$F_{q1}=qF_{y1}k_{q1} \qquad (3-1-15)$$

分布线圈组 υ 次谐波的极对数为基波的 υ 倍，因此对于 υ 次谐波，槽距角应为 $\upsilon\alpha$ 电角。所以 υ 次谐波的分布系数为

$$k_{qv} = \frac{F_{qv}}{qF_{yv}} = \frac{\sin\frac{qv\alpha}{2}}{q\sin\frac{v\alpha}{2}} \qquad\qquad (3-1-16)$$

分布线圈组 v 次谐波磁势的最大幅值为

$$F_{qv} = qF_{yv}k_{qv} \qquad\qquad (3-1-17)$$

如取 $q=3$，$\alpha=20°$，各次谐波的分布系数为 $k_{q1}=0.96$，$k_{q5}=0.217$，$k_{q7}=0.17796$。这说明整距线圈组的基波磁势略有减小，而高次谐波磁势则削弱很大，这就使得绕组合成磁势的波形接近于正弦波。

(3)短距对磁势波形的影响

图 3-1-21a 为双层短距的 2 极异步电动机的一组相绕组。绕组由两个线圈组组成，每个线圈组由 q 个线圈串联起来构成分布绕组。

对于双层短距绕组产生的基波磁势可以这样分析。线圈中流过电流时所形成的磁势取决于有效边及其电流的方向，而与有效边的连接次序无关。现保持绕组各有效边及其电流方向不变，仅改变端部的连接，则产生的磁势不变。故将图 3-1-21a 绕组的连接改为图 3-1-21b 所示。图 3-1-21b 是由上层边和下层边组成的两个整距线圈组，每个整距线圈组基波磁势的最大幅值为 F_{q1}。由于图 3-1-21a 为短距绕组，故图 3-1-21b 的两个整距线圈组在空间错开 β 电角（称为短距角）。双层短距绕组的基波磁势即为这两个整距线圈组基波磁势的合成。相绕组基波磁势的最大值可由矢量图 3-1-21c 求出：

$$F_{\varphi 1} = 2F_{q1}\cos\frac{\beta}{2} = 2F_{q1}\cos\left[\frac{1}{2}\left(\frac{\tau-y}{\tau}\right)\times 180°\right] = 2F_{q1}\sin\left(\frac{y}{\tau}\times 90°\right) \quad (3-1-18)$$

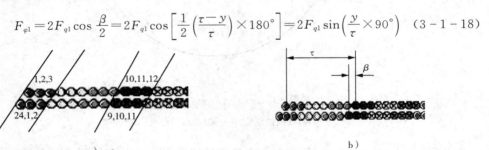

a)

b)

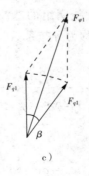

c)

图 3-1-21 短距绕组的磁势

a)双层短距绕组；b)等效整距绕组；c)矢量图

若将上面的双层短距绕组改为双层整距绕组,仿照上面的分析方法,则由上层边和下层边组成的两个整距线圈组在空间所处的位置完全相同,故双层整距绕组基波磁势的最大值为 $2F_{q1}$。

短距绕组与整距绕组磁势之比称为短距系数。基波的短距系数为

$$k_{y1}=\frac{F_{\varphi1}}{2F_{q1}}=\frac{2F_{q1}\sin\left(\frac{y}{\tau}\times90°\right)}{2F_{q1}}=\sin\left(\frac{y}{\tau}\times90°\right) \qquad (3-1-19)$$

υ 次谐波的短距系数为

$$k_{y\upsilon}=\sin\left(\frac{\upsilon y}{\tau}\times90°\right) \qquad (3-1-20)$$

从以上分析可知,短距绕组的合成磁势比整距绕组的合成磁势有所降低。υ 次谐波由于 $\upsilon\beta$ 增加,$k_{y\upsilon}$ 大为减小,其合成磁势比基波合成磁势得到更大的削弱。因此,短距绕组使得磁势波形明显改善。

(4)单相绕组的磁势

在交流电机绕组中,无论单层绕组或双层绕组,每相绕组都是由若干个线圈组串联或并联形成,但需指出,一相绕组的磁势并不是整个相绕组的安匝数,因为一相绕组的总安匝数是按极对数平均分配的,所以一相绕组的磁势是指每对磁极下这相绕组的合成磁势。对于单相双层短距绕组,在每对磁极下有两个线圈组,其基波磁势最大幅值为

$$F_{\varphi1}=2F_{q1}k_{y1}=2qF_{y1}k_{q1}k_{y1}=2q\times0.9I_{y}N_{y}k_{q1}k_{y1} \qquad (3-1-21)$$

如果双层绕组每相的并联支路数为 a,每相串联的匝数(即一条支路的串联匝数)为 N_1,则每对磁极下每相串联的匝数为 $\dfrac{N_1a}{P}=2qN_y$,线圈电流即支路电流 $I_y=\dfrac{I}{a}$,I 为相电流的有效值。由此可知:

$$F_{\varphi1}=0.9\frac{I}{a}\times\frac{N_1a}{P}\times k_{q1}\times k_{y1}=0.9I\times\frac{N_1}{P}k_{q1}\times k_{y1}=0.9I\times\frac{N_1}{P}k_{w1} \quad (3-1-22)$$

式中:$k_{w1}=k_{q1}k_{y1}$ 称为基波的绕组系数。

对于 υ 次谐波磁势,其最大幅值 $F_{\varphi\upsilon}$ 为

$$F_{\varphi\upsilon}=2F_{q\upsilon}K_{y\upsilon}=\frac{1}{\upsilon}0.9I\times\frac{N_1}{P}k_{w\upsilon} \qquad (3-1-23)$$

式中:$k_{w\upsilon}=k_{q\upsilon}k_{y\upsilon}$ 称为 υ 次谐波的绕组系数。

至于单层绕组,由于每对磁极下只有一个线圈组,每对磁极下每相串联匝数 $\dfrac{N_1a}{P}=qN_y$,用上述方法推导出的 $F_{\varphi1}$ 和 $F_{\varphi\upsilon}$ 的表达式与式(3-1-22)、式(3-1-23)相同。如把坐标选在该相绕组的轴线上,则单相绕组磁势的表达式为

$$f_{\varphi}(x,t)=0.9\frac{IN_1}{P}\left(k_{w1}\cos\frac{\pi}{\tau}x-\frac{1}{3}k_{w3}\cos3\frac{\pi}{\tau}x+\frac{1}{5}k_{w5}\cos5\frac{\pi}{\tau}x-\cdots\right)\sin\omega t \quad (3-1-24)$$

综上所述,单相交流绕组的磁势具有如下特点:

①单相绕组的磁势是一种在空间位置固定、幅值随时间变化的脉动磁势,基波及所有谐波磁势的幅值在时间上都以绕组中电流变化的频率脉振。基波磁势的表达式为

$$f_{\varphi 1}(x,t) = 0.9\frac{IN_1}{P}k_{W1}\cos\frac{\pi}{\tau}x\sin\omega t = F_{\varphi 1}\cos\frac{\pi}{\tau}x\sin\omega t \qquad (3-1-25)$$

②单相绕组基波磁势幅值的位置与绕组的轴线重合。

③单相绕组脉动磁势中基波磁势的最大幅值为 $F_{\varphi 1} = 0.9\frac{IN_1}{P}k_{W1}$。

④υ 次谐波磁势的表达式为 $f_{\varphi \upsilon}(x,t) = F_{\varphi \upsilon}\cos\upsilon x\sin\omega t$,其最大幅值为 $F_{\varphi \upsilon} = 0.9\frac{1}{\upsilon}\frac{IN_1}{P}k_{W\upsilon}$,因此谐波数愈高,幅值愈小。

(5)三相交流绕组的基波合成磁势

三相绕组是由对称的三个单相绕组构成,将三个单相绕组的脉动磁势叠加,即可得到三相绕组的合成磁势。但合成磁势的性质已发生变化,不再为脉动磁势,而是旋转磁势。下面进行分析。

由于三相绕组在空间彼此相差 120°电角,三相电流在时间相位上也彼此相差 120°电角。因此若将空间坐标的原点取在 U 相绕组的轴线上,并设 $i_U = I_m\sin\omega t$,则 U、V、W 三相绕组各自产生的基波磁势的表达式为

$$\left.\begin{aligned}
f_{U_1}(x,t) &= F_{\varphi 1}\cos\frac{\pi}{\tau}x\sin\omega t \\[2mm]
f_{V_1}(x,t) &= F_{\varphi 1}\cos(\frac{\pi}{\tau}x - 120°)\sin(\omega t - 120°) \\[2mm]
f_{W_1}(x,t) &= F_{\varphi 1}\cos(\frac{\pi}{\tau}x - 240°)\sin(\omega t - 240°)
\end{aligned}\right\} \qquad (3-1-26)$$

利用三角公式 $\sin\alpha\cos\beta = \frac{1}{2}\sin(\alpha+\beta) + \frac{1}{2}\sin(\alpha-\beta)$,将上式分解,即得

$$f_{U_1}(x,t) = \frac{1}{2}F_{\varphi 1}\sin(\omega t + \frac{\pi}{\tau}x) + \frac{1}{2}F_{\varphi 1}\sin(\omega t - \frac{\pi}{\tau}x)$$

$$f_{V_1}(x,t) = \frac{1}{2}F_{\varphi 1}\sin(\omega t + \frac{\pi}{\tau}x - 240°) + \frac{1}{2}F_{\varphi 1}\sin(\omega t - \frac{\pi}{\tau}x)$$

$$f_{W_1}(x,t) = \frac{1}{2}F_{\varphi 1}\sin(\omega t + \frac{\pi}{\tau}x - 120°) + \frac{1}{2}F_{\varphi 1}\sin(\omega t - \frac{\pi}{\tau}x)$$

将 f_{U_1}、f_{V_1}、f_{W_1} 相加,由于上面三式的前三项大小相等,相位互差 120°,叠加的结果为零,故三相基波合成磁势的表达式为

$$f_1(x,t) = f_{U_1} + f_{V_1} + f_{W_1} = \frac{3}{2}F_{\varphi 1}\sin(\omega t - \frac{\pi}{\tau}x) = F_1\sin(\omega t - \frac{\pi}{\tau}x) \qquad (3-1-27)$$

式中:$F_1 = \frac{3}{2}F_{\varphi 1}$ 为三相基波合成磁势的幅值。

三相基波合成具有以下特点:

①幅值：三相合成基波磁势的幅值 F_1 为单相脉动最大幅值的 3/2 倍，即

$$F_1 = \frac{3}{2} F_{\varphi 1} = \frac{3}{2} \times 0.9 \frac{IN_1}{P} k_{w1} = 1.35 \frac{IN_1}{P} k_{w1} \qquad (3-1-28)$$

②转向：磁势的转向决定于电流的相序，从领先相绕组轴线向落后相绕组的轴线转。

③转速：三相基波合成磁势为旋转磁势，其旋转速度为 $n_1 = 60f/P$，仅决定于定子电流频率和磁极对数。

④瞬间位置：当三相电流中某相电流值达正最大值时，三相合成基波旋转磁通势的正幅值正好位于该相绕组的轴线处。

如上所述，合成磁势的幅值与电流最大一相绕组的轴线重合，故合成磁势的旋转方向决定于绕组电流的相序，即达到最大值的次序。如果任意调换两相绕组与电源的接线，使绕组电流的相序改变，则合成磁势的转向改变。

综合以上分析，三相基波合成磁势是一个在空间按正弦规律分布，幅值大小不变而幅值的空间位置随时间移动的旋转磁势。由于波幅的轨迹是一个圆，故称为圆形旋转磁势。

由于气隙沿圆周均匀分布，因此气隙每一处的磁阻相等。根据磁路欧姆定律，在空间按正弦规律分布的基波旋转磁势将在空间建立按正弦规律分布的基波旋转磁场。

单相绕组高次谐波合成磁势也为旋转磁势，在空间也会产生旋转磁场，它会在电机运行时产生附加损耗和附加转矩，对电机造成不良影响。但由于绕组采用了分布和短距，极大削弱了高次谐波磁势和磁场，因此高次谐波磁场的影响很小。故今后只讨论基波磁势和基波磁场。

应用实施

一、三相异步电动机的额定值及主要系列

1. 额定值

（1）额定功率 P_N：指电动机在额定状态下，轴上输出的机械功率，单位为 kW。

$$P_N = \sqrt{3} U_N I_N \cos\varphi_{1N} \eta_N \qquad (3-1-29)$$

式中：$\cos\varphi_{1N}$、η_N 分别为电机额定运行时的功率因数和效率。

（2）额定电压 U_N：指额定运行时，电网加在定子绕组的线电压，单位为 V。

（3）额定电流 I_N：指电动机在额定电压和额定频率下输出额定功率时，定子绕组的线电流，单位为 A。

（4）额定转速 n_N：指电动机在额定电压、额定频率及额定功率下，电动机的转速，单位为 r/min。

（5）额定频率 f：指电动机所接电源的频率，单位为 Hz。我国规定标准工业用电的频率为 50 Hz。

（6）接法：指电动机定子三相绕组在额定运行时所采取的联接方式，有星形（Y）接法和三角形（△）接法。

（7）绝缘等级：在电动机中导体与铁芯、导体与导体之间都必须用绝缘材料隔开。绝缘等级就是按这些绝缘材料在使用时容许的极限温度来分级的。绝缘等级分为 A、E、B 三级，

其对应的极限温度分别为 105 ℃、120 ℃ 和 130 ℃。

（8）工作方式：指电动机的运转状态，分连续、短时和断续三种。连续表示该电动机可以在各项额定值下连续运行；短时表示电动机只能在限定的时间内短时运行；断续表示只能短时运行，但可多次断续使用。

此外，铭牌上还标明定子绕组的相数、效率、功率因数以及允许温升等。对于绕组式异步电动机，还标明转子额定电压（指定子加额定频率的额定电压时，转子绕组开路时滑环间的电压）和转子额定电流。

2. 异步电动机的主要系列

Y 系列异步电动机是封闭自扇冷式鼠笼式三相异步电动机，其额定电压为 380 V，额定频率为 50 Hz，功率范围为 0.55～200 kW，同步转速为 750～3000 r/min，采用 B 级绝缘。Y 系列异步电动机具有高效节能、启动转矩大、噪声低、振动小、运行可靠等特点，广泛用于驱动无特殊要求的设备，如机床、风机、水泵等。其型号的含义为：字母 Y 表示异步电动机，后面第一组数字表示电动机的中心高，字母 S、M、L 分别表示短、中、长机座，字母后的数字为铁芯长度代号，横线后的数字为电机的极数。例如表 3-5 显示了常用异步电机的产品型号。

表 3-5　异步电机折旧产品代号对照表

产品名称	新代号	意义	老代号
异步电动机	Y	异	J,JO,JS,JK
绕线式异步电动机	YR	异	JR,JRO
高启动转矩异步电动机	YQ	异起	JQ,JQO
多速异步电动机	TD	异多	JD,JDO
精密机床用异步电动机	YJ	异精	JJO
大型绕线式高速异步电动机	YRK	异绕快	YRG

现在我国已开始生产 Y2 系列的三相异步电动机，其功率范围为 0.18～160 kW。Y2 系列的三相异步电动机比 Y 系列异步电动机效率更高，噪声更小。

二、例题

一台三相异步电动机 $P_N = 10$ kW，$U_N = 380$ V，$n_N = 1455$ r/min，$\cos\varphi_{1N} = 0.88$，$\eta_N = 86.6\%$，$f = 50$ Hz。试求：①电机的极数 $2P$ 与额定转差率 s_N；②额定电流 I_N。

解：①由于同步转速 $n_1 = 60f/P$，电动机的额定转速略低于同步转速 n_1，所以 n_1 应比 $n_N = 1455$ r/min 略高，即 $n_1 = 1500$ r/min，则电机的极数为 $2P = 4$，其额定转差率 $s_N = \dfrac{n_1 - n_N}{n_N} = \dfrac{1500 - 1455}{1500} = 0.03$。

②由额定功率 $P_N = \sqrt{3}\,U_N I_N \cos\varphi_{1N}\eta_N$ 可知

$$I_N = \frac{P_N}{\sqrt{3}\,U_N \cos\varphi_{1N}\eta_N} = \frac{10000}{\sqrt{3}\times 380\times 0.88\times 0.86}\ \text{A} = 19.96\ \text{A}$$

我国制造的额定电压为 380 V 的三相异步电动机，额定电流约为每千瓦 2 A。

操作与技能考评

序号	主要内容	考核标准	评分标准	配分	扣分	得分
1	三相异步电动机的拆装	(1)能够简述三相异步电动机的基本结构；(2)能够熟练拆装三相异步电动机	对于(1)叙述不清、不达重点均不给分；对于(2)不熟练扣5分，不会不给分	30		
2	三相异步电动机的定子绕线	会电动机的定子绕线	绕线不美观扣10分，不会绕线不给分	30		
3	三相异步电动机的磁势公式	能够简述三相异步电动机的磁势公式推导过程	叙述不清、不达重点均不给分	20		
4	三相异步电动机的电势公式	能够简述三相异步电动机的电势公式推导过程	叙述不清、不达重点均不给分	20		

任务 3.2　三相异步电动机的运行分析及参数测定

任务要求

(1)理解三相异步电动机的电磁关系。

(2)掌握三相异步电动机空载和负载运行基本方程式、等值电路和相量图三种分析方法。

(3)掌握运用空载实验和短路实验测量电动机的参数。

相关知识

从异步电动机的基本工作原理可知,异步电动机是通过电磁感应把能量从定子传递给转子的,变压器也是通过电磁感应将能量从原绕组传送到副绕组的,因此异步电动机和变压器在工作原理上是相似的。对异步电动机的运行分析可以以变压器的运行理论为基础,从运行时的基本情况下手,再分析运行时的电磁关系,导出磁势和电势平衡方程、等值电路和相量图。在此基础上,分析其运行性能。

一、三相异步电动机运行的基本分析

1. 异步电动机的主磁通和漏磁通

(1)主磁通

当异步电动机的三相定子绕组通入三相交流电流后,定子产生旋转磁势,建立旋转磁场,其中既与定子绕组交链,同时又与转子绕组交链的基波磁通称为主磁通。定子、转子之间的能量传递由这部分磁通实现。主磁通用 Φ_m 表示,在数值上它为电机每极的磁通量。主磁通经过的磁路称为主磁路,它包括定子铁芯、转子铁芯和两段气隙。主磁通经过的路径如图 3-2-1 所示。当异步电动机运行时,在转子绕组中产生感应电势和感应电流,从而产生转子磁势和转子磁场,其基波磁通也通过主磁路,因此,异步电动机的主磁通是由定子基波磁势和转子基波磁势共同建立的。

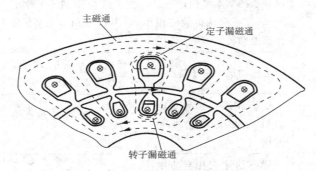

图 3-2-1　主磁通和漏磁通

（2）漏磁通

漏磁通包括定子漏磁通 $\Phi_{1\delta}$ 和转子漏磁通 $\Phi_{2\delta}$。定子磁势除和转子磁势共同产生主磁通外,还产生仅与定子绕组交链而不与转子绕组交链的磁通,这部分磁通称为定子漏磁通 $\Phi_{1\delta}$。转子磁势也产生仅与转子绕组交链的漏磁通,称为转子漏磁通 $\Phi_{2\delta}$。定子、转子漏磁通如图 3-2-1 所示。定子、转子漏磁通包括各自的槽漏磁通、绕组端部漏磁通和高次谐波漏磁通(由于高次谐波磁势引起的高次谐波磁通对电机运行时的影响和漏磁通相似,因此把定子、转子的高次谐波磁通也归结到漏磁通的范围)。漏磁通经过的漏磁路主要为空气,因此漏磁路的磁阻远大于主磁路,漏磁通在数值上比主磁通小得多。

2. 转子的相数和极数

对于绕线式转子,因其转子绕组由三相绕组绕制而成,在绕组连接时就使转子绕组具有与定子绕组相同的极数。已制造好的转子绕组的相数和极数一般是不能改变的。

鼠笼式转子中产生的是感应电流,感应电流磁场没有固定的极数,它的极数完全取决于定子磁场的极数,即总是和定子绕组的极数相同。

二、三相异步电动机空载运行分析

三相异步电动机的空载运行是指电动机轴上不带任何机械负载的运行状态。空载运行可分为转子绕组开路和转子绕组短路两种情况。对于绕线式异步电动机,当转子绕组开路时,转子电流为零,这种状态和变压器二次侧开路时的空载运行情况相同。而对于鼠笼式异步电动机,由于转子绕组为自行闭合的短路绕组,电动机轴上不带机械负载时,转子绕组也有电流通过,但这时电磁转矩只需克服由机械摩擦等因素引起的阻转矩,由于阻转矩很小,因此电磁转矩也很小。此时电机的转速 n 非常接近于同步转速 n_1,即 $n_1 - n \approx 0$,转子的感应电势和电流接近于零,转子电流可忽略不计。因此这两种空载运行的基本情况相同,只不过转子短路时电源输入的有功功率,除克服铁损耗外还需克服转子旋转时的机械摩擦损耗。

1. 空载电流

由于空载时转子电流为零或约等于零,转子电流的影响可忽略不计,此时的气隙磁场是由定子电流建立的。空载时的定子电流称为空载电流 I_0,包括有功分量 I_{0p} 和无功分量 I_{0Q}。I_{0p} 用来提供空载时定子的铁损耗(鼠笼式异步电动机包括机械损耗),I_{0Q} 用来产生励磁磁势 F_{m0},建立气隙主磁通 Φ_{m0}。由于异步电动机的磁路中存在气隙,因此其励磁电流 I_{0Q} 比变压器大,空载电流因而也比变压器大,异步电动机的空载电流为额定电流的 $20\%\sim50\%$。因为定子铁芯由硅钢片叠成,铁损耗较小,转子短路时的机械摩擦损耗也很小,因而 $I_{0p}\leqslant I_{0Q}$,故可认为 $I_0\approx I_{0Q}$,即空载电流为励磁电流。在这种情况下,建立空载主磁通 Φ_{m0} 的励磁磁势 F_{m0} 可认为是由 I_0 建立的定子三相基波合成磁势 F_0,即 $F_0=F_{m0}$。

2. 空载时定子电势平衡

定子磁势除产生主磁通 Φ_{m0},还产生定子漏磁通 $\Phi_{1\delta}$,主磁通在每相定子绕组引起的感应电势为 $E_1=4.44f_1N_1k_{W1}\Phi_{m0}$,和变压器一样,定子漏磁通引起的感应电势可用漏抗压降表示为

$$\dot{E}_{1\delta}=-jX_1\dot{I}_0 \qquad (3-2-1)$$

式中:X_1(或 $X_{1\delta}$ 表示)——每相定子绕组的漏磁抗,$X_1=2\pi fL_{1\delta}$;

$L_{1\delta}$——每相定子绕组的漏电感。

设定子绕组每相所加的电压为 $\dot{U}_1$,相电流为 $\dot{I}_0$,定子绕组的每相电阻为 R_1,每相定子绕组的电路如图 3-2-2 所示。根据基尔霍夫第二定律,空载时每相定子电路的电势平衡方程式为

$$\dot{U}=-\dot{E}_1-\dot{E}_{1\delta}+\dot{I}_0R_1$$

$$\dot{U}_1=-\dot{E}_1+\dot{I}_0(R_1+jX_1)=-\dot{E}_1+\dot{I}_0Z_1 \qquad (3-2-2)$$

式中:$Z_1=R_1+jX_1$ 称为定子每相绕组的漏阻抗。

在异步电动机运行时,主磁通引起的感应电势 E_1 远大于定子漏阻抗压降,故在作定性分析时可将定子漏阻抗压降忽略不计。可认为

$$\dot{U}_1\approx-\dot{E}_1 \text{ 或 } U_1\approx E_1 \qquad (3-2-3)$$

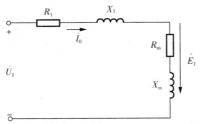

图 3-2-2　异步电动机机空载时的定子电路

三、三相异步电动机负载运行分析

当异步电动机轴上带有机械负载后,为了产生更大的电磁转矩,电动机的转速将下降,旋转磁场与转子的相对切割速度加大,转子绕组的感应电势增大,转子电流 I_2 随之增加。转子电流通过转子绕组时产生转子磁势 F_2。下面分析 F_2 的性质。

1. 转子磁势分析

不论是绕线式转子还是鼠笼式转子,其转子绕组都是对称的。对于绕线式转子,由于转子绕组三相对称,转子电流因而也三相对称,其形成的磁势为旋转磁势。对于鼠笼式转子,由导条组成的绕组为多相对称绕组,其电流为对称的多相电流,对称多相绕组通过对称多相电流时所形成的转子合成磁势,也为旋转磁势,其在空间近似按正弦分布。根据式(3-1-28),其合成基波磁势的幅值 F_2 为

$$F_2=\frac{m_2}{2}\times0.9I_2\frac{N_2k_{w2}}{P}\qquad(3-2-4)$$

式中:m_2——转子绕组的相数;

　　N_2——转子绕组的每相串联匝数;

　　k_{w2}——转子绕组的基波绕组系数。

(1)转子磁势的旋转方向

转子电流相序与定子旋转磁动势方向相同,转子旋转磁动势的方向与转子电流相序一致,因此转子磁势的转向与定子磁势一致。

(2)转子磁势的转速

由于异步电动机的转向与定子旋转磁场的方向一致,且 $n<n_1$,那么旋转磁场以 n_1-n 的相对转速切割转子绕组,在转子绕组中引起感应电势和电流,其频率为

$$f_2=\frac{P(n_1-n)}{60}=\frac{Pn_1}{60}\times\frac{n_1-n}{n_1}=sf_1\qquad(3-2-5)$$

式中:$f_1=\dfrac{Pn_1}{60}$ 为定子绕组感应电势的频率,即 f_1 等于电源频率 f;$s=\dfrac{n_1-n}{n_1}$ 为转差率。

从上式可知,转子电流的频率 f_2 与 s 成正比,在转子静止时,$s=1$,$f_2=f_1$;异步电动机在额定负载时,额定转差率 s_N 很小,在 $1.5\%\sim5\%$ 之间,故正常运行时,f_2 很低,为 $0.75\sim3$ Hz。

转子电流形成的转子磁势相对于转子本身的转速为

$$n_2=\frac{60f_2}{P}=\frac{60f_1}{P}\times s=n_1\times\frac{n_1-n}{n_1}=n_1-n$$

从以上分析可知,转子磁势以 n_2 相对于转子旋转(n_2 的转向决定于转子电流的相序,即与 n 的方向一致),而转子本身相对于定子以转速 n 转动,那么转子的磁势相对于定子的转速为

$$n_2+n=n_1-n+n=n_1\qquad(3-2-6)$$

上式说明,转子磁势 F_2 相对于定子的转速为 n_1,与定子磁势 F_1 的转速相同。又由于 F_2 与 F_1 的转向相同,因此说明它们在空间保持相对静止,没有相对运动。

2. 磁势平衡

由于负载时出现了转子磁势,故气隙磁势应由 $\dot{F}_1$ 与 $\dot{F}_2$ 共同建立。由于 $\dot{F}_1$ 与 $\dot{F}_2$ 相对静止,可以将 $\dot{F}_1$ 与 $\dot{F}_2$ 合成,得出负载时的气隙磁势,即

$$\dot{F}_m=\dot{F}_1+\dot{F}_2\qquad(3-2-7)$$

$\dot{F}_{\mathrm{m}}$ 产生负载时的主磁通为 $\dot{\Phi}_{\mathrm{m}}$，而空载时的主磁通 $\dot{\Phi}_{\mathrm{m0}}$ 由 $\dot{F}_{\mathrm{m0}}$ 建立。根据式（3-2-3），$U_1 \approx E_1$，主磁通在定子绕组内引起的感应电势近似与外加电压相平衡，两者之间仅差一个很小的漏阻抗压降，电机从空载到负载时，定子漏阻抗压降变化很小，因此若外加电压不变，则定子绕组的感应电势 E_1 基本不变。因为 $E_1 = 4.44 f_1 N_1 k_{\mathrm{w1}} \Phi_{\mathrm{m}} \propto \Phi_{\mathrm{m}}$，所以 $\dot{\Phi}_{\mathrm{m0}} = \dot{\Phi}_{\mathrm{m}}$，于是可得出

$$\dot{F}_{\mathrm{m}} = \dot{F}_{\mathrm{m0}} \tag{3-2-8}$$

式（3-2-7）、式（3-2-8）说明，由于负载时主磁通基本不变，则励磁磁势也应基本不变。为了保持励磁磁势不变，定子磁势必须增加一个分量 $-\dot{F}_2$ 来抵消转子磁势 $\dot{F}_2$ 的影响。这样，异步电动机的定子磁势 $\dot{F}_1$ 应包含两个分量，一个分量为励磁分量 $\dot{F}_{\mathrm{m}}$；另一个分量为 $-\dot{F}_2$，称负载分量。

3. 基本方程式

（1）磁势平衡方程

因为 $\dot{F}_{\mathrm{m}} = \dot{F}_1 + \dot{F}_2$，$\dot{F}_{\mathrm{m}} = \dot{F}_{\mathrm{m0}}$，根据式（3-1-28）可得

$$\frac{m_1}{2} \times 0.9 \, \dot{I}_1 \, \frac{N_1 k_{\mathrm{w1}}}{P} + \frac{m_2}{2} \times 0.9 \, \dot{I}_2 \, \frac{N_2 k_{\mathrm{w2}}}{P} = \frac{m_1}{2} \times 0.9 \, \dot{I}_0 \, \frac{N_1 k_{\mathrm{w1}}}{P}$$

式中：m_1、m_2——定子、转子绕组的相数；

I_1、I_2——定子、转子的相电流；

I_0——励磁电流。

将上式整理后可得

$$\dot{I}_1 = \dot{I}_0 + \left(-\frac{m_2 N_2 k_{\mathrm{w2}}}{m_1 N_1 k_{\mathrm{w1}}} \dot{I}_2\right)$$

$$\dot{I}_1 = \dot{I}_0 + \left(-\frac{\dot{I}_2}{k_i}\right) = \dot{I}_0 + \dot{I}_{1\mathrm{L}} \tag{3-2-9}$$

式中：$k_i = \dfrac{m_1 N_1 k_{\mathrm{w1}}}{m_2 N_2 k_{\mathrm{w2}}}$ 称为异步电动机的电流变比。

从式（3-2-9）可知，负载时定子电流包括两个分量：励磁电流 I_0（产生励磁磁势 $\dot{F}_{\mathrm{m}}$）和负载分量 $I_{1\mathrm{L}}$（产生 $-\dot{F}_2$）。当转子电流 I_2 增大时，$I_{1\mathrm{L}}$ 增加，定子电流随之增加。

（2）电势平衡方程式

由于主磁通 Φ_{m} 与定子、转子绕组相交链，分别在定子、转子绕组中引起的感应电势 $\dot{E}_1$、$\dot{E}_{2s}$ 为

$$\left. \begin{array}{l} \dot{E}_1 = -\mathrm{j} 4.44 f_1 N_1 k_{\mathrm{w1}} \dot{\Phi}_{\mathrm{m}} \\[2mm] \dot{E}_{2s} = -\mathrm{j} 4.44 f_2 N_2 k_{\mathrm{w2}} \dot{\Phi}_{\mathrm{m}} \end{array} \right\} \tag{3-2-10}$$

定子、转子电流 $\dot{I}_1$ 和 $\dot{I}_2$ 还分别产生定子、转子漏磁通 $\dot{\Phi}_{1\delta}$ 和 $\dot{\Phi}_{2\delta}$，这些漏磁通会在各自的

绕组内引起漏磁通 $\dot{E}_{1\delta}$ 和 $\dot{E}_{2\delta}$，即

$$\left.\begin{array}{l} \dot{E}_{1\delta} = -\mathrm{j}\dot{I}_1 X_1 \\ \dot{E}_{2\delta} = -\mathrm{j}\dot{I}_2 X_{2s} \end{array}\right\} \qquad (3-2-11)$$

式中：$X_{2s} = 2\pi f_2 L_{2\delta}$ 为转子绕组每相的漏电抗，$L_{2\delta}$ 为每相转子绕组的漏电感。

另外定子、转子电流 $\dot{I}_1$ 和 $\dot{I}_2$ 流过各自绕组时，还将在各自绕组内产生电阻压降 $\dot{I}_1 R_1$ 和 $\dot{I}_2 R_2$（R_2 为每相转子绕组的电阻）。

根据基尔霍夫第二定律，可得出负载时定子的电势平衡方程式为

$$\dot{U}_1 = -\dot{E}_1 + \dot{I}_1(R_1 + \mathrm{j}X_1) = -\dot{E}_1 + \dot{I}_1 Z_1 \qquad (3-2-12)$$

由于运行时异步电动机转子绕组自行闭合，故端电压 $U_2 = 0$，转子的电势平衡方程式为

$$\dot{E}_{2s} + \dot{E}_{2\delta} = \dot{I}_2 R_2$$

$$\dot{E}_{2s} = \dot{I}_2(R_2 + \mathrm{j}X_{2s}) = \dot{I}_2 Z_{2s} \qquad (3-13)$$

式中：Z_{2s} 称为每相转子绕组的漏阻抗。

由于 $f_2 = sf_1$，E_{2s} 和 X_{2s} 又可表示为

$$E_{2s} = 4.44 f_2 N_2 k_{\mathrm{w2}} \Phi_{\mathrm{m}} = 4.44 f_1 N_2 k_{\mathrm{w2}} \Phi_{\mathrm{m}} \times s = sE_2 \qquad (3-2-14)$$

$$X_{2s} = 2\pi f_2 L_{2\delta} = 2\pi f_1 L_{2\delta} \times s = sX_2 \qquad (3-2-15)$$

式中：E_2、X_2 分别为 $s=1$ 即转子静止时的感应电势和漏电抗。

仿照变压器的分析方法，$\dot{E}_1$ 可用励磁阻抗压降的形式表示，即

$$\dot{E}_1 = -\dot{I}_0(R_{\mathrm{m}} + \mathrm{j}X_{\mathrm{m}}) = -\dot{I}_0 Z_{\mathrm{m}} \qquad (3-2-16)$$

式中：R_{m}——励磁电阻，即等效铁耗电阻；

X_{m}——对应于主磁通 Φ_{m} 的电抗，称为励磁电抗；$Z_{\mathrm{m}} = R_{\mathrm{m}} + \mathrm{j}X_{\mathrm{m}}$，称为励磁阻抗。

异步电动机负载时的基本方程式可归纳为

$$\dot{U}_1 = -\dot{E}_1 + \dot{I}_1(R_1 + \mathrm{j}X_1) = -\dot{E}_1 + \dot{I}_1 Z_1$$

$$\dot{E}_{2s} = \dot{I}_2(R_2 + \mathrm{j}X_{2s}) = \dot{I}_2 Z_{2s}$$

$$\dot{E}_1 = -\dot{I}_0(R_{\mathrm{m}} + \mathrm{j}X_{\mathrm{m}}) = -\dot{I}_0 Z_{\mathrm{m}}$$

$$\dot{I}_1 = \dot{I}_0 + \left(-\frac{\dot{I}_2}{k_i}\right)$$

四、三相异步电动机的等值电路

异步电动机的定子、转子是通过磁势联系起来的。和变压器一样，为了便于分析，可以把一台异步电动机内部复杂的电磁关系转换为单纯的电量之间的联系，即用一个在电磁性能和能量关系上与实际异步电动机等效的电路来代替。这个等效电路称为异步电动机的等

值电路。

由于异步电动机运行时定子、转子电势的频率不同,定子、转子绕组的相数和有效匝数也不同,因此要得到等值电路,须进行频率和绕组的折算。

1. 频率折算

图 3-2-3a 为转子旋转时异步电动机的定子、转子电路图。定子电路的频率为 f_1,转子的频率为 f_2,要得到等值电路,则应使定子、转子的频率相同。由于 $f_2 = sf_1$,当 $s=1$ 即转子静止时,$f_2 = f_1$。因此,应用一个等效的静止转子来代替转动的转子。由于转子对定子的作用是通过转子磁势实现的,要保持电机的电磁本质不变,则必须使等效静止转子电流 I_2'' 所产生的磁势与实际转子电流 $\dot{I}_2$ 产生的磁势完全相同,即要求两者大小、转向、转速及其空间相位完全相同。

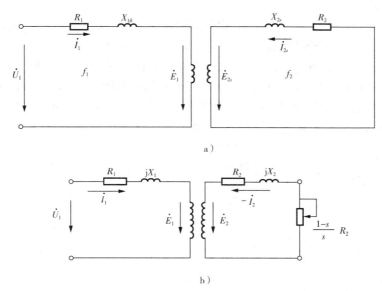

a)

b)

图 3-2-3　频率折算前后异步电动机定子、转子电路图

由于折算后转子的频率为 f_1,所以静止转子所产生的磁势对定子的转速 $n_1 = 60f_1/P$,即与定子磁势仍然保持相对静止。

从转子磁势的幅值与空间相位来看,因为 $\dot{F}_2$ 的幅值与相位完全取决于 I_2 的大小和相位,如果折算后静止转子的电流 $\dot{I}_2''$ 与 $\dot{I}_2$ 相同,则可保持转子磁势不变。

从式(3-2-13)可知,旋转转子的电流为

$$\dot{I}_2 = \frac{\dot{E}_{2s}}{R_2 + jX_{2s}} = \frac{s\dot{E}_2}{R_2 + jsX_2}$$

如果将上式分子、分母同除以 s,即得到用静止时的物理量 $\dot{E}_2$ 和 X_2 表示的转子电流 $\dot{I}_2''$ 为

$$\dot{I}_2'' = \frac{\dot{E}_2}{\dfrac{R_2}{s} + jX_2} \tag{3-2-17}$$

从以上分析可知，$\dot{I}''_2 = \dot{I}_2$，但 $\dot{I}''_2$ 的频率为 f_1。式(3-2-17)表明，用静止的转子电路代替旋转转子的电路时，用 $\dot{E}_2$ 代替 $\dot{E}_{2s}$、用 X_2 代替 X_{2s}、用 R_2/s 代替 R_2，就能保持 $\dot{I}_2$ 和 $\dot{F}_2$ 不变。式(3-2-17)中，$\dfrac{R_2}{s} = R_2 + \dfrac{1-s}{s}R_2$。这就是说经过频率折算后，在静止的转子电路中，除了转子本身的电阻 R_2 外，还将串入一个大小为 $\dfrac{1-s}{s}R_2$ 的附加电阻，转子电流经过 $\dfrac{1-s}{s}R_2$ 时将消耗功率，这部分功率在实际的电机中并不存在；但实际电机旋转时要产生机械功率，在转子静止时附加电阻损耗 $m_2 \dot{I}''^2_2 (\dfrac{1-s}{s})R_2$ 就模拟了实际电机所产生的机械功率。

频率折算后异步电动机的定子、转子电路如图 3-2-3b 所示。

2. 绕组折算

频率折算后，由于定子、转子绕组的相数、有效匝数仍不相同，故 $E_1 \neq E_2$。因此定子电路还不能连接起来用一个等效电路来代替，所以还应进行绕组的折算。

所谓绕组折算，就是用一个相数、有效匝数与定子绕组完全相同的转子绕组来代替原来相数为 m_2、有效匝数为 $N_2 k_{w2}$ 的转子绕组。折算时应保持折算前后转子对定子的电磁效应不变，即转子磁势、转子的视在功率、转子的铜损耗以及转子的无功功率保持不变。为了与原来各量相区别，凡转子折算后的量都加"'"表示。

(1)电流的折算

根据折算前后转子磁势不变的原则可得

$$\frac{m_1}{2} \times 0.9 I'_2 \frac{N_1 k_{w1}}{P} = \frac{m_2}{2} \times 0.9 I_2 \frac{N_2 k_{w2}}{P}$$

$$I'_2 = \frac{m_2 N_2 k_{w2}}{m_1 N_1 k_{w1}} I_2 = \frac{I_2}{k_i} \qquad (3-2-18)$$

式中：$k_i = \dfrac{m_1 N_1 k_{w1}}{m_2 N_2 k_{w2}}$ 称为异步电动机的电流变比。

(2)电势的折算

根据折算前后转子视在功率不变的条件可得

$$m_1 E'_2 I'_2 = m_2 E_2 I_2$$

$$E'_2 = \frac{m_2}{m_1} \cdot \frac{m_1 N_1 k_{w1}}{m_2 N_2 k_{w2}} \cdot E_2 = \frac{N_1 k_{w1}}{N_2 k_{w2}} E_2 = k_e E_2 \qquad (3-2-19)$$

式中：$k_e = \dfrac{N_1 k_{w1}}{N_2 k_{w2}}$ 称为电势变比。折算后，转子绕组的有效匝数与定子一样，所以 $E'_2 = E_1$。

(3)阻抗的折算

由折算前后转子铜损耗不变的原则可得

$$m_1 I'^2_2 R'_2 = m_2 I^2_2 R_2$$

$$R'_2 = \frac{N_1 k_{w1}}{N_2 k_{w2}} \times \frac{m_1 N_1 k_{w1}}{m_2 N_2 k_{w2}} R_2 = k_e k_i R_2 \qquad (3-2-20)$$

根据折算前后转子无功功率不变的原则可得

$$m_1 I_2'^2 X_2' = m_2 I_2^2 X_2$$

$$X_2' = \frac{N_1 k_{\text{W}1}}{N_2 k_{\text{W}2}} \times \frac{m_1 N_1 k_{\text{W}1}}{m_2 N_2 k_{\text{W}2}} X_2 = k_e k_i X_2 \qquad (3-2-21)$$

经过折算后,异步电动机的基本方程式为

$$\left. \begin{array}{r} \dot{U}_1 = -\dot{E}_1 + \dot{I}_1 Z_1 \\[2mm] \dot{E}_2' = \dot{I}_2'\left(\frac{1-s}{s}R_2'\right) + \dot{I}_2'(R_2' + \mathrm{j}X_2') = \dot{I}_2'\left(\frac{1-s}{s}R_2'\right) + \dot{I}_2' Z_2' \\[2mm] \dot{I}_1 = \dot{I}_0 + \left(-\frac{\dot{I}_2}{k_i}\right) = \dot{I}_0 + (-\dot{I}_2') \\[2mm] \dot{E}_1 = -\dot{I}_0(R_{\text{m}} + \mathrm{j}X_{\text{m}}) = -\dot{I}_0 Z_{\text{m}} \\[2mm] E_2' = E_1 \end{array} \right\} \qquad (3-2-22)$$

3. 等值电路

经过对转子绕组频率和绕组的折算,转子的相数、每相绕组的有效匝数及频率都与定子电路相同,此时定子、转子电路如图 3-2-4 所示。由于 $E_1 = E_2'$,可将定子、转子电路连接起来,于是就得到图 3-2-5 所示的电路,称为异步电动机的 T 形等值电路。在等值电路中励磁支路是用励磁阻抗的形式来表示的。

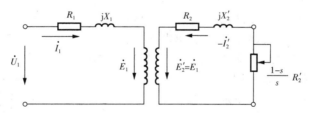

图 3-2-4 异步电动机折算后的定子、转子电路图

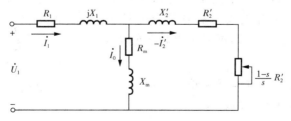

图 3-2-5 异步电动机的 T 形等值电路

下面从 T 形等值电路分析几种异步电动机的典型状态。

(1)异步电动机空载运行

空载运行时,$n \approx n_1$,此时 $s \approx 0$,等值电路中附加电阻 $\frac{1-s}{s}R_2'$ 趋于无穷大,转子电路相当于开路,此时转子的功率因数最高。但 $\dot{I}_2' \approx 0$,$\dot{I}_1 \approx \dot{I}_0$,而 $\dot{I}_0$ 基本为无功电流,所以异步电动

机空载时,功率因数是滞后的,而且很低。

(2)异步电动机额定运行

异步电动机带有额定负载时,转差率 $s_N \approx 5\%$,此时转子电路总电阻 $R_2'/s \approx 20R_2'$,这使转子电路基本上呈电阻性。所以转子电路的功率因数较高,在 $\dot{I}_1 = \dot{I}_0 + (-\dot{I}_2')$ 的两个分量中,$-I_2'$ 比 I_0 大得多,即 $-I_2'$ 起主要作用。此时定子的功率因数可达到 $0.8 \sim 0.85$。

(3)异步电动机启动时

异步电动机启动时,$n=0$,$s=1$,附加电阻 $\dfrac{1-s}{s}R_2'$ 等于零,相当于电机处于短路状态。所以启动电流很大(可达额定电流的 $4 \sim 7$ 倍)。由于 $R_2' < X_2'$,定子、转子电路的功率因数都较低。采用 T 形等值电路计算比较复杂,因此在实际应用时常把励磁支路移到电源端,使电路简化为单纯的并联电路。为了减小误差,在励磁支路中串入 R_1 和 X_1,使励磁电流 I_0 近似保持不变。这种电路称为简化等值电路,如图 3-2-6 所示。

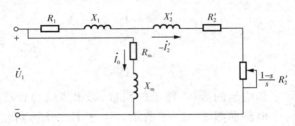

图 3-2-6 异步电动机的简化等值电路

4. 异步电动机的相量图

为了表示电机各物理量之间的相位关系,根据折算后的电势方程和磁势方程可画出异步电动机的相量图。画相量图时以主磁通 Φ_m 作为参考相量,至于其他相量的画法与变压器的画法基本相同,这里不再重复。异步电动机的相量图如图 3-2-7 所示。

从相量图可知,定子电流 $\dot{I}_1$ 总是滞后于电源电压 $\dot{U}_1$ 的,这是因为建立和维持气隙中的主磁通和定子、转子的漏磁通,电机需要从电源吸取一定的无功功率,所以定子电流永远滞后于电源电压,即异步电动机的功率因数永远是滞后的。

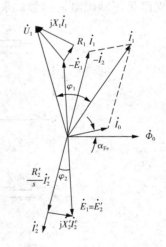

图 3-2-7 异步电动机的相量图

五、三相异步电动机的功率和转矩

1. 异步电动机的功率平衡关系

异步电动机定子绕组从电源输入的有功功率 P_1 为

$$P_1 = 3U_1 I_1 \cos\varphi_1$$

其中一小部分消耗在定子绕组铜损耗 P_{Cu1} 及旋转磁场在定子铁芯中的铁损耗 P_{Fe} 中。由于正常运行转子频率很低（$f_2 = 0.72 \sim 3$Hz），而且转子铁芯也为叠片而成,所以转子铁耗忽略不计。剩下的大部分即为通过电磁感应而进入转子的电磁功率 P_{em},即

$$\left.\begin{array}{l} P_{em} = P_1 - P_{Cu1} - P_{Fe} \\ P_{Cu1} = 3I_1^2 R_1 \\ P_{Fe} = 3I_0^2 R_m \end{array}\right\} \tag{3-2-23}$$

由 T 形等值电路可知,进入转子回路的电磁功率 P_{em} 为

$$P_{em} = 3E_2' I_2' \cos\varphi_2 = 3I_2'^2 \frac{R_2'}{s} = 3I_2'^2 R_2' + 3I_2'^2 \left(\frac{1-s}{s} R_2'\right) = P_{Cu2} + P_\Omega \tag{3-2-24}$$

即 P_{em} 中的一部分消耗在转子绕组的铜耗 P_{Cu2} 上,另一部分则转化为轴上的总机械功率 P_Ω。而 P_Ω 还必须克服机械损耗 p_Ω 及由于定转子开槽等原因所引起的附加损耗 p_s,剩下的才是从轴上输出的机械功率 P_2,即

$$P_2 = P_\Omega - p_\Omega - p_s = P_1 - P_{Cu1} - P_{Fe} - p_\Omega - p_s = P_1 - \sum p \tag{3-2-25}$$

式中: $\sum p = P_{Cu1} + P_{Fe} + p_\Omega + p_s$ 为异步电动机的总损耗。则异步电动机的效率为

$$\eta = \frac{P_2}{P_1} \times 100\% = \frac{P_1 - \sum p}{P_1} \times 100\% = \left(1 - \frac{\sum p}{P_1}\right) \times 100\% \tag{3-2-26}$$

转子铜耗 P_{Cu2} 及总机械功率 P_Ω 还可以写成以下形式:

$$P_{Cu2} = 3I_2'^2 R_2' = s P_{em} \tag{3-2-27}$$

$$P_\Omega = 3I_2'^2 \left(\frac{1-s}{s} R_2'\right) = \frac{1-s}{s} P_{Cu2} = P_{em} - P_{Cu2} = (1-s) P_{em} \tag{3-2-28}$$

由以上二式可知,若 n_1 及 P_{em} 不变,则 n 降低即 s 增加时,输出功率要降低而转子回路的铜耗($s P_{em}$,又称滑差功率)随 s 正比增加,使效率降低。

其功率流程如图 3-2-8 所示:

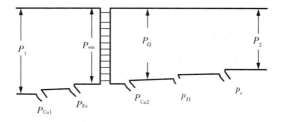

图 3-2-8 异步电动机的功率流程图

2. 异步电动机的转矩平衡方程式

由于旋转机械的功率等于其机械转矩与机械角速度的乘积,在式(3-2-25)的两端除以转子的角速度 Ω,则得

$$\frac{P_2}{\Omega} = \frac{P_\Omega}{\Omega} - \frac{p_\Omega + p_s}{\Omega}$$

$$T_2 = T_{em} - T_0 \tag{3-2-29}$$

式中：T_{em}——气隙磁场与转子电流相作用产生的电磁转矩，它为电机的驱动转矩；

$\quad\quad T_0$——由机械损耗和附加损耗引起的空载转矩，它在电机运行时起制动作用；

$\quad\quad T_2$——电动机输出的机械转矩。

电机稳定运行时，输出转矩 T_2 与负载转矩 T_L 相平衡，即 $T_2 = T_L$，因此式（3-2-29）写为

$$T_{em} = T_L + T_0 \quad\quad\quad (3-2-30)$$

上式为异步电动机的转矩平衡方程式，它表明在电机稳定运行时，驱动转矩与制动转矩相平衡。

下面重点分析电磁转矩 T_{em}。

由于 $s = \dfrac{n_1 - n}{n_1} = \dfrac{\Omega_1 - \Omega}{\Omega_1}$，则得 $\Omega = (1-s)\Omega_1$。其中 $\Omega_1 = \dfrac{2\pi n_1}{60}$、$\Omega = \dfrac{2\pi n}{60}$ 分别为旋转磁场的同步角速度和转子的机械角速度。因此电磁转矩又可写成为

$$T_{em} = \frac{P_\Omega}{\Omega} = \frac{(1-s)P_{em}}{(1-s)\Omega_1} = \frac{P_{em}}{\Omega_1} \quad\quad\quad (3-2-31)$$

电磁转矩表示为 $T_{em} = P_\Omega / \Omega$ 是以转子本身产生机械功率来表示的；$T_{em} = P_{em}/\Omega_1$ 是以旋转磁场对转子做功为依据的，因为旋转磁场以同步角速度 Ω_1 转动，旋转磁场通过气隙传递到转子的功率为电磁功率 T_{em}，因而 $T_{em} = P_{em}/\Omega_1$。

应用实施

一、例题

一台 4 极鼠笼式三相异步电动机，$P_N = 10$ kW，$U_N = 380$ V，$f = 50$ Hz，定子绕组为三角形接法。额定运行时，$\cos\varphi_{1N} = 0.83$，$P_{Cu1} = 550$ W，$P_{Cu2} = 314$ W，$P_{Fe} = 274$ W，机械损耗 $p_\Omega = 70$ W，附加损耗 $p_s = 160$ W。试求电机在额定运行时的转速、效率、额定电流、额定输出转矩、电磁转矩。

解：①旋转磁场的同步转速为

$$n_1 = 60f/P = 60 \times 50/2 \ \text{r/min} = 1500 \ \text{r/min}$$

电磁功率为

$$P_{em} = P_N + P_{Cu2} + p_\Omega + p_s = (10000 + 314 + 70 + 160) \ \text{W} = 10544 \ \text{W}$$

额定转差率为

$$s_N = \frac{P_{Cu2}}{P_{em}} = \frac{314}{10544} = 0.03$$

额定转速为

$$n_N = (1 - s_N)n_1 = (1 - 0.03) \times 1500 \ \text{r/min} = 1455 \ \text{r/min}$$

②额定负载下的输入功率为

$$P_1 = P_{em} + P_{Cu1} + P_{Fe} = (10544 + 550 + 274) \ \text{W} = 11368 \ \text{W}$$

额定效率为

$$\eta_N = \frac{P_N}{P_1} = \frac{10000}{11368} \times 100\% = 88\%$$

③定子的额定电流为

$$I_N = \frac{P_1}{\sqrt{3}\,U_N \cos\varphi_{1N}} = \frac{11368}{\sqrt{3} \times 380 \times 0.83}\,\text{A} = 20.8\,\text{A}$$

④额定的输出转矩为

$$T_2 = \frac{P_N}{\Omega} = 9.55\,\frac{P_N}{n_N} = 9.55 \times \frac{10000}{1455}\,\text{N·m} = 65.63\,\text{N·m}$$

⑤电机的电磁转矩为

$$T_{em} = \frac{P_{em}}{\Omega_1} = 9.55\,\frac{P_{em}}{n_1} = 9.55 \times \frac{10544}{1500}\,\text{N·m} = 67.13\,\text{N·m}$$

二、三相异步电动机参数的测定

根据等值电路进行计算时,必须知道等值电路中电机的基本参数。异步电动机的参数有两种:一种为励磁参数 R_n、X_m;另一种为短路参数 R_1、R_2'、X_1、X_2'。两种参数可以通过空载实验和短路实验测定。

1. 空载实验

(1)实验过程

空载实验的目的是为了测定励磁参数 R_n、X_m,机械损耗 p_Ω 和铁损耗 P_{Fe}。空载实验接线如图 3-2-9 所示。实验时,把三相定子绕组接到额定电压、额定频率的三相电源上,轴上不加任何负载,使电动机处于空载运行。让电动机运行一段时间,使其机械损耗达到稳定值,然后用调压器 TC 改变加在定子绕组上的电压,从$(1.1\sim1.3)U_N$ 开始逐渐降低电压,同时记录电机上所加的相电压 U_0、空载电流 I_0、空载功率 P_0 和电机的转速 n(一般测量 $7\sim9$ 点),当电压降到使电动机转速发生明显变化时停止实验。根据每一次记录的数据绘出电动机的空载特性 $P_0 = f(U_0)$ 和 $I_0 = f(U_0)$,如图 3-2-10 示。

(2)铁损耗和机械损耗

异步电动机空载时,$s \approx 0$,$I_2 \approx 0$,此时转子的铜损耗可以忽略不计。输入到电机的功率 P_0 用来补偿定子铜损耗 P_{Cu1}、铁损耗 P_{Fe} 和机械损耗 p_Ω,即

$$P_0 = 3I_0^2 R_1 + P_{Fe} + p_\Omega \qquad (3-2-32)$$

从空载功率中减去定子损耗后得铁损耗和机械损耗之和,即

$$P_0' = P_{Fe} + p_\Omega = P_0 - 3I_0^2 R_1$$

由于铁损耗可认为与磁通密度的平方成正比,即可认为与电机端电压的平方成正比;而机械损耗仅与转速有关,考虑到空载实验时转速基本不变,故认为机械损耗与电压大小无关,基本为一恒定值。

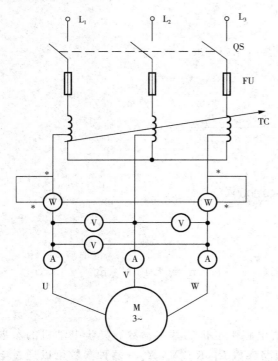

图 3 - 2 - 9　三相异步电动机空载实验接线图

图 3 - 2 - 10　三相异步电动机的空载特性

（3）励磁参数的确定

从等值电路可知，电机空载时 $s \approx 0$，附加电阻 $\dfrac{1-s}{s}R'_2$ 趋于无穷大，等值电路呈开路状态，如图 3 - 2 - 11 所示。

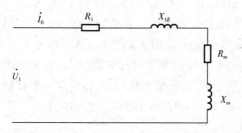

图 3 - 2 - 11　电动机空载实验时的等值电路

根据电路图可求出励磁参数。

$$\left.\begin{aligned} Z_0 &= \frac{U_1}{I_0} \\[4pt] R_0 &= \frac{P_0}{3I_0^2} \\[4pt] X_0 &= \sqrt{Z_0^2 - R_0^2} \\[4pt] R_m &= \frac{P_{Fe}}{3I_0^2} \\[4pt] X_m &= X_0 - X_1 \end{aligned}\right\} \qquad (3 - 2 - 33)$$

式中:X_1 为定子的漏电抗,可由下面的短路实验确定。

2. 短路实验

（1）实验过程

短路实验又称为堵转实验,其目的是测出异步电动机转子电阻 R_2' 和定子、转子漏电抗 X_1、X_2'。三相异步电动机短路实验接线如图 3-2-12 所示。从等值电路可知,为了测出这些参数,须使附加电阻 $\frac{1-s}{s}R_2'=0$,即应使 $s=1$,$n=0$。因此短路实验时需将转子堵转,把转子卡住。为了使短路电流不致过大,可将电机端电压降低,一般从 $U_1=0.4U_N$ 开始,逐步降低电压,测量 5～7 点,每次记录相电压 U_k、定子电流 I_k 和定子输入功率 P_k。为了避免定子绕组过热,实验应尽快进行。根据记录数据,绘出电动机的短路特性 $I_k=f(U_k)$ 和 $P_k=f(U_k)$,如图 3-2-13 所示。

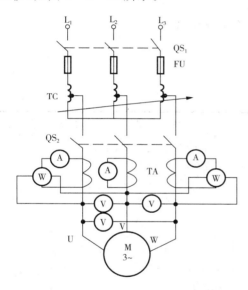

图 3-2-12 三相异步电动机短路实验接线

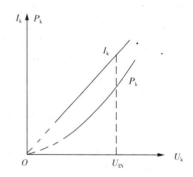

图 3-2-13 三相异步电动机短路特性

（2）短路参数的确定

电动机短路实验时的等值电路如图 3-2-14 所示。由于 $Z_m \gg Z_2'$,可认为励磁支路开路,$I_0 \approx 0$,铁损耗可忽略不计。由于转子堵转,输出功率和机械损耗为零,此时全部输入功率都转化为定子铜损耗 P_{Cu1} 与转子铜损耗 P_{Cu2}。由于 $I_0 \approx 0$,$I_2' \approx I_1 = I_k$,因此

$$P_k = 3I_1^2 R_1 + 3I_2'^2 R_2' = 3I_k^2(R_1 + R_2') = 3I_k^2 R_k \qquad (3-2-34)$$

根据短路实验数据可求出短路阻抗 Z_k、短路电阻 R_k 和短路电抗 X_k。

$$\left.\begin{aligned} Z_k &= \frac{U_k}{I_k} \\ P_k &= R_1 + R_2' = \frac{P_k}{3I_k^2} \\ X_k &= X_1 + X_2' = \sqrt{Z_k^2 - R_k^2} \end{aligned}\right\} \qquad (3-2-35)$$

由于 $R_k = R_1 + R'_2$，故 $R'_2 = R_k - R_1$（R_1 可通过电桥法测定）。而对于 X_1 和 X'_2，在大中型异步电动机中可认为 $X_1 \approx X'_2 = \dfrac{X_k}{2}$。

需要指出，三相异步电动机在不同的运行状态下，其励磁参数和短路参数将有所变化，如启动时和额定运行时比较，由于集肤效应的影响，R'_2 增大，X'_2 减小。

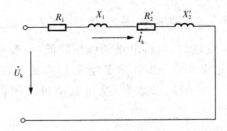

图 3-2-14　电动机短路实验时的等值电路

操作与技能考评

序号	主要内容	考核标准	评分标准	配分	扣分	得分
1	三相异步电动机的各种分析的接线方法	(1)能够简述基本分析、空载分析和负载分析的区别； (2)会基本分析、空载分析和负载分析的接线	对于(1)叙述不清、不达重点均不给分；对于(2)一个接线错误扣5分，造成电器损坏或电路短路不给分	40		
2	空载、短路实验的接线方法	(1)空载实验接线方法； (2)短路实验接线方法	一个电路连接错误扣5分，造成电器损害或短路不给分	30		
3	空载、短路实验的参数测定	(1)会利用空载实验测出 R_m、X_m、R_0、X_0 值； (2)会利用短路实验测出 R_k、X_k 值	参数测量错误一个扣5分	30		

任务 3.3　三相异步电动机的机械特性分析

任务要求

(1)理解三相异步电动机机械特性的三种表达式的推导和运用。

(2)掌握三相异步电动机的固有机械特性和人为机械特性。

（3）理解三相异步电动机的工作特性。

相关知识

一、三相异步电动机机械特性的三种表达式

机械特性是指电压与频率一定的情况下电动机转速与电磁转矩之间的关系，即 $n = f(T_{em})$，它是异步电动机最重要的特性。为分析研究三相异步电动机的机械特性，需先导出异步电动机机械特性的表达式，也就是电磁转矩表达式，表达式有以下三种形式：

1. 物理表达式

由式（3-2-24）、式（3-2-31）及 $E'_2 = \sqrt{2}\pi f \Phi_m N_1 k_{w1}$ 可得

$$T_{em} = \frac{P_{em}}{\Omega_1} = \frac{1}{\Omega_1} 3 E'_2 I'_2 \cos\varphi_2 = \frac{P}{2\pi f} 3 E'_2 I'_2 \cos\varphi_2$$

$$= \left(\frac{3PN_1 k_{w1}}{\sqrt{2}}\right)\Phi_m I'_2 \cos\varphi_2 = C_T \Phi_m I'_2 \cos\varphi_2 \qquad (3-3-1)$$

式中：$\Omega_1 = \dfrac{2\pi n_1}{60} = \dfrac{2\pi f}{P}$ 为电动机气隙磁场旋转的机械角速度（rad/s）；$C_T = \dfrac{3PN_1 k_{w1}}{\sqrt{2}}$ 称为三相异步电动机的转矩系数；P 为电机的极对数。

上式表明，三相异步电动机的电磁转矩是由主磁通 Φ_m 和转子电流的有功分量 $I'_2\cos\varphi_2$ 相互作用产生的。

物理表达式用来分析电动机在各种状态下电磁转矩 T_{em} 与磁通 Φ_m 及转子电流的有功分量 $I'_2\cos\varphi_2$ 之间的大小方向关系较为方便，但不能直接用来求电动机的机械特性。

2. 参数表达式

电磁转矩的物理表达式虽然从物理概念上表明了电磁转矩的性质，但没有直接反映电磁转矩与转速及电机参数的关系。故需推导电磁转矩的参数表达式。

由异步电动机的简化等值电路可得

$$I'_2 = \frac{U_1}{\sqrt{(R_1 + R'_2/s)^2 + (X_1 + X'_2)^2}}$$

根据式（3-2-24）、式（3-2-31）可得电磁转矩的参数表达式：

$$T_{em} = \frac{P_{em}}{\Omega_1} = \frac{3 I'^2_2 \dfrac{R'_2}{s}}{\dfrac{2\pi f_1}{P}} = \frac{3 P U_1^2 \dfrac{R'_2}{s}}{2\pi f_1 \left[\left(R_1 + \dfrac{R'_2}{s}\right)^2 + (X_1 + X'_2)^2\right]} \qquad (3-3-2)$$

从上式可知，在电源电压和频率一定及电机的参数不变时，电磁转矩仅与转差率 s 及转速 n 有关。这样就可绘出三相异步电动机的机械特性曲线 $n = f(T_{em})$，如图 3-3-1 所示。

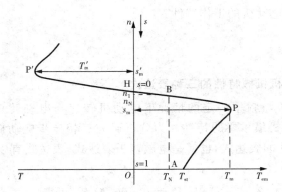

图 3-3-1 三相异步电动机固有机械特性曲线

下面对该曲线进行定性分析：

（1）电动状态

在此状态下 $0<s\leqslant1$。当 s 很小时，$R_2'/s\gg R_1$，故 X_1+X_2' 及 R_1、X_1+X_2' 可忽略不计，从式（3-3-2）可知，T_{em} 几乎随 s 成正比例增大。当 s 上升到较大数值时，R_1+R_2'/s 比 X_1+X_2' 小得多，电磁转矩将随 s 的增大而减小，在此过程中，电机将产生最大转矩 T_m。将电磁转矩 T_{em} 对转差率 s 求导，并令 $\mathrm{d}T_{em}/\mathrm{d}s=0$，即可求得产生 T_m 时的临界转差率 s_m 为

$$s_m=\pm\frac{R_2'}{\sqrt{R_1^2+(X_1+X_2')^2}} \qquad (3-3-3)$$

将式（3-3-3）代入参数表达式（3-3-2），可求出最大转矩 T_m 为

$$T_m=\pm\frac{3PU_1^2}{4\pi f_1\left[\pm R_1+\sqrt{R_1^2+(X_1+X_2')^2}\right]} \qquad (3-3-4)$$

式（3-3-3）、式（3-3-4）中正号对应于电动机状态，负号则适用于发电机状态。一般 $R_1\ll(X_1+X_2')$，故上两式可近似为

$$s_m\approx\pm\frac{R_2'}{X_1+X_2'} \qquad (3-3-5)$$

$$T_m\approx\pm\frac{3PU_1^2}{4\pi f_1(X_1+X_2')} \qquad (3-3-6)$$

由式（3-3-5）和式（3-3-6）可知：

（1）当电机各参数及电源频率不变时，$T_m\propto U_1^2$，而 s_m 保持不变，与 U_1 无关；

（2）当电源频率及电压不变时，s_m 和 T_m 近似与 X_1+X_2' 成反比；

（3）增大转子回路电阻 R_2' 值，只能使 s_m 相应增大，而最大转矩 T_m 保持不变。

最大转矩 T_m 与额定转矩 T_N 之比叫过载倍数，也叫过载能力，用 λ_m 表示。

$$\lambda_m=\frac{T_m}{T_N} \qquad (3-3-7)$$

一般异步电动机的 λ_m 为 $1.6\sim2.2$，对于冶金机械用的电动机，其 λ_m 可达 $2.2\sim2.8$。λ_m 是异步电动机的重要数据之一，它反映电动机能够承受的短时过载的极限。

除 T_m 外,异步电动机还有另一个重要数据就是启动转矩 T_{st},它是异步电动机刚接入电源时的电磁转矩,此时 $s=1(n=0)$,代入式(3-3-2)即得启动转矩的公式为

$$T_{st}=\frac{3PU_1^2R_2'}{2\pi f_1\left[(R_1+R_2')^2+(X_1+X_2')^2\right]} \qquad (3-3-8)$$

由上式可知,对绕线式异步电动机,转子电路串接适当大小的附加电阻(即适当加大 R_2')就能加大启动转矩 T_{st},从而改善启动性能。

鼠笼式异步电动机不能用转子电路串电阻的方法改变启动转矩。在设计电机时就要根据不同负载的启动要求来考虑启动转矩的大小。启动转矩 T_{st} 与额定转矩 T_N 之比,称为启动转矩倍数,用 K_m 表示,即

$$K_m=\frac{T_{st}}{T_N} \qquad (3-3-9)$$

式中: K_m 是反映鼠笼式异步电动机启动能力的一个参数,为便于用户查找,常列于产品目录之中。

显然,鼠笼式异步电动机在额定负载下,只有 $K_m>1$ 时才可能启动。启动转矩越大,启动时间越短,损耗越小。一般三相异步电动机的 K_m 为 2.8~4.0。

(2)发电状态

如果电动机转子受外力拖动,使 $n>n_1$,此时 $s<0$,转子导体感应电动势和电流将改变方向, T_{em} 的方向也改变,即 $T_{em}<0$,电磁转矩变为制动转矩, $P_{em}=3I_2'^2R_2'/s$ 也变负,电动机向电网输入电功率。

(3)电磁制动状态

当旋转磁场转向与电动机的转向相反时, $s>1$,电磁转矩与电动机转向相反,此时由于 $f_2=sf_1$ 较大,转子漏抗较大, T_{em} 随 s 的增大而减小。

3. 实用表达式

虽然参数表达式在分析电磁转矩与电机参数间的关系和进行某些理论分析时是非常有用的,但定子、转子的参数 R_1、 R_2'、 X_1、 X_2' 等,在产品目录中找不到,因此用参数表达式来绘制机械特性或进行分析计算有时仍不方便。为此,还需导出如下实用表达式。

将式(3-3-2)除以式(3-3-4),并考虑式(3-3-3),简化后得

$$T_{em}=\frac{2T_m\left(1+s_m\dfrac{R_1}{R_2'}\right)}{\dfrac{s}{s_m}+\dfrac{s_m}{s}+2s_m\dfrac{R_1}{R_2'}}$$

如忽略 $\dfrac{R_1}{R_2'}$,得

$$T_{em}=\frac{2T_m}{\dfrac{s}{s_m}+\dfrac{s_m}{s}} \qquad (3-3-10)$$

上式中的 T_m 及 s_m，可由电动机产品目录查得的数据求得，故称实用表达式。T_m 及 s_m 的求法如下：

由式(3-3-7)得

$$T_m = \lambda_m T_N$$

式中：$T_N = 9550 \dfrac{P_N}{n_N}$。

上式中的 λ_m、$P_N(kW)$ 及 $n_N(r/min)$，均可由产品目录查得，从而求出 $T_m(N \cdot m)$。

当 $s = s_N$ 时，$T_{em} = T_N$，代入实用表达式，得

$$T_N = \frac{2T_m}{\dfrac{s_N}{s_m} + \dfrac{s_m}{s_N}}$$

将 $T_m = \lambda_m T_N$ 代入上式中，求得 s_m 为

$$s_m = s_N(\lambda_m + \sqrt{\lambda_m^2 - 1}) \qquad\qquad (3-3-11)$$

根据产品目录求出 T_m 及 s_m 后，在实用表达式中只剩下 T_{em} 与 s 两个未知数了。给定一系列的 s 值，按实用表达式(3-3-10)算出一系列对应的 T_{em} 值，就可绘出机械特性 $n = f(T_{em})$ 曲线，同时还可利用它进行机械特性的其他计算。

当电动机在额定负载以下运行时，转差率 s 很小，则 $\dfrac{s}{s_m} \ll \dfrac{s_m}{s}$，在实用表达式中 $\dfrac{s}{s_m}$ 可以忽略，则得

$$T_{em} = \frac{2sT_m}{s_m} \qquad\qquad (3-3-12)$$

由上式可知，T_m 与 s_m 为已知，则 $T_{em} \propto s$，机械特性是一条直线。式(3-3-12)称为机械特性的近似公式，用此公式时，s_m 可按下式进行计算：

$$s_m = 2\lambda_m s_N$$

以上所述三种表达式，各有各的用处。一般，物理表达式用于定性分析 T_{em} 与 Φ_m 及 $I_2' \cos\varphi_2$ 间的关系；参数表达式可用以分析参数变化对电动机机械特性的影响；实用表达式适用于进行机械特性的工程计算。

二、三相异步电动机的固有机械特性及人为机械特性

1. 固有机械特性

异步电动机工作在额定电压及额定频率下，电动机按规定的接线方法接线，定子及转子电路中不外接电阻(电抗或电容)时的机械特性称为固有机械特性，如图 3-3-1 所示。为了描述固有机械特性的特点，下面着重研究固有机械特性上的几个特殊运行点：

(1)启动点 A

其特点是转速 $n = 0(s = 1)$，转矩 $T_{em} = T_{st}$(启动转矩)。

（2）额定工作点 B

其特点是转速 $n=n_N(s=s_N)$，转矩 $T_{em}=T_N$，电流 $I_1=I_{1N}$。

（3）同步转速点 H

其特点是转速 $n=n_1(s=0)$，转矩 $T_{em}=0$，电流 $I'_2=0$，$I_1=I_0$。点 H 是电动状态与回馈制动状态的转折点。

（4）最大转矩点

① 电动状态最大转矩点 P

其特点是 $T_{em}=T_m$，$s=s_m$［式（3-3-3）、式（3-3-4）中取正号时］。

② 回馈制动最大转矩点 P′

其特点是 $T_{em}=T'_m$，$s=s'_m$［式（3-3-3）、式（3-3-4）中取负号时］。

由式（3-3-3）和式（3-3-4）可见：

$$|s'_m|=|s_m|,|T'_m|>|T_m|$$

由式（3-3-7）可知，异步电动机在回馈制动状态时的过载能力比电动状态时大。

2. 人为机械特性

由电磁转矩的参数表达式可知，异步电动机的 T_{em} 是由 U_1，f 及定子、转子电路的电阻和电抗 R_1、R'_2、X_1、X'_2 等参数决定的。因此，人为地改变这些参数就可得到不同的人为机械特性。

（1）降低电源电压 U_1 时的人为机械特性

由于设计电机时，在额定电压下磁路已近饱和，如升高电压会使励磁电流猛增，使电机严重发热，甚至烧坏。故一般只能得到降压时的人为机械特性。

由式（3-3-3）和式（3-3-7）可知，最大转矩 T_m 及启动转矩 T_{st} 均与 U_1^2 成正比，由式（3-3-4）和 $n_1=60f_1/P$ 可知，s_m 和 n_1 均与 U_1 无关（即保持不变）。

降低 U_1 时的人为机械特性的绘制方法如下。先绘出固有机械特性，在不同的转速（或转差率）处，固有机械特性上的转矩值乘以电压变化后与变化前比值的平方，即得人为机械特性上对应的转矩值。图 3-3-2 中绘出了 $0.5U_N$ 和 $0.8U_N$ 时的人为机械特性。

应当指出，如果负载转矩接近额定，降低电源电压对电动机的运行是极为不利的，因为当负载为额定值不变时，如果电源电压因故降低，气隙主磁通 Φ_m 减

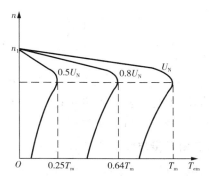

图 3-3-2　异步电动机降低 U_1 时的人为机械特性

小，但转速变化不多，其功率因数 $\cos\varphi_2$ 变化不大，则从公式 $T_{em}=C_T\Phi_m I'_2\cos\varphi_2$ 可知，转子电流 I'_2 要增大，使定子电流 I_1 相应增大。从电机的损耗看，虽然 Φ_m 的减小能降低点铁耗，但铜耗与电流的平方成正比，若电动机长期低压运行，会使电机过热甚至烧坏。另外，若电压下降过多，可能出现最大转矩 T_m 小于负载转矩 T_L 的情况，这时电动机将不能启动。

（2）定子回路串接三相对称电阻（或电抗）时的人为机械特性

当其他量不变，仅在异步电动机定子回路串入三相对称电阻 R_{ad} 并不影响同步转速 n_1 的大小，故人为机械特性仍通过 n_1 点。从式（3-3-4）、式（3-3-5）和式（3-3-7）可知，s_m、T_m 及 T_{st} 都随 R_{ad} 的增大而减小。其人为机械特性如图 3-3-3 所示。

定子串入对称电阻，一般用于鼠笼式异步电动机的降压启动，以限制启动电流。定子回路串入对称电抗在限制启动电流为同样大小的前提下，比用串电阻损耗小得多。

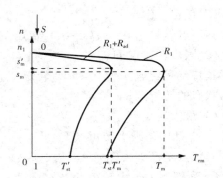

图 3-3-3 异步电动机定子回路串电阻（或电抗）时的人为机械特性

（3）转子回路串入三相对称电阻时的人为机械特性

在绕线式异步电动机的转子回路串入三相同样大小的电阻 R_{pa}，使转子回路电阻 R_2 上升为 R_2+R_{pa}，由式（3-3-4）、式（3-3-5）和式（3-3-7）可见，n_1 及 T_m 都不变，s_m 随 R_{pa} 的增大而增大，T_{st} 值将改变，开始随 R_{pa} 的增大而增大，一直增大到 $T_{st}=T_m$ 时，如 R_{pa} 继续增大，T_{st} 将开始减小，人为机械特性如图 3-3-4 所示。转子回路串接对称电阻适用于绕线式异步电动机的启动和调速。

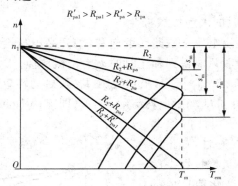

图 3-3-4 转子串接对称电阻时的人为机械特性

当然，除上述 3 种人为机械特性以外还有改变定子极对数 P 及改变电源频率 f 等的人为机械特性，将在项目四中加以介绍。

三、三相异步电动机的工作特性

异步电动机的工作特性是指电动机在额定电压、额定频率下运行时，电动机的转速 n、定子电流 I_1、功率因数 $\cos\varphi_1$、电磁转矩 T_{em}、效率 η 与输出功率 P_2 的关系。

1. 转速特性 $n=f(P_2)$

当电机空载时，电动机的转速 n 非常接近同步速度 n_1，$s\approx0$。随着负载的增加，电机的输出功率 P_2 和电磁功率 P_{em} 也相应增加。因为电磁转矩 $T_{em}=P_{em}/\Omega$，所以 T_{em} 也增加。为了产生较大的电磁转矩，要求转子电势和电流增大，转子与气隙磁场的相对切割速度 $n_1-n=sn_1$ 增大，转速将有所下降，转差率 s 增大。这就是说，随着 P_2 的增大，转速 n 将下降。

由 $P_{Cu2}=sP_{em}$ 可知,为了使电机运行时有较高的效率,应使转子铜损耗 P_{Cu2} 较小,即要求转差率 s 较小。一般电机在额定负载范围内,s 在 $0.015\sim0.06$ 的范围内,从空载到额定负载时,转速从 n_1 下降到 $n_N=(1-s_N)n_1=(0.985\sim0.94)n_1$,因此转速 n 随输出功率 P_2 的增大下降并不大,这就是说三相异步电动机的机械特性较硬。转速特性 $n=f(P_2)$ 是一条稍下斜的曲线。

2. 定子电流特性 $I_1=f(P_2)$

当电动机空载时,$\dot{I}_2'\approx0,\dot{I}_1\approx\dot{I}_0$。随着负载的增大,输出功率 P_2 增大,转子转速下降,转子电流 $\dot{I}_2'$ 增大。根据磁势平衡方程式 $\dot{I}_1=\dot{I}_0+(-\dot{I}_2')$,与转子电流 $\dot{I}_2'$ 平衡的定子电流的负载分量 $-\dot{I}_2'$ 随之增大,定子电流 $\dot{I}_1$ 增大。由于电机正常运行时的效率较高,如忽略电动机的损耗,定子电流 I_1 几乎随输出功率 P_2 成正比地增加。

3. 电磁转矩特性 $T_{em}=f(P_2)$

从转矩平衡方程式 $T_{em}=T_2+T_0$ 可知,电磁转矩分为空载转矩与输出转矩两部分。在额定负载范围内,电动机转速 n 变化很小,故空载转矩 T_0 可认为不变。电动机的输出转矩 $T_2=P_2/\Omega$ 近似与 P_2 成正比,所以 $T_{em}=f(P_2)$ 可以近似认为是一条直线。

4. 功率因数特性 $\cos\varphi_1=f(P_2)$

电动机空载运行时,$\dot{I}_1\approx\dot{I}_0$,定子电流基本上为无功电流,因此功率因数很低,$\cos\varphi_1<0.2$。当负载增加后,定子电流的有功分量增加,$\cos\varphi_1$ 也随之增大,在接近额定负载时,$\cos\varphi_1$ 达到最大。当负载超过额定负载后,由于转速下降较多,转差率 s 增大,使转子电流与电势之间的相位差 $\varphi_2=\arctan\dfrac{sX_2}{R_2}$ 增大,转子的功率因数 $\cos\varphi_2$ 下降较多,转子电流的无功分量增大,使定子电流的无功分量也随之增大,电动机的功率因数 $\cos\varphi_1$ 因而也下降。

5. 效率特性 $\eta=f(P_2)$

异步电动机的效率可表示为

$$\eta=\frac{P_2}{P_1}=\frac{P_2}{P_2+(P_{Fe}+p_\Omega)+(P_{Cu1}+P_{Cu2}+p_s)}=\frac{P_2}{P_2+\sum p}$$

电动机从空载到额定负载运行,由于主磁通和转速变化较小,故可将 $P_{Fe}+p_\Omega$ 视为不变损耗,而由于定子、转子铜损耗和附加损耗随着负载的变化即定子、转子电流的变化而变化,故称为可变损耗。

在电机空载或轻载时,定子、转子电流很小,可变损耗也很小,总损耗 $\sum p$ 增加缓慢,此时 η 随 P_2 的增大而增大;当可变损耗和不变损耗相等时,电机的效率达到最大值,一般情况下异步电动机的最大效率发生在 $(0.7\sim1.0)P_N$ 的范围内。如果负载继续增大,定子、转子电流进一步增加,定子、转子铜损耗与电流平方成正比增加,可变损耗很快增加,电动机的效率反而下降。

三相异步电动机的工作特性绘于下图 3-3-5 中。

由于异步电动机的功率因数和效率的最大值都发生在额定负载附近,因此电动机不宜长期在轻载下运行。

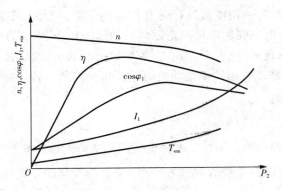

图 3 - 3 - 5 三相异步电动机的工作特性

四、用实验法测三相异步电动机的工作特性

如果用直接负载法求异步电动机的工作特性,要先测出电动机的定子电阻、铁损耗和机械损耗。这些参数都能从电动机的空载实验中得到。

直接负载实验是在电源电压为额定电压 U_N、工作频率为额定频率 f_N 的条件下,给电动机的轴上带上不同的机械负载,测量不同负载下的输入功率 P_2、定子电流 I_1、转速 n,然后算出各种工作特性,并画成曲线。

用实验法能测出异步电动机的参数以及机械损耗和附加损耗(附加损耗也可以估算)。利用异步电动机的等值电路,也能够间接地计算出电动机的工作特性。

应用实施

一、例题

一台三相 4 极笼型异步电动机,技术数据为 $P_N = 5.5\ kW$、$U_N = 380\ V$、$I_N = 11.2\ A$、$n_N = 1442\ r/min$、$\lambda_m = 2.33$、三角形联接。试求出该电动机固有机械特性曲线上 4 个特殊点的值,并绘制该机械特性曲线。

解: ① 额定工作点

$$n_N = 1442\ r/min$$

$$s_N = \frac{n_1 - n_N}{n_1} = \frac{1500 - 1442}{1500} = 0.039$$

$$T_N = 9550\ \frac{P_N}{n_N} = 9550 \times \frac{5.5}{1442}\ N \cdot m = 36.43\ N \cdot m$$

② 理想空载点

$$n_1 = 0, T_{em} = 0$$

③ 临界工作点

$$T_m = \lambda_m T_N = 2.33 \times 36.43\ N \cdot m = 84.88\ N \cdot m$$

$$s_m = s_N(\lambda_m + \sqrt{\lambda_m^2 - 1}) = 0.039 \times (2.33 + \sqrt{2.33^2 - 1}) = 0.173$$

由 $s_{\mathrm{m}} = \dfrac{n_1 - n_{\mathrm{m}}}{n_1}$ 得 $n_{\mathrm{m}} = (1 - s_{\mathrm{m}})n_1 = (1 - 0.173) \times 1500 \text{ r/min} = 1241 \text{ r/min}$

④ 启动工作点

启动瞬间，$n = 0$，$s = 1$，将其代入 $T_{\mathrm{em}} = \dfrac{2T_{\mathrm{m}}}{\dfrac{s}{s_{\mathrm{m}}} + \dfrac{s_{\mathrm{m}}}{s}}$ 中可求出启动转矩 T_{st}，即

$$T_{\mathrm{st}} = \frac{2T_{\mathrm{m}}}{\dfrac{1}{s_{\mathrm{m}}} + \dfrac{s_{\mathrm{m}}}{1}} = \frac{2 \times 84.88}{\dfrac{1}{0.173} + 0.173} \text{ N} \cdot \text{m} = 28.5 \text{ N} \cdot \text{m}$$

其机械特性曲线如下图：

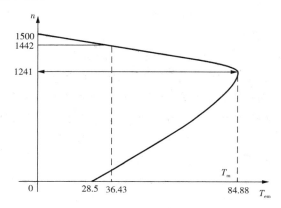

操作与技能考评

序号	主要内容	考核标准	评分标准	配分	扣分	得分
1	三相异步电动机机械特性的三种表达式	能够简述三相异步电动机的机械特性的三种表达式推导过程和特点	叙述不清、不达重点均不给分	30		
2	三相异步电动机机械特性	（1）会测量机械特性参数；（2）根据参数进行机械特性曲线验证	测量参数错误不给分，机械特性曲线验证错误扣10分	35		
3	三相异步电动机的工作特性	（1）会测量工作特性参数；（2）根据参数进行工作特性曲线验证	测量参数错误不给分，工作特性曲线验证错误扣10分	35		

项目小结

三相异步电动机的主要结构包括定子、转子，定子和转子均由绕组和铁芯组成。根据转

子的结构不同分鼠笼式和绕线式两种异步电动机。三相异步电动机是通过定子加对称交流电源,形成气隙旋转磁场,依靠电磁感应作用在转子中感应电动势、产生电流,进而产生电磁力和电磁转矩,带动转子转动,从而实现电能到机械能的转换的。转子转速总是与旋转磁场转速存在差异,因此,由转差率可以判断异步电机的运行状态。

从电磁感应本质看,异步电动机与变压器极为相似。因此可以采用研究变压器的方法来分析异步电机。首先把磁路的磁通分成主磁通和漏磁通,然后分析转子静止时的电磁关系,建立基本方程式,经过绕组折算导出等效电路和相量图,再分析转子旋转时的电磁关系,经过频率折算,把旋转的转子转化为静止的转子,再进行绕组折算就可导出异步电动机运行时的基本方程式、等效电路和相量图,其等效电路与变压器几乎一样,只不过是把变压器中的负载阻抗 Z'_L 改为代表异步电动机总机械功率的纯电阻 $\dfrac{1-s}{s}R'_2$。等效电路中的参数可通过空载实验与短路实验测定。

在异步电动机的功率关系中,应先从功率转换及其平衡关系分析,再从等值电路得出各功率和损耗的表达式,最后得出功率流程图。从功率平衡关系可导出转矩平衡关系:$T_{em}=T_L+T_0$,它表明电机稳定运行时驱动转矩与制动转矩相平衡。

三相异步电动机的电磁转矩表达式有三种:物理表达式、参数表达式和实用表达式。物理表达式反映了异步电动机电磁转矩产生的物理本质,说明了电磁转矩是由主磁通和转子有功电流相互作用而产生的。参数表达式反映了电磁转矩与电源参数及电动机参数之间的关系,利用它可以方便地分析参数变化对电磁转矩的影响。实用表达式形式简单,是工程计算中常采用的形式。

三相异步电动机的机械特性是一条非线性曲线,随着负载转矩的增大,电机的转速下降得不多,因此三相异步电动机具有硬的机械特性。通过改变电机参数可以得到不同的人为机械特性。

从异步电动机的工作特性曲线可知,在空载或轻载时,$\cos\varphi_1$ 和 η 都较低,因此在选用异步电动机时,应使其在 $(0.7\sim1)P_N$ 的范围内运行为宜。

思考与练习

3-1 常用的笼型转子有哪两种?为什么笼型转子的导电条都做成斜的?

3-2 当三相异步电动机运行时,主磁通和定子、转子漏磁通各由什么磁势产生?

3-3 三相异步电动机主磁通的大小是由外加电源电压还是由空载电流的大小决定的?

3-4 拆修异步电动机的定子绕组时,若把每组的匝数减小,对电机的性能有什么影响?

3-5 一般三相电力变压器的励磁电流为额定电流的 $2\%\sim10\%$,为什么三相异步电动机的励磁电流却可达额定电流的 $20\%\sim50\%$?

3-6 一台三相异步电动机的 $f_N=50\ \text{Hz}$,$n_N=960\ \text{r/min}$,该电动机的额定转差率是多少?另有一台 4 极三相异步电动机,其转差率 $s_N=0.03$,那么它的额定转速是多少?

3-7 有一绕线式异步电动机,定子绕组短路,在转子绕组接入三相交流电流,其频率为 f_1,旋转磁场相对于转子以 $n_1=60f_1/P$(P 为定子、转子绕组极对数)沿顺时针方向旋转,问此时转子转向如何?转差率如何计算?

3-8 异步电动机等值电路中 $\dfrac{1-s}{s}R'_2$ 的意义是什么?

3-9　三相异步电动机带额定负载运行时,如果负载转矩不变,当电源电压降低时,电动机的 Φ_m、T_m、T_{st}、I_2 和 s_m 如何变化?

3-10　做三相异步电动机空载实验时,为什么不计转子铁损耗?做短路实验时,为什么不计定子铁损耗?

3-11　为什么异步电动机轴上负载增加时,定子电流随之增加?

3-12　为什么说异步电动机不应在轻载下长期运行?在什么范围内运行为宜?

3-13　三相异步电动机在运行时如果负载转矩不变,而把电网电压降低,这时电机的铁损耗、铜损耗、机械损耗如何变化?

3-14　为什么三相异步电动机的机械特性当 $0<s<s_m$ 时,电磁转矩随 s 的增大而减小?

3-15　一台原来用在 50 Hz 电源上的三相异步电动机,现在改用在电压相同、负载转矩相同,但频率为 60 Hz 的电网上。试分析:①励磁电流 I_0;②定子电流 I_1;③定子功率因数 $\cos\varphi_1$;④最大转矩 T_m;⑤临界转差率 s_m;⑥稳定运行时的转差率 s;⑦输出功率 P_2 如何变化。

3-16　一台三相 4 极绕线式异步电动机 $U_N=380$ V,$n_N=1450$ r/min,$f_1=50$ Hz。三相定子绕组为 Y 联接,定子每组串联的有效匝数为 60 匝,当定子每绕组组的感应电势为相电压的 85% 时,试求电机额定运行时转子相电势 E_{2s} 和频率 f_2。

3-17　一台三相 4 极绕线式异步电动机,$U_N=380$ V,$f_1=50$ Hz,$n_N=1440$ r/min,定子绕组为 Y 联接,$R_1=0.45$ Ω,$X_1=2.45$ Ω,$N_1=200$,$k_{w1}=0.94$,$R_2=0.02$ Ω,$X_2=0.09$ Ω,$N_2=38$,$k_{w2}=0.96$,$R_m=4$ Ω,$X_m=24$ Ω,机械损耗和附加损耗之和 $p_\Omega+p_s=255$ W。试绘出异步电动机的 T 形等值电路,并求出:①定子功率因数 $\cos\varphi_1$;②输入功率 P_1,③输出功率 P_2;④电动机的效率。

3-18　一台三相 6 极绕线式异步电动机,$n_N=980$ r/min,$f_1=50$ Hz。定子、转子三相绕组均为 Y 联接,转子绕组开路时,转子每相感应电势为 120 V;转子不动时,$R_2=0.2$ Ω,$X_2=0.6$ Ω,求额定运行时,转子电势和转子电流。

3-19　一台三相异步电动机,$P_N=28$ kW,$U_N=380$ V,$n_N=960$ r/min,$f_1=50$ Hz。定子绕组为 △ 联接,额定负载时 $\cos\varphi_{1N}=0.88$,定子铜损耗和铁损耗共为 2.1 kW,机械损耗和附加损耗共为 1.1 kW。试计算:①转子电流的频率;②转子的铜损耗;③电动机的效率;④定子相电流;⑤电磁转矩。

3-20　一台三相 4 极绕线式异步电动机,$P_N=150$ kW,$U_N=380$ V,额定负载时转子铜损耗 $P_{Cu}=2120$ W,机械损耗 $p_\Omega=2640$ kW,附加损耗 $p_s=800$ W,试求额定运行时:①电磁功率;②转差率;③转速;④电磁转矩;⑤输出转矩;⑥空载转矩。

3-21　一台三相 8 极异步电动机的技术数据为 $P_N=260$ kW,$U_N=380$ V,$f_1=50$ Hz,$n_N=720$ r/min,$\lambda_m=2.13$。求:①最大转矩 T_m;②临界转差率 s_m;③当 $s=0.02$ 时的电磁转矩。

3-22　一台三相异步电动机,已知 $P_N=75$ kW,$U_N=380$ V,$n_N=750$ r/min,$\lambda_m=2.4$。试用机械特性实用表达式绘制电动机的固有特性。

3-23　一台三相 6 极异步电动机,已知 $U_N=380$V,$f_1=50$Hz,$X_1=0.1$Ω,$R_2'=0.02$Ω。试求:①临界转差率 s_m;②如要求启动转矩 $T_{st}=\dfrac{2}{3}T_m$,需在转子电路中串入多大电阻;③如要求启动转矩 $T_{st}=T_m$,需在转子电路中串入多大电阻?

项目四 三相异步电动机的启动、调速和制动

本项目分四个任务模块,首先阐述三相异步电动机电力拖动的基本知识,其次按照异步电动机的实际工作要求,分别阐述三相异步电动机启动、调速和制动的原理及对应的机械特性。

任务 4.1 认识负载

任务要求

(1)掌握电力拖动的概念、组成及各部分作用。
(2)理解运动方程和旋转运动的三种状态。
(3)掌握生产机械的负载转矩特性和电动机稳定运行条件。

相关知识

所谓电力拖动,就是以电动机作为原动机来带动生产机械按人们所给定的规律运动。因此,构成一个电力拖动系统,除了作为原动机的各种电动机和被它所带动的生产机械负载之外,还有连接两者的传动机构、控制电动机按一定规律运转的电气控制设备和电源等。电力拖动系统的构成如图 4-1-1 所示。

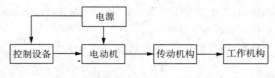

图 4-1-1 电力拖动系统的构成

一、单轴系统的运动方程式

在实践中,电力拖动系统有多种类型,最简单的系统是一台电动机直接与生产机械同轴连接,即单机单轴系统,简称单轴系统,如图 4-1-2 所示。在多数情况下,由于生产机械转速较低或者具有直线运动部件,所以电动机必须通过传动机构多根转轴的传动才能带动生产机械运动,称为单机多轴系统,简称多轴系统。在少数场合,还有两台或多台电动机带动

一个或多个工作机构,称为多电动机拖动系统,简称多机系统。

电力拖动系统工作时,有些部件是作直线运动的,例如直线电动机、起重机的吊钩、电梯的轿箱和龙门刨床的工作台等;有些部件是作旋转运动的,例如旋转电动机、齿轮机构及各种作旋转运动的工作机构等。所以运动方程亦有两种不同的形式。

由牛顿力学定律可知,作直线运动的物体,其运动方程式为

$$F_1 - F_2 = ma = m\frac{\mathrm{d}v}{\mathrm{d}t}$$

式中:F_1——作用在直线运动部件上的拖动力,单位为 N;

$\qquad F_2$——作用在直线运动部件上的阻力,单位为 N;

$\qquad m$——直线运动部件的质量,单位为 kg;

$\qquad a = \dfrac{\mathrm{d}v}{\mathrm{d}t}$——直线运动部件的加速度,单位为 $\mathrm{m/s^2}$;

与直线运动相似,旋转的运动状态取决于作用在原动机转轴上的各种转矩。在图 4-1-2 所示的单轴系统中,生产机械的转矩 T_2 直接作用在电动机的轴上,所以电动机轴上所受的总制动性转矩为 $T_2 + T_0 = T_L$(式中 T_0 为电动机本身的空载转矩)。在电力拖动系统中,通常称 T_L 为生产机械的总负载转

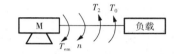

图 4-1-2　单轴电力拖动系统

矩,即把 T_0 考虑在负载转矩 T_L 之中,不再单独考虑。这样,作用在电动机轴上的转矩只有驱动性质的电磁转矩 T_{em} 以及制动性质的负载转矩 T_L,当 $T_{em} \neq T_L$ 时,转动体的转速就会发生变化,产生角加速度 $\dfrac{\mathrm{d}\Omega}{\mathrm{d}t}$,这时的转矩方程式为

$$T_{em} - T_L = J\frac{\mathrm{d}\Omega}{\mathrm{d}t} \qquad\qquad (4-1-1)$$

式中:J 为单轴系统的转动惯量(包括电动机的转动惯量和生产机械的转动惯量)。在实际工程计算中,经常用转速 n 代替角速度 Ω 来表示系统转动速度,用飞轮惯量或称飞轮矩 GD^2 代替转动惯量 J 来表示系统的机械惯性。Ω 与 n 的关系及 J 与 GD^2 的关系是

$$\Omega = \frac{2\pi n}{60}$$

$$J = m\rho^2 = \frac{G}{g} \times \frac{D^2}{4} = \frac{GD^2}{4g}$$

式中:m——系统转动部分的质量,单位为 kg;

$\qquad G$——系统转动部分的重力,单位为 N;

$\qquad \rho$——系统转动部分的转动惯性半径,单位为 m;

$\qquad D$——系统转动部分的转动惯性直径,单位为 m;

$\qquad g$——重力加速度,$g = 9.8\mathrm{m/s^2}$。

把上面两式代入转动方程,化简后得

$$T_{\mathrm{em}} - T_{\mathrm{L}} = \frac{GD^2}{375} \frac{\mathrm{d}n}{\mathrm{d}t} \qquad (4-1-2)$$

式中:GD^2 称为转动部分的飞轮矩,它是一个物理量,单位为 N·m²;系数 375 是个有单位的常量,单位为 m/min·s;转矩的单位仍为 N·m;转速的单位仍为 r/min。

我们称 $T_{\mathrm{em}} - T_{\mathrm{L}}$ 为动转矩。动转矩等于零时,系统处于恒转速运行的稳态;动转矩大于零时,系统处于加速运动的过渡过程;动转矩小于零时,系统处于减速运动的过渡过程。

在电力拖动系统中,电动机有时会作发电制动运行,这时 T_{em} 将变为制动转矩。对负载转矩来说,也并非都是阻转矩,如起重机下放重物时,由重物重力形成的转矩将变为驱动转矩。为了使运动方程式具用普遍性,能够描述各种运动状态,式(4-1-2)中的 T_{em} 及 T_{L} 应带有正负号,规定如下:

(1)首先规定电动机转速 n 的某一旋转方向为正方向。

(2)T_{em} 的方向与 n 的正方向相同时,T_{em} 为驱动转矩,此时 T_{em} 取正号;反之取负号。

(3)T_{L} 的方向与 n 的正方向相反时,T_{L} 为阻转矩,此时 T_{L} 取正号;反之取负号。

在考虑 T_{em} 及 T_{L} 正负号的情况下,式(4-1-2)可表达为

$$\pm T_{\mathrm{em}} - (\pm T_{\mathrm{L}}) = \frac{GD^2}{375} \frac{\mathrm{d}n}{\mathrm{d}t} \qquad (4-1-3)$$

在规定的正方向的前提下,从式(4-1-3)可知,若 $\mathrm{d}n/\mathrm{d}t = 0$,说明 n 为零或为常量,表明拖动系统处于静止或匀速转动状态;若 $\mathrm{d}n/\mathrm{d}t > 0$,表明拖动系统处于加速运行状态;若 $\mathrm{d}n/\mathrm{d}t < 0$,表明拖动系统处于减速运行状态。

对于多轴系统,分析时需将多轴系统折算化简为单轴系统,读者可参考有关文献。

二、生产机械的负载转矩特性

机械负载的转速 n 与负载转矩 T_{L} 之间的关系,称为生产机械的负载转矩特性,简称为负载特性。负载特性大致可分为三种类型。

1. 恒转矩负载

恒转矩负载特性是指生产机械的负载转矩 T_{L} 与转速 n 无关的特性。恒转矩负载分反抗性恒转矩负载和位能性恒转矩负载两种。

(1)反抗性恒转矩负载

反抗性恒转矩负载的特点是,负载转矩的大小不变,但负载转矩的方向始终与生产机械运动的方向相反,即总是阻碍电动机的运动。当电动机的转向改变时,负载转矩的方向随之改变,负载转矩永远呈阻碍性质。属于这类特性的生产机械有轧钢机、机床刀架的平移机构等。其特性曲线如图 4-1-3 所示。

(2)位能性恒转矩负载

这类负载的特点是,负载转矩为重力作用产生的,负载转矩的大小和方向不随运动方向的改变而改变。例如,起重机提升重物时,负载转矩为阻转矩,其方向与转向相反;当下放重物时,负载转矩变为驱动转矩,其方向与电动机转向相同。其负载特性如图 4-1-4 所示。

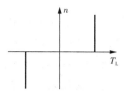

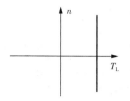

图 4-1-3 反抗性恒转矩负载特性　　　　　图 4-1-4 位能性恒转矩负载特性

2. 恒功率负载

恒功率负载的特点是，负载转矩与转速的乘积为一常数，即 T_L 与 n 成反比，特性曲线为一条双曲线。如图 4-1-5 所示。例如，车床粗加工时，切削量大，用低速挡；精加工时，切削量小，开高速挡，加工过程中负载从电动机吸收的功率基本为常量。

3. 通风机类负载

通风机类负载的特点是，负载的转矩 T_L 基本上与转速 n 的平方成正比。负载特性为一条抛物线。如图 4-1-6 所示。

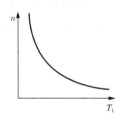

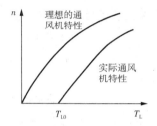

图 4-1-5 恒功率负载特性　　　　　图 4-1-6 通风机类负载特性

常见的通风机类负载有鼓风机、水泵和液压泵等。必须指出，实际生产机械的负载转矩特性常为以上几种典型特性的综合。例如实际的通风机类负载的负载转矩还存在系统机械摩擦所造成的反抗性负载转矩，所以电动机上的负载转矩应为上述二者之和，如图 4-1-6 中的曲线所示。

应用实施

电力拖动系统各种负载转矩的稳定运行分析：

我们知道，电力拖动系统由电动机与负载两部分组成，并可以从电力拖动系统运动方程式知道，系统稳定运行即恒速不变的必要条件是动转矩为零，即 n 不变，$T_{em} = T_L$。

设有一台三相异步电动机拖动恒转矩负载，把电动机的机械特性与负载的转矩特性画在同一坐标平面上，如图 4-1-7 所示。其中，曲线 1 是恒转矩负载的转矩特性，曲线 2 是异步电动机的机械特性，曲线 3 是通风机负载的转矩特性。系统稳定运行时，$T_{em} =$

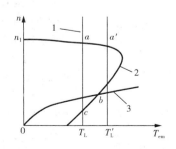

图 4-1-7 电动机稳定运行分析

· 101 ·

T_L，图中的两条特性曲线的交点 a 满足这个条件，a 点称为工作点。

从运动方程分析，电力拖动系统运行在工作点上，就是一个平衡的运行状态。但是，实际运行的电力拖动系统，经常会出现一些小的干扰，比如电源电压或负载转矩的波动等。这样就存在下面的问题：系统在工作点上稳定运行时，若突然出现了干扰，待干扰消除后，该系统是否仍能够回到原来工作点上继续稳定运行？如果能够，我们就说是处于稳定运行状态，该工作点就是稳定工作点；如果不能够，则认为是不稳定运行状态，该工作点称为不稳定工作点。

事实上，电力拖动系统在电动机机械特性与负载转矩特性的交点上并不一定都能够稳定运行，也就是说，$T_{em} = T_L$ 仅仅是系统稳定运行的一个必要条件。

两种特性有交点的系统是否一定能稳定运行呢？这就要看在交点处两种特性是否配合，使系统具有抗干扰的能力。

现假设某系统已稳定运行在如图 4-1-7 所示的 a 点，若负载有一个扰动，使 T_L 增大为 T_L'，由于系统惯性的原因，系统的转速不能突变，此时，$T_{em} < T_L'$，电动机的转速 n 将开始下降；随着 n 的减小，T_{em} 慢慢增大，当 $T_{em} = T_L'$ 时电动机以低速稳定运行在图 4-1-7 中的 a' 点。当负载扰动消除后，此时 $T_{em} > T_L$，电动机的转速 n 将开始升高，随着 n 的升高，T_{em} 慢慢减小，当 $T_{em} = T_L$ 时电动机又回到原来的 a 点稳定运行。因此 a 点是稳定工作点。

对于一个电力拖动系统，稳定运行的充分必要条件是 $T_{em} = T_L$，且在 $T_{em} = T_L$ 处，$dT_{em}/dn < dT_L/dn$。

如图 4-1-7 中 a 点电动机机械特性斜率小于 0，即 $dT_{em}/dn < 0$；恒转矩负载的 $dT_L/dn = 0$，满足了 $dT_{em}/dn < dT_L/dn$ 条件，所以 a 点是稳定工作点。

一般来说，三相异步电动机拖动恒转矩负载或恒功率负载，只要电动机机械特性是下降特性（即工作段），两特性的交点总是稳定的工作点；而如果电动机的机械特性是上升特性，则两特性的交点便是不稳定的工作点（如图 4-1-7 中的 c 点）。电动机拖动通风机类负载时，总能稳定运行在负载转矩特性和电动机机械特性的交点处。

操作与技能考评

序号	主要内容	考核标准	评分标准	配分	扣分	得分
1	电力拖动系统的稳定运行条件	（1）能够简述电力拖动系统稳定运行的基本条件； （2）能够简述带恒转矩负载的稳定运行条件； （3）能够简述带恒功率负载的稳定运行条件； （4）能够简述带通风机类负载的稳定运行条件	叙述不清、不达重点均不给分	25		
2	恒转矩负载机械特性	（1）会测量机械特性参数； （2）根据参数进行机械特性曲线验证	测量参数错误不给分，工作特性曲线验证错误扣 10 分	25		

（续表）

序号	主要内容	考核标准	评分标准	配分	扣分	得分
3	恒功率负载机械特性	（1）会测量机械特性参数； （2）根据参数进行机械特性曲线验证	测量参数错误不给分,工作特性曲线验证错误扣10分	25		
4	通风机类负载机械特性	（1）会测量机械特性参数； （2）根据参数进行机械特性曲线验证	测量参数错误不给分,工作特性曲线验证错误扣10分	25		

任务 4.2　三相鼠笼式异步电动机的启动方法及应用

任务要求

（1）掌握三相异步电动机启动电流大的原因及危害。

（2）掌握三相异步电动机几种降压启动的原理、特点和应用。

（3）了解深槽式和双鼠笼式异步电动机的原理和较好的启动性能。

相关知识

电动机的启动是指电动机接通电源后,转子由静止状态加速到稳定运行状态的过程。拖动系统对电动机启动性能的主要要求有:①启动转矩要大,以缩短启动时间;②启动电流要小,以减小启动电流对电网的冲击;③启动过程加速应均匀,即启动的平滑性要好;④启动设备应结构简单,操作方便;⑤启动过程中的能量损耗要小。

鼠笼式异步电动机的启动方法,有直接启动与降压启动两类。

一、直接启动

直接启动也称全压启动,启动时通过一把三相闸刀或磁力启动器,将电动机的定子绕组直接接通额定电压的电源,这种方法设备简单、操作方便,但启动电流较大,可达额定电流的4～7倍。过大的启动电流会引起电网电压的波动,此波动不能超过容许范围,一般功率在7.5 kW 以下的电动机均可采用直接启动,如果供电变压器容量相对于电动机容量比较大,符合下面的经验公式,较大容量的鼠笼式异步电动机也能采用直接启动,公式为

$$K_I = \frac{I_{st}}{I_N} \leqslant \frac{1}{4}\left[3 + \frac{电源容量(kVA)}{电动机的容量(kW)}\right]$$

式中:$K_I = I_{st}/I_N$——启动电流与额定电流之比,称为启动电流倍数。

如果不能满足上式要求,则应采用降压启动,将启动电流限制在允许的数值。

二、降压启动

降压启动是通过启动设备使定子绕组开始时承受小于额定电压的电压,待电机转速上

升到一定值时,再使定子绕组承受额定电压而稳定运行。其方法有如下 4 种:

1. 定子串电阻或电抗降压启动

电动机启动时,在定子电路中串电阻或电抗,都可降低启动电流。但串电阻启动能耗大,只宜用于中小型电动机,对大型电动机多用串电抗启动。

定子串电阻启动的线路图如图 4-2-1 所示,R_{st} 为启动电阻。启动时,先合上开关 1,使电机串入 R_{st} 启动,当转速上升到一定值时,再合上开关 2,使电动机定子绕组加全电压正常运行。串电抗启动时,只要用电抗器 TA 代替 R_{st} 即可,如图 4-2-2 所示。

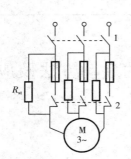

图 4-2-1 鼠笼式异步电动机
定子串电阻降压启动

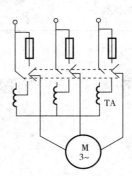

图 4-2-2 鼠笼式异步电动机
定子串电抗降压启动

设 a 为启动电流所需降低的倍数,则降压启动电流为

$$I'_{st} = \frac{I_{st}}{a} \tag{4-2-1}$$

由近似等效电路并考虑 $s=1$,可得转子启动电流的折算值为

$$I''_{2st} = \frac{U_1}{\sqrt{(R_1+R'_2)^2+(X_1+X'_2)^2}} \tag{4-2-2}$$

忽略励磁电流,可认为 $I_{st} \approx I''_{2st}$ 则

$$I_{st} \approx \frac{U_1}{\sqrt{(R_1+R'_2)^2+(X_1+X'_2)^2}} \tag{4-2-3}$$

这就说明 I_{st} 近似与 U_1 成正比,故降低了的电压应为

$$U'_1 = \frac{U_1}{a} \tag{4-2-4}$$

式中:U_1——定子绕组所加相电压的额定值。降压时启动转矩与电压的平方成正比,则

$$T'_{st} = \frac{T_{st}}{a^2} \tag{4-2-5}$$

由于启动转矩降到直接启动时的 $1/a^2$ 转矩,比启动电流下降得更多,故只能用于空载或轻载启动。

2. 自耦变压器降压启动

自耦变压器降压启动器由一台三相 Y 形联接的自耦变压器和切换开关组成,又称启动补偿器。电动机容量较大时,启动补偿器由三相自耦变压器和接触器加上适当的控制线路组成。图 4-2-3 为异步电动机用自耦变压器启动的线路图。启动时,先使接触器 KM_2 和 KM_1 的主触点闭合,将自耦变压器原边接电源,副边抽头接电动机,使电动机降压启动,当转速升到一定值时,将 KM_2 和 KM_1 断开,KM_3 闭合,使电动机全压运行,同时自耦变压器脱离电源。

图 4-2-4 为自耦变压器一相绕组接线图,其变比为

$$a = \frac{N_1}{N_2} = \frac{U_1}{U_2} = \frac{I_2}{I_1} > 1$$

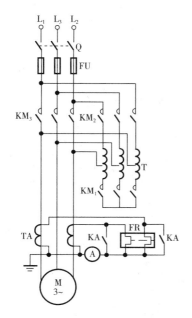

图 4-2-3 异步电动机用自耦变压器降压启动线路图

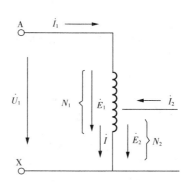

图 4-2-4 自耦变压器的一相绕组

降压启动时,自耦变压器原边电压 U_1 为额定电压,副边电压 U_2 就是降低了的相电压,其降压倍数为

$$\frac{U_1}{U_1'} = \frac{U_1}{U_2} = a > 1$$

设 I_{st} 为全压启动时的启动电流,I_{st}' 为经自耦变压器降压启动时电源提供的电流,I_2 为降压启动时电动机的电流。因为电动机的启动电流与电压成正比,故有

$$\frac{I_{st}}{I_2} = \frac{U_1}{U_2} = a$$

$$I_2 = \frac{I_{st}}{a} \qquad\qquad (4-2-6)$$

变压器副边电流与原边电流之比等于变比。

3. 星-三角(Y-△)启动

对那些正常运行时为△接法且又有首尾 6 个出线端的电动机,可在启动时将三相定子

绕组 Y 接，正常运行时又改成△接，从而实现降压启动。图 4－2－5 是 Y－△启动线路图，启动时，将开关 K_2 拨至 Y 接法端，再合上开关 K_1，电动机作 Y 启动，转速上升至稳定运行时将开关 K_2 拨至△接法端，电动机作△接稳定运行。图 4－2－6 为三相绕组的两种接法，电源电压相同。

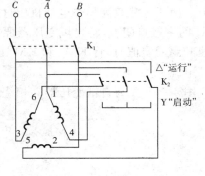

图 4－2－5　异步电动机
星-三角启动线路图

设电动机的额定相电压为 U_{1N}，降压启动时，三相定子绕组接成 Y 形，每相绕组电压 U_1 降为 $U_{1N}/\sqrt{3}$，根据简化等值电路可得降压启动时的线电流为

$$I_{stY} = \frac{U_{1N}}{\sqrt{3}\,Z_k} \qquad (4-2-7)$$

假若电动机直接启动，三相定子绕组接成△形，启动时的线电流为

$$I_{st\triangle} = \sqrt{3}\,\frac{U_{1N}}{Z_k} \qquad (4-2-8)$$

Y 形接法降压启动与△形接法直接启动比较，启动电流的比值为

$$\frac{I_{stY}}{I_{st\triangle}} = \frac{1}{3} \qquad (4-2-9)$$

根据 $T_{st} \propto U_1^2$，可得

$$\frac{T_{stY}}{T_{st\triangle}} = \frac{\left(U_{1N}/\sqrt{3}\right)^2}{U_{1N}^2} = \frac{1}{3} \qquad (4-2-10)$$

Y－△启动与自耦变压器降压启动的相同之处在于都能使启动转矩与启动电流降低的倍数相同，所不同的在于 Y－△启动时降低的倍数恒为 1/3，可自耦变压器能通过抽头改变降低的倍数 a。

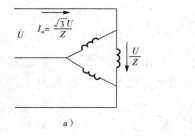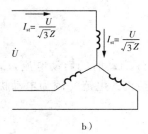

图 4－2－6　Y-△形接法时的电压和电流
a)△接（运行）；b)Y 接（降压启动）

Y－△启动方法虽简单有效，但只能将启动电流和启动转矩降到 1/3，启动转矩既小又不可调，优点是设备简单、操作方便，只适用空载或轻载启动，且正常运行时为△接法的电动机。在我国，凡功率在 4kW 及以上的电动机，正常运行时都采用 Y－△启动。

4. 延边三角形启动

三相定子绕组的每一相除首、尾端外,还有一个中间抽头,整个电机有 9 个出线端。启动时,接线如图 4 - 2 - 7 所示,将各相中间抽头的后半段接成△形,再将三个首端接电源,这样从整体看像是一个三个边都有一段延长的△,故称延边三角形启动。

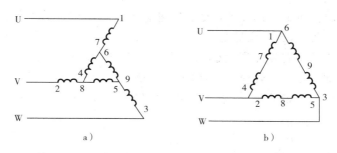

图 4 - 2 - 7　延边三角形启动的接线图

a)延边三角形(启动);b)三角形(运行)

当转速上升到接近稳定转速时,又通过开关使三相绕组首尾相连成△形而稳定运行。由于启动时每相绕组承受电压低于△接时的电压,但大于 Y 接时电压,所以启动电流和启动转矩介于直接启动和 Y - △启动之间。每相电压的大小随中间抽头的位置而变,接成△形部分的线圈越少,每相绕组的电压就越低,启动电流和启动转矩就越小,这就能适应不同负载启动时的要求。

应当指出,用延边三角形启动虽可以得到不同的启动电流和启动转矩的比值,但电机一经选定,每相仅有的一个中间抽头就不能随意切换。这是因为每相两段的启动电流大小不等,为避免磁路和电路的不平衡(当绕组有并联支路时),对每一种比值的抽头,其绕组的接法都须专门设计,并非任意抽头都行。由于这个原因影响了延边三角形启动的发展。

各种降压启动方法的比较(如表 4 - 1)。

表 4 - 1　各种降压启动方法的特点

降压启动方法	U_1'/U_1	I_{st}'/I_{st}	T_{st}'/T_{st}	启动设备
电阻(电抗)	$1/a$	$1/a$	$1/a^2$	一般
自耦变压器	$1/a$(可变抽头)	$1/a^2$	$1/a^2$	最多、最贵,有三种抽头
Y -△	$1/\sqrt{3}$	$1/3$	$1/3$	最简单,只用于△接法电动机
延边三角形	$\dfrac{\sqrt{3a^2+3a+1}}{3a+1}$	$\dfrac{a+1}{3a+1}$	$\dfrac{a+1}{3a+1}$	简单,改变比值须专门设计电动机

三、高启动性能的三相鼠笼式异步电动机

综上所述,鼠笼式异步电动机的优点显著,但启动转矩小、启动电流大。为了改善电动机的启动性能,可以改变转子槽形,利用集肤效应使启动时转子电阻增大,从而增大启动转矩并减小启动电流,在正常运行时转子电阻又能自动变小,基本上不影响运行性能。深槽式异步电动机与双鼠笼式异步电动机就是这样的电动机。

1. 深槽式异步电动机

这种电机转子的槽窄而深，一般槽深 h，与槽宽 b 之比为 $\dfrac{h}{b}=10\sim12$，而普通电机的 $\dfrac{h}{b}<5$。图 4-2-8 中的导条可视为若干根扁导线组成，由于下面部分导条所交链的磁力线比上面部分多，即磁链 $\Psi_{\text{下}}>\Psi_{\text{上}}$，则下面部分漏电抗 $X_{2\delta}$ 大，促使整个导条的电流密度上大下小，如图 4-2-8 所示，这现象称为集肤效应。启动时 $s=1$，转子频率 $f_2=f_1$ 最大，此时集肤效应最严重，使导条有效面积缩小，如图 4-2-8c 所示，转子电阻 R_2 增大，从而增大启动转矩，并减小启动电流。当转速上升，转差率 s 减小，到 $n=n_N$，$f_2=1\sim3$ HZ，集肤效应基本消失，导条中的电流均匀分布，导条的电阻变为较小的直流电阻，运行性能基本不受影响。

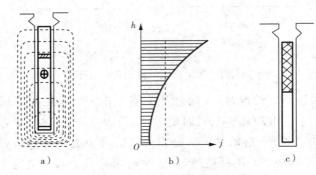

图 4-2-8 深槽式异步电动机

a)转子槽漏磁；b)电流密度的分布；c)导条的有效截面

2. 双鼠笼式异步电动机

如图 4-2-9a 所示，转子上有两套鼠笼，即上笼和下笼，两笼间由狭长缝隔开，上笼用电阻系数较大的黄铜或铝青铜制成，且导条截面较小，故电阻较大，下笼用电阻系数较小的紫铜制成，且导条截面较大，故电阻较小。根据集肤效应原理，启动时由于转差率 s 较大，下笼漏抗大，所通过的电流小，大部分电流通过上笼。上笼电阻大，将产生较大的启动转矩，由于上笼在启动时起主要作用故称启动笼。当启动完毕，转差率很小时，使下笼漏抗也很小，此时电流在两笼间分配主要决定于电阻，电流大部分流过下笼，即正常运行时下笼起主要作用，故称运行笼。

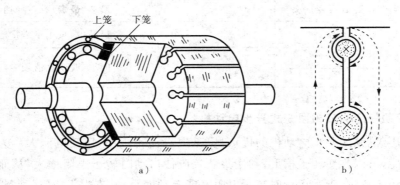

图 4-2-9 双鼠笼转子的结构与漏磁通

a)双鼠笼转子的结构；b)双鼠笼转子的漏磁通

图 4 - 2 - 10 中, T_1 为启动笼的机械特性, T_2 为运行笼的机械特性, 两特性的合成即为双鼠笼式异步电动机的机械特性 T。故双鼠笼式异步电动机有较好的机械特性。

以上所述的两种电动机都可改善启动性能, 但因较普通鼠笼式转子的漏抗大, 使定子功率因数及最大转矩较低, 且用铜(铝)量大, 制造也较复杂, 价格较贵, 一般用于启动性能要求略高于普通鼠笼式异步电动机和容量较大的场合。

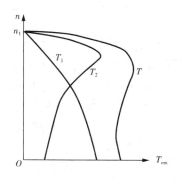

图 4 - 2 - 10 双鼠笼式异步
电动机的机械特性

四、三相绕线式异步电动机的启动方法

对于大、中容量电动机重载启动时, 要求解决既要增大启动转矩, 又要减小启动电流这个矛盾, 就是对启动、制动频繁的小容量电机也同样存在这个矛盾。为此, 应采用绕线式异步电动机并在转子回路串接电阻或频敏变阻器的方法来改善启动性能和制动性能。这不但可以增大启动转矩, 减小启动电流, 而且把转子接入的电阻或频敏变阻器所发出的大部分热量拒于电机之外, 从而大大减小电机本身的发热。

1. 转子串电阻启动

绕线式异步电动机转子串电阻启动, 可达到增大启动转矩并减小启动电流的目的。线路如图 4 - 2 - 11 所示, 启动时, 三相转子串接对称电阻(即三相电阻相等), 然后将定子接通电源使电机启动, 随电机转速的上升均匀减小电阻, 直至电阻完全切除, 待转速稳定后将滑环短接。其原理由式(3 - 3 - 7)及式(4 - 1 - 2)可知, 转子串电阻会使启动转矩增大, 启动电流减小。由式(3 - 3 - 4)及式(3 - 3 - 5)可知, R_2 与 T_m 无关, 而 $s_m \propto R_2$, 电机启动时转子接入全部电阻使特性变软; 当启动后, 分段减小电阻使特性逐级变硬, 转速增加(因负载不变); 当电阻全部切除时, 则电机在固有特性上稳定运行。启动过程如图 4 - 2 - 12 所示, 电动机由 a 点开始启动, 经 $b \rightarrow c \rightarrow d \rightarrow e \rightarrow f \rightarrow g \rightarrow h$, 完成启动过程。

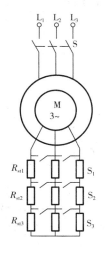

图 4 - 2 - 11 绕线式异步电动机
转子串电阻启动

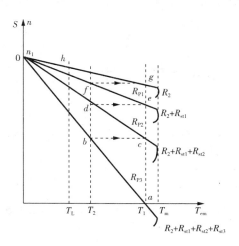

图 4 - 2 - 12 绕线式异步电动机
转子串电阻启动机械特性

2. 转子串频敏变阻器启动

绕线式异步电动机转子回路串电阻启动,每级都要同时切除一段三相电阻,所需开关和电阻器较多,控制线路复杂,当级数较多时,设备更为复杂和庞大,不仅增大投资,且维护麻烦。如果采用频敏变阻器,就可克服以上缺点。

频敏变阻器的特点是阻抗能随频率的下降而自动地减小。频敏变阻器的结构如图4-2-13所示,外形与一台三相变压器相似,不同的是铁芯不用硅钢片,而是用厚钢板叠成,且每相只有一个绕组,分别套在3个铁芯柱上,三相绕组Y形联接,3个出线端与绕线式异步电动机转子绕组的3根引出线对接。

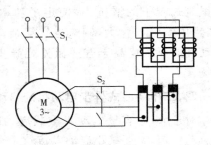

图4-2-13 绕线式异步电动机转子串频敏变阻器启动

频敏变阻器的等效电路与变压器空载运行时相似,如果忽略其绕组的漏阻抗,则由励磁电阻 R_{mp} 和励磁电抗 X_{mp} 串联组成,这时每相转子电路的等效电路如图4-2-14所示。由于铁芯采用厚钢板,磁通密度又设计得高,铁芯饱和,励磁电抗 X_{mp} 较小,而铁损耗设计得高,励磁电阻 R_{mp} 较大。绕线式异步电动机转子串频敏变阻器启动时 $s=1$,$f_2=f_1$ 为最高,铁损耗近似与频率的平方成正比,故为最大,反映铁损耗大小的励磁电阻 R_{mp} 为最大,一般 $R_{mp} \gg R_2$,因而转子串较大电阻启动,既能提高启动转矩,又能降低启动电流。随着转速上升,s 下降,转子电路频率降低,铁损耗下降,R_{mp} 和 X_{mp} 均随之自动变小,正常运行时,f_2 很低,R_{mp} 和 X_{mp} 均很小,相当于将频敏变阻器切除,使电动机在固有机械特性上稳定运行。

如果频敏变阻器的参数合适,利用频敏变阻器的电阻随转速升高自动平滑地减小的特点,可以获得图4-2-15中曲线2所示的机械特性,整个启动过程中启动转矩较大而又接近恒定,启动既快而又平稳。频敏变阻器的参数可以通过改变绕组抽头位置亦即改变绕组匝数作粗调,匝数越多,阻抗越大;可以通过改变铁芯的气隙作细调,气隙越大,阻抗越小。

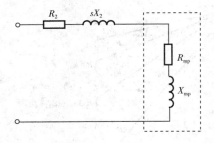

图4-2-14 转子串频敏变阻器时的等效电路

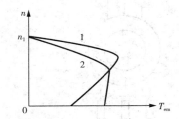

图4-2-15 转子串频敏变阻器时的机械特性
1—固有机械特性;2—串频敏变阻器的人为机械特性

绕线式异步电动机转子串频敏变阻器启动,控制线路简单、投资少、启动性能好、运行可靠、维护简便,所以应用较多。

应用实施

一、拓展知识

软启动器(如图 4-2-16)与三相异步电动机的软启动在实际工作生活中具有广泛的应用。

软启动的特点:

(1)无冲击电流。软启动在电机启动时,启动电流从零线性上升到设定值,电动机平滑加速。

(2)恒流启动。软启动器可以引入电流闭环反馈控制,使电动机在启动过程中电流保持恒定,确保电动机平稳启动。

图 4-2-16 智能软启动器

软启动器的应用:

(1)解决管道中水压的波动问题。

(2)解决输送带的颠簸问题。

二、例题

一台 Y250M-6 型三相笼型异步电动机,$U_N = 380$ V,△联接,$P_N = 37$ kW,$n_N = 985$ r/min,$I_N = 72$ A,$K_{st} = 1.8$,$K_I = 6.5$。如果要求电动机启动时,启动转矩必须大于 250 N·m,从电源取用的电流必须小于 360 A。试问:(1)能否直接启动?(2)能否采用 Y-△启动?(3)能否采用 $1/a = 0.8$ 的自耦变压器启动?

解:(1)能否直接启动

$$T_N = 9.55 \times \frac{P_N}{n_N} = 9.55 \times \frac{37 \times 10^3}{985} \text{ N·m} = 359 \text{ N·m}$$

$$T_{st} = K_{st} \times T_N = 359 \times 1.8 \text{ N·m} = 646 \text{ N·m}$$

$$I_{st} = K_I \times I_N = 72 \times 6.5 \text{ A} = 468 \text{ A}$$

虽然 $T_{st} > 250$ N·m,但是 $I_{st} > 360$ A,所以不能采用直接启动。

(2)能否采用 Y-△启动

$$T_{stY} = \frac{1}{3} T_{st\triangle} = \frac{1}{3} \times 646 \text{ N·m} = 215.3 \text{ N·m}$$

$$I_{stY} = \frac{1}{3} I_{st\triangle} = \frac{1}{3} \times 468 \text{ A} = 156 \text{ A}$$

虽然 $I_{stY} < 360$ A,但是 $T_{stY} < 250$ N·m,所以不能采用 Y-△启动。

(3)能否采用 $1/a = 0.8$ 的自耦变压器启动

$$T_{st} = 1/a^2 \times T_{st\triangle} = 0.8^2 \times 646 \text{ N·m} = 413 \text{ N·m}$$

$$I_{st} = 1/a^2 \times I_{st\triangle} = 0.8^2 \times 468 \text{ A} = 300 \text{ A}$$

由于 $T_{st} > 250$ N·m,而且 $I_{st} < 360$ A,所以可采用 $1/a = 0.8$ 的自耦变压器启动。

操作与技能考评

序号	主要内容	考核标准	评分标准	配分	扣分	得分
1	几种启动方式的接线	（1）会三相鼠笼式异步电动机直接启动的接线； （2）会三相鼠笼式异步电动机星-三角降压启动的接线； （3）会三相鼠笼式异步电动机定子串电阻降压启动的接线； （4）会三相鼠笼式异步电动机自耦变压器降压启动的接线	一个电路连接错误扣5分，造成电器损害或短路不给分	50		
2	启动电流和启动转矩的验算	（1）会三相鼠笼式异步电动机的直接启动和降压启动的参数测量； （2）会根据以上测量结果对启动电流和启动转矩进行计算，并会判断是否符合要求	测量参数错误不给分，不会验算每个扣5分	50		

任务4.3　三相异步电动机的调速方法及应用

任务要求

（1）掌握调速时的性能指标。

（2）掌握变级调速的原理和 $Y-YY$、$\triangle-YY$ 两种典型变极调速的运用。

（3）了解变频调速的原理。

（4）掌握变转差率调速的几种方法及应用。

相关知识

调速是电动机根据生产机械生产工艺的要求，人为地改变电动机的转速。电动机调速性能的好坏常用下面的性能指标来衡量。

一、调速时的性能指标

1. 调速范围

调速范围 D 是指电动机在额定负载时，所能达到的最高转速 n_{max} 与最低转速 n_{min} 的比值，即 $D=\dfrac{n_{max}}{n_{min}}$。

2. 调速的稳定性

调速的稳定性是指负载转矩发生变化时，转速随之变化的程度，常用静差率 δ 表示。静差率为电动机在某一机械特性上运行时，由理想空载转速 n_0 与额定负载时的转速 n_N 之差

与理想空载转速 n_0 之比，即

$$\delta = \frac{\Delta n_N}{n_0} = \frac{n_0 - n_N}{n_0} \times 100\%$$

显然，δ 与机械特性的硬度有关，在理想空载转速相同时，机械特性越硬，Δn_N 越小，δ 也越小，稳定性越好。δ 也与电动机的理想空载转速的大小有关，即使两条机械特性平行，如图 4-3-1 所示 Δn_N 相同，但理想空载转速低的电动机 δ 大，稳定性差。电动机的静差率与调速范围是相互制约的，对于低速运行的拖动系统，运行的稳定性显得更为重要，因为在调速的过程中，可能由于稳定性差而停车。所以对于机械特性较软的电动机，最低转速不能太低，这就限制了调速范围。

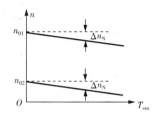

图 4-3-1　两条机械特性平行

D、δ、Δn_N 的关系（$n_N = n_{max}$）为 $D = \dfrac{n_N \delta}{\Delta n_N (1-\delta)}$。

例如，$n_N = 1430$ r/min，$\Delta n_N = 115$ r/min，要求 $\delta \leqslant 30\%$，则 $D = 5.3$；要求 $\delta \leqslant 20\%$，则 $D = 3.1$。再如，$n_N = 1430$ r/min，$D = 20$，$\delta \leqslant 5\%$，则 $\Delta n_N = 3.76$ r/min。

3．调速的平滑性

调速的平滑性是以电动机两个相邻调速级的转速之比来衡量的，即

$$K = \frac{n_i}{n_{i-1}}$$

在一定调速范围内，调速的级数越多，相邻调速级的转速差越小，K 值越接近于 1，平滑性越好。

4．调速的经济性

调速的经济性是从调速设备的投资、调速时电动机的电能损耗等因素来考虑的。

5．调速的容许输出

容许输出是指电动机在得到充分利用，即保证电动机的电流为额定电流的情况下，调速过程中所能输出的功率和转矩。

由异步电动机的转速表达式 $n = n_1(1-s) = \dfrac{60 f_1}{P}(1-s)$ 可知三相异步电动机的调速方法，有改变极对数 P、改变电源频率 f_1 和改变电动机的转差率 s 三种。本任务除介绍上述调速方法外，还将讨论电磁转差离合器调速。

二、变极调速

改变异步电动机的极对数，从而改变异步电动机的同步转速 $n_1 = \dfrac{60 f_1}{P}$，就可达到调速的目的。

改变定子的极对数，通常用改变定子绕组的接法来实现。这方法适用于鼠笼式异步电动机，因它的转子无固定的极对数，它的极对数随定子而定。而绕线式异步电动机要改变极对数必须定子、转子同时改变接线，结构复杂、操作麻烦，故不宜采用变极调速。

1. 变极原理

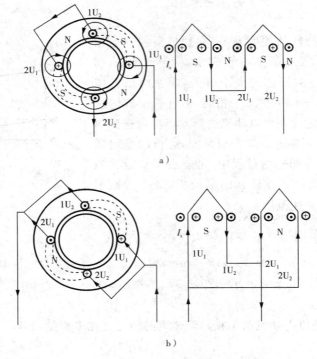

图 4-3-2　定子绕组改接以改变定子极对数

a)2P=4；b)2P=2

图 4-3-2 中，每相绕组由两个"半绕组"1 和 2 组成。图 4-3-2a 为正向串联的方法得出的四极磁场分布。如将两个"半绕组"的始、末端连接，构成反向并联，如图 4-3-2b 所示，便可得到两极的磁场分布。由此可知，改变接法可使极对数成倍减少，使同步转速成倍增加。显然，这种调速方法只能是有级调速。

应当指出，一套绕组极数成倍变换时，必须同时倒换电源的相序。因为极数不同，空间电角度的大小也不一样，例如两极电机极对数 $P=1$ 时，电角度=空间机械角度。若 U 相的空间位置为 $0°$，则 V、W 相分别滞后 U 相 $120°$ 和 $240°$ 电角度。当换接成四极时，极对数 $P=2$，则电角度=2×空间机械角度。同一套绕组，只是改变接法，U、V、W 三相的空间位置并没有改变。但从电角度讲，如 U 相为 $0°$，则 V、W 相分别在 U 相之后的电角度变为 $2×120°=240°$ 和 $2×240°=480°$（相当于 $120°$），从而改变了原来的相序，电动机将反转，为使电动机不反转，必须在变极的同时倒换电源的相序。

2. 典型的变极线路及其机械特性

上面虽只从一相绕组来说明变极原理，但三相绕组完全相同，其接法也都相同。下面讨论 Y-YY 和△-YY 两种典型换接变极线路，分析它们的容许输出。

（1）Y-YY（双 Y）变极调速

Y-YY 接法线路图如图 4-3-3a 所示，设变极后电动机相电压 U_N 不变，通过每个线圈中的电流为额定相电流 I_N 并保持不变，则变极前后的输出功率和容许输出转矩为

①Y 接时的容许输出功率和容许输出转矩

$$P_{Y} = \sqrt{3} U_{N} I_{N} \cos\varphi_{Y} \eta_{Y} \qquad (4-3-1)$$

$$T_{Y} = 9550 \frac{P_{Y}}{n_{Y}} \approx 9550 \frac{P_{N}}{n_{1}} \qquad (4-3-2)$$

② YY 接时的容许输出功率和容许输出转矩

$$P_{YY} = \sqrt{3} U_{N} (2I_{N}) \cos\varphi_{YY} \eta_{YY} = 2P_{Y} \qquad (4-3-3)$$

$$T_{YY} \approx 9550 \frac{P_{YY}}{2n_{1}} = 9550 \frac{2P_{Y}}{2n_{1}} = T_{Y} \qquad (4-3-4)$$

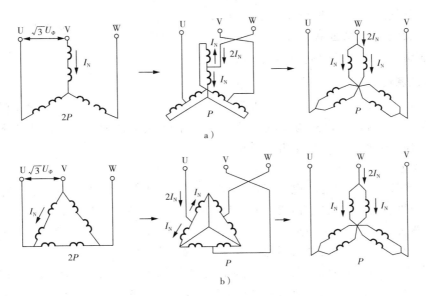

图 4-3-3 常用的两种三相绕组的改接方法

由于变极前后 $\cos\varphi$、η 近似不变,则上式成立。由此说明,Y-YY 变极调速方法属于恒转矩调速方式。其机械特性如图 4-3-4 所示。

(2)△-YY 接法

如图 4-3-3b 所示,△接时,两个"半绕组"串联,极对数等于 $2P$,同步转速为 n_{1};YY 接时,两个"半绕组"反向并联,极对数等于 P,同步转速为 $2n_{1}$。

图 4-3-4 Y-YY 变极
调速机械特性

$$P_{\triangle} = \sqrt{3} (\sqrt{3} U_{N}) I_{1} \cos\varphi_{1} \eta = \sqrt{3} P_{Y}$$

$$= \frac{\sqrt{3}}{2} P_{YY} = 0.866 P_{YY} \approx P_{YY} \qquad (4-3-5)$$

△接时,极对数为 $2P$,每相绕组电压为 $\sqrt{3} U_{N}$,最大转矩的一般公式为

$$T_{\triangle} = 9550 \frac{P_{\triangle}}{n_{\triangle}} = 9550 \frac{\frac{\sqrt{3}}{2} P_{YY}}{\frac{1}{2} n_{YY}} = \sqrt{3}\, T_{YY} \qquad (4-3-6)$$

由此可见，$\triangle$-YY 变极调速近似为恒功率调速方式。其机械特性如图 4-3-5 所示。

变极调速的电动机称为多速异步电动机。改变定子极对数除以上两种方法外，还可在定子上装两套独立绕组，各接成不同的极对数。如将两种方法配合，则可得更多的调速级数。但采用一套独立绕组的变极调速比较简单，应用较多。

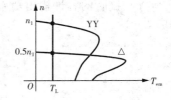

图 4-3-5 $\triangle$-YY 变极
调速机械特性

根据不同生产机械的要求，采用不同接法的多速异步电动机。如拖动中小型机床的电机，一般采用$\triangle$-YY 接法具有一套绕组的双速电动机，此时近似恒功率的调速方法用于恒功率性质的负载，配合较好。

三、变频调速

改变异步电动机电源的频率 f_1，从而改变异步电动机的同步转速 n_1，异步电动机转子转速 $n = n_1(1-s)$ 就随之得到调节，这种调速方法称为变频调速。变频调速的主要问题是要有符合调速性能要求的变频电源。

1. 变频电源

早先用变频机组作为变频电源，是由异步电动机拖动直流发电机，作为直流电动机的电源，直流电动机拖动交流发电机，通过调节直流电动机的转速，调节交流发电机所发交流电的频率，显然机组庞大、价格昂贵、噪声大、维护麻烦，仅用作钢厂多台辊道电动机同步调速的公共电源和需要调速性能好而不能采用直流电动机的易燃场合。

由于现代电子技术的迅速发展，人们研制生产了多种静止的电子变频调速装置，能把电网供给的恒频恒压的交流电变换为频率和电压可调的交流电，供给三相异步电动机，不但体积小、重量轻、无噪声，而且功能多，便于实现自动控制，调速性能可与直流电动机媲美，唯一的缺点是目前价格较高。随着电子工业的进一步发展，电子变频调速装置的性能将逐步提高，价格将逐步下降，应用将日益广泛。关于电子变频调速装置的基本原理与有关问题将在专业课中介绍。

2. 变频调速的基本原理

（1）为使变频时主磁通 Φ_m 保持不变，端电压的变化规律

当电源电压为正弦且忽略定子漏阻抗压降时，有 $U_1 = 4.44 f_1 N_1 k_{w1} \Phi_m$。由此可知，当频率从基频（电动机的额定频率称为基频）往下调节时，若电源电压不变，主磁通 Φ_m 将增大，引起磁路过饱和，定子电流的励磁分量急剧增加，导致功率因数 $\cos\varphi_1$ 下降，损耗增加，效率降低，从而使电机的负载能力变小。因此，希望在调速时保持 Φ_m 不变，这就要求变频电源的输出电压必须随频率成正比变化，即

$$\frac{U_{1N}}{U_1'} = \frac{4.44 f_1 N_1 k_{w1} \Phi_m}{4.44 f_1' N_1 k_{w1} \Phi_m} = \frac{f_1}{f_1'}$$

$$\frac{U_{1N}}{f_1} = \frac{U_1'}{f_1'} = 常数 \qquad (4-3-7)$$

式中：上标带"′"的量为变频后的物理量；U_{1N}、f_1 为定子额定相电压和额定频率。

（2）为使变频时电动机的过载能力 λ_m 保持不变，端电压的变化规律

异步电动机的最大转矩可以写成

$$T_m = \frac{3PU_1^2}{4\pi f_1(X_1+X_2')} = \frac{3PU_1^2}{4\pi f_1 \times 2\pi f_1(L_{1\delta}+L_{2\delta}')} = C\left(\frac{U_1}{f_1}\right)^2 \propto \left(\frac{U_1}{f_1}\right)^2 \qquad (4-3-8)$$

式中：$C = \dfrac{3P}{8\pi^2(L_{1\delta}+L_{2\delta}')}$。

为使变频调速时保持过载能力不变，即 $T_m/T_N = T_m'/T_N'$，则由上式可得

$$\frac{T_N}{T_N'} = \frac{T_m}{T_m'} = \frac{(U_{1N}/f_1)^2}{(U_1'/f_1')^2}$$

$$\frac{U_1'}{f_1'} = \frac{U_{1N}}{f_1}\sqrt{\frac{T_N'}{T_N}} \qquad (4-3-9)$$

式中：T_N 和 T_N' 分别为 f_1 和 f_1' 时的额定转矩（即额定电流时所对应的转矩）。由于定子电流为额定值时的转矩 T_N' 的大小跟负载性质有关，因此，上式给出的 U_1 随 f_1 变化的规律还与负载性质有关。

对于恒转矩负载，$T_L =$ 常数，所以 $T_N = T_N'$。式（4-3-9）可写成 $\dfrac{U_{1N}}{f_1} = \dfrac{U_1'}{f_1'} =$ 常数。所以，恒转矩负载只要保证 $\dfrac{U_{1N}}{f_1} = \dfrac{U_1'}{f_1'} =$ 常数，就可以保证变频调速时电动机过载能力不变又可使主磁通保持不变，因而变频调速最适合于恒转矩负载。

对于恒功率负载，$P_2 = T_N n_N/9.55 = T_N' n_N'/9.55 =$ 常数，所以 $T_N/T_N' = n_N'/n_N \approx n_1'/n_1 = f_1'/f_1$，将此式代入式（4-3-9）可得

$$\frac{U_1'}{\sqrt{f_1'}} = \frac{U_{1N}}{\sqrt{f_1}} = 常数 \qquad (4-3-10)$$

所以恒功率负载采用变频调速时，如果 U_1 随 f_1 变化的关系满足式（4-3-10）时，调速过程中过载能力 λ_m 不变，但是主磁通 Φ_m 要变化；如果满足式（4-3-7）可使 Φ_m 不变，但是 λ_m 要变化。

3. 变频调速时的机械特性

（1）变频调速时，同步转速 $n_1 = 60f/P$ 随频率成正比变化。

（2）当 $f_1' < f_1$ 时，变频调速主要用于恒转矩负载。当 f_1' 较高时，$R_1 \ll (X_{1\delta}+X_{2\delta}')$，按 $\dfrac{U_{1N}}{f_1} = \dfrac{U_1'}{f_1'} =$ 常数的控制方式调速时，根据式（4-3-8）可知，T_m 保持不变，临界转差率为

$$s_m' = \frac{R_2'}{(X_{1\delta}+X_{2\delta}')} = \frac{R_2'}{2\pi f_1'(L_{1\delta}+L_{2\delta}')} \propto \frac{1}{f_1'} \qquad (4-3-11)$$

临界转速降 $\Delta n_m'$ 为

$$\Delta n'_{\mathrm{m}} = s'_{\mathrm{m}} n'_1 = \frac{R'_2}{2\pi f'_1 (L_{1\delta} + L'_{2\delta})} \times \frac{60 f'_1}{P} = \frac{60 R'_2}{2\pi P (L_{1\delta} + L'_{2\delta})} = 常数 \qquad (4-3-12)$$

这说明在不同频率时,不仅最大转矩 T_{m} 保持不变,且 $\Delta n'_{\mathrm{m}}$ 也基本保持不变,即机械特性的硬度不变,所以恒转矩负载时变频调速时机械特性基本上是平行的。

当 $f'_1 < f_1$ 且 f'_1 较低时,R_1 与 $X_{1\delta} + X'_{2\delta}$ 相比已不能忽略不计,在 R_1 上产生的压降使定子电势 E_1 减小,主磁通 Φ_{m} 下降,即使保持 U'_1/f'_1 不变,最大转矩 T_{m} 也将下降,频率下降越多,T_{m} 越小。

(3)当 $f'_1 > f_1$ 时,$U_1 = U_{1N}$,Φ_{m} 将下降,T_{m} 随之减小,参考式(4-3-12)可知,机械特性的硬度基本不变,保持硬的机械特性。变频调速的机械特性如图 4-3-6 所示。

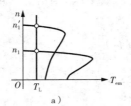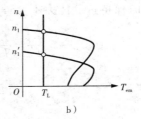

图 4-3-6　变频调速的机械特性

a)$f'_1 > f_1$; b)$f'_1 < f_1$

变频调速平滑性好、效率高、机械特性硬、调速范围广,只要控制端电压随频率变化的规律,可以适应不同负载特性的要求,是异步电动机尤其是笼型异步电动机调速的发展方向。

四、改变转差率调速

转子电路串电阻调速,改变定子电压调速和串级调速都属改变转差率调速。这些调速方法的共同特点是在调速过程中都产生大量的转差功率(sP_{em})。前两种调速方法都把转差功率消耗在转子电路里,很不经济,而串级调速则能将转差功率加以吸收或大部分反馈给电网,提高了经济性能。

1. 转子电路串电阻调速

由前面对机械特性的分析可知,绕线式异步电动机转子回路串电阻调速时的机械特性如图 4-3-7 所示,其机械特性为:

(1)同步转速 n_1 不变。

(2)转子串电阻时,最大转矩不变。

(3)转子回路串电阻越大,特性运行段的斜率越大。同一转矩下,转差率与转子总电阻 $R_2 + R_s$ 成正比。

(4)转子电路串的电阻越大,转速越低。

这种调速方法的特点是:

(1)设备较简单,初期投资小。

(2)只能有级调速。

(3)只宜带负载调速,空载时转速变化不大。

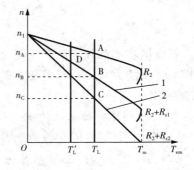

图 4-3-7　绕线式异步电动机
转子回路串电阻调速($R_{s2} > R_{s1}$)

（4）属恒转矩调速方式。

（5）低速运行时，特性软、损耗大、效率低，不宜长期工作。

根据以上特点，这种调速方法特别适合于起重机类型的机械，也可用于通风机负载。

异步电动机的转子铜耗为

$$P_{Cu2}=3I_2'^2(R_2'+R_s)=sP_{em} \tag{4-3-13}$$

由于 P_{Cu2} 与转差率 s 成正比，故称转差功率，用 P_s 表示。由机械特性可知，负载转矩不变时，s 随电阻的增加而增加，而 P_{Cu2} 与 s 成正比，所以转差损耗随所串电阻的增加而增加。

如忽略机械损耗，电动机的输出功率为

$$P_2=P_{em}-P_{Cu2}=P_{em}-sP_{em}=P_{em}(1-s) \tag{4-3-14}$$

则电动机转子电路的效率为

$$\eta=\frac{P_2}{P_2+P_{Cu2}}=1-s \tag{4-3-15}$$

可见，当负载转矩不变，转子所串电阻越大，转速越低（即 s 增大），转子铜耗越大，效率 η 就越低，故经济性能不高。

2. 串级调速

转子串电阻调速的致命缺点就是转速越低，转子损耗越大。为了克服以上缺点，设法将转差功率利用起来，不让它白白浪费掉，这便出现了串级调速方法。

所谓串级调速，就是在异步电机转子电路内引入与转子电动势 $\dot{E}_{2s}$ 频率相同而相位相同或相反的附加电势 $\dot{E}_f$，通过改变 $\dot{E}_f$ 值大小来实现调速。其原理分析如下：

当 $E_f=0$，电动机在固有机械特性上工作，拖动额定恒转矩负载时，电动机在额定转速下稳定运转，转子电流为

$$I_2=\frac{sE_2}{\sqrt{R_2^2+(sX_2)^2}} \tag{4-3-16}$$

式中：E_2——$s=1$ 时转子开路相电动势；

X_2——$s=1$ 时转子绕组相漏抗。

当 $\dot{E}_f$ 与 $s\dot{E}_2$ 相位相反时，转子电流为

$$I_2=\frac{sE_2-E_f}{\sqrt{R_2^2+(sX_2)^2}} \tag{4-3-17}$$

可见，由于反相电动势 $\dot{E}_f$ 的引入，使转子电流立即减小，但定子电压不变，气隙磁通也不变，电磁转矩 $T_{em}=C_T\Phi_m I_2'\cos\varphi_2$ 随 I_2 的减小而减小，电动机的电磁转矩小于负载转矩，使电动机减速，转差率 s 增大，由式（4-3-17）可知，转子电流 I_2 回升，直到电动机转速降到某一数值，I_2 升到使电动机的电磁转矩等于负载转矩时，电动机在低于原有转速的情况下稳定运行。串入 $\dot{E}_f$ 的幅值越大，电动机的稳定转速越低。如能平滑地改变 $\dot{E}_f$ 的幅值便可实现无级调速。由于这种调速只能在低于同步转速下进行，故称低同步串级调速。

当 $\dot{E}_f$ 与 $s\dot{E}_2$ 的相位相同时,转子电流为

$$I_2 = \frac{sE_2 + E_f}{\sqrt{R_2^2 + (sX_2)^2}} \qquad (4-3-18)$$

可见,由于 $\dot{E}_f$ 的引入,使转子电流增大,电动机的电磁转矩随之增大,出现电磁转矩大于负载转矩,使电动机加速,则转差率减小,由式(4-3-18)可知,I_2 减小,直至 I_2 恢复到原数值(即 $T_{em} = T_L$)。当串入的 $\dot{E}_f$ 值足够大时,由 $\dot{E}_f$ 所提供的转子电流 I_2 就会超过一定数值,使电动机转速超过同步转速,s 变负,$s\dot{E}_2$ 反相,直至

I_2 下降为原值。在新的稳定状态下,电动机高于同步速稳定运行,这就是超同步串级调速。串入同相位 $\dot{E}_f$ 的幅值越大,电动机的转速越高。串级调速的机械特性如图 4-3-8 所示。

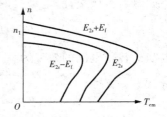

图 4-3-8 串级调速的机械特性

由于异步电动机转子电动势 $s\dot{E}_2$ 的频率是随转速而变化的,这就要求附加电动势的频率与 $s\dot{E}_2$ 的频率同步变化且幅值可调才行。早期使用旋转电机变流,由于体积大、效率低、维护工作量大,在运用上受到限制。目前采用大功率硅二极管整流桥把转差功率整流为直流功率,再由晶闸管构成有源逆变器变为交流回馈电网,如图 4-3-9 所示。

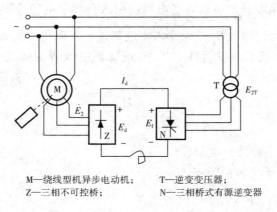

M—绕线型机异步电动机;　　　　T—逆变变压器;
Z—三相不可控桥;　　　　　　　N—三相桥式有源逆变器

图 4-3-9 晶闸管逆变器的电气串级调速系统

3. 调压调速

三相异步电动机改变定子电源电压 U_1,n_1 不变,s_m 不变,$T_m \propto U_1^2$,机械特性如图 4-3-10 所示。当恒负载转矩 $T_N = T_L$,电压由 U_N 降为 U_1 时,转速由 a 点降为 b 点。由于 $s > s_m$ 时不能稳定运行(如图 4-3-10 中的 c 点所示),所以转速最低为 $n_{min} = (1 - s_m)n_1$,调速范围很小。但对通风机性质负载,特性如图 4-3-10 中曲线 2 所示,由于 $n < n_m$ 时,电动机位于人为机械特性与负载机械特性的交点也能稳定运行,调速范围显著扩大。

对恒转矩负载,如能增加异步电动机的转子电阻(如绕线式异步电动机转子串电阻或高转差率鼠笼式异步电动机),则改变定子电压可得到较宽的调速范围。但此时特性太软,常

常不能满足生产机械对静差率的要求,而且会因电压过低造成过载能力低,当负载波动稍大时,电机可能停转。因此,电压调速不适用于恒转矩负载的调速,而适用于通风机类负载且可以得到较大的调速范围。

为克服以上缺点,可采用闭环调压调速系统,它既能提高低速时机械特性的硬度,又能保证一定的过载能力。

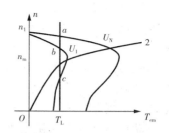

图 4-3-10　改变异步电动机
定子电压的人为机械特性

五、电磁转差离合器调速

前面所讨论的调速方法,都是在电机与负载硬性连接的情况下调节电动机本身的转速。也可不调电动机的转速,而在电动机(鼠笼式)轴和负载机械轴之间装一个电磁转差离合器,电磁转差离合器的输入转速为鼠笼式异步电动机的转速,基本保持不变,调节转差离合器的励磁电流,即可调节转差离合器的输出转速,亦即可以调节负载机械的转速。图 4-3-11a 为电磁转差离合器调速的示意图,M 是鼠笼式异步电动机,电动机 M 与生产机械之间用电磁转差离合器联系,离合器分主动和从动两部分,可分别旋转。主动部分是电枢与 M 同轴连接,其上有鼠笼绕组,也可以只是实心铸钢,此时涡流的通路起鼠笼导条的作用。从动部分是磁极,绕有励磁绕组,由滑环引入直流励磁电流 I_f。两部分在机械上是分开的,当中有气隙,如无励磁电流,则两部分互不相干。只要通入励磁电流,两者就因电磁作用互相联系起来,所以叫电磁离合器。

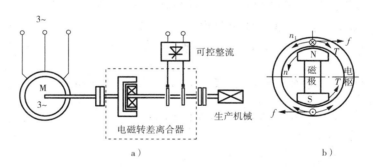

图 4-3-11　电磁转差离合器调速系统
a)结构示意；b)工作原理

其工作原理可以分析如下:在磁极励磁的条件下,电动机带着离合器电枢逆时针旋转时,电枢的鼠笼绕组(或铁芯)切割磁场而感应电动势,由于绕组是闭合的,故有电流流过,其方向按右手定则确定,如图 4-3-11b 所示,此电流与磁场相互作用产生电磁转矩,按左手定则可知转矩为顺时针方向。但反作用转矩则是逆时针方向加在磁极上,反作用转矩使磁极随电枢同方向旋转。一般情况下两者的转速必然有差异,否则两者之间便无相对运动,就不会产生感应电动势,也就不能产生转矩了。电枢与磁极之间的转速差 Δn 为

$$\Delta n = n - n_2$$

式中：n——电枢转速,即输入转速；

$\quad\quad n_2$——磁极转速,即输出转速。

这原理和异步电动机原理相似,靠转速差工作,因此叫做"电磁转差离合器"。它经常与异步电动机联为一体,容量小的干脆装在同一机壳内,总称"滑差电机"或"电磁调速异步电动机"。

电磁转差离合器的机械特性如下:它的理想空载转速就是异步电动机的转速。励磁电流一定时,负载越大,Δn 也越大,因而感应电动势、电流、转矩随之增大,所以特性一定是向下倾斜的;改变励磁电流时,I_f 越大,磁场越强,因而转矩越大。机械特性如图 4 - 3 - 12 所示。由图可见,电磁转差离合器的机械特性较软,低速时损耗大、效率低。速度太低,Δn 过大,从动部分会跟不上而失控。同时,i_2 太小,磁场太弱也会失控。

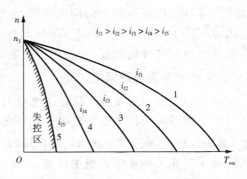

图 4 - 3 - 12　电磁转差离合器机械特性

电磁转差离合器设备简单,控制方便,可以平滑调速(平滑调节励磁电流时),适用于调速范围不大的设备,对通风机负载比较合适。对其他负载可采用转速反馈的闭环系统,不但使特性变硬,且使调速范围扩大到 $D=10$ 左右。

应用实施

例题:某三相笼型异步电动机,$P_N=15$ kW,$U_N=380$ V,△形联接,$n_N=2930$ r/min,$f_N=50$ Hz,$\lambda_m=2.2$。拖动一恒转矩负载运行,$T_L=40$ N·m。求:(1)$f_1=50$ Hz,$U_1=U_N$ 时的转速;(2)$f_1=40$ Hz,$U_1=0.8U_N$ 时的转速;(3)$f_1=60$Hz,$U_1=U_N$ 时的转速。

解:(1)$T_N=9.55\dfrac{P_N}{n_N}=9.55\times\dfrac{15\times10^3}{2930}$ N·m$=48.91$ N·m

$T_m=\lambda_m T_N=2.2\times48.91$ N·m$=107.61$ N·m

$s_N=\dfrac{n_1-n_N}{n_1}=\dfrac{3000-2930}{3000}=0.023$

$s_m=s_N(\lambda_m-\sqrt{\lambda_m^2-1})=0.023\times(2.2-\sqrt{2.2^2-1})=0.0969$

因电动机稳定运行时 $T_{em}=T_L$,代入电磁转矩实用表达式 $T_{em}=\dfrac{2T_m}{\dfrac{s}{s_m}+\dfrac{s_m}{s}}$ 中,得

$s=s_m\left[\dfrac{T_m}{T_L}-\sqrt{\left(\dfrac{T_m}{T_L}\right)^2-1}\right]=0.0969\times\left[\dfrac{107.61}{40}-\sqrt{\left(\dfrac{107.61}{40}\right)^2-1}\right]=0.0187$

$n=(1-s)n_1=(1-0.0187)\times3000$ r/min$=2944$ r/min

(2)$\dfrac{U_1}{f_1}$ 成比例减小时,T_m 不变,s_m 与 f_1 成反比。故

$T_m'=T_m=107.61$ N·m

$$s'_m = \frac{f_1}{f'_1} s_m = \frac{50}{40} \times 0.0969 = 0.121$$

$$s' = s'_m \left[\frac{T'_m}{T_L} - \sqrt{\left(\frac{T'_m}{T_L}\right)^2 - 1} \right] = 0.021 \times \left[\frac{107.61}{40} - \sqrt{\left(\frac{107.61}{40}\right)^2 - 1} \right] = 0.0233$$

$$n'_1 = \frac{60 f'_1}{P} = \frac{60 \times 40}{1} \text{ r/min} = 2400 \text{ r/min}$$

$$n' = (1 - s') n'_1 = (1 - 0.0233) \times 2400 \text{ r/min} = 2344 \text{ r/min}$$

(3) f_1 增加，U_1 不变时，$T_m \propto \frac{1}{f_1^2}$，$s_m \propto \frac{1}{f_1}$，则

$$T''_m = \left(\frac{f_1}{f''_1}\right)^2 T_m = \left(\frac{50}{60}\right)^2 \times 107.61 \text{ N} \cdot \text{m} = 74.73 \text{ N} \cdot \text{m}$$

$$s''_m = \frac{f_1}{f''_1} s_m = \frac{50}{60} \times 0.0969 = 0.081$$

$$s'' = s''_m \left[\frac{T''_m}{T_L} - \sqrt{\left(\frac{T''_m}{T_L}\right)^2 - 1} \right] = 0.0234$$

$$n''_1 = \frac{60 f''_1}{P} = \frac{60 \times 60}{1} \text{ r/min} = 3600 \text{ r/min}$$

$$n'' = (1 - s'') n''_1 = (1 - 0.0234) \times 3600 \text{ r/min} = 3516 \text{ r/min}$$

操作与技能考评

序号	主要内容	考核标准	评分标准	配分	扣分	得分
1	变频调速的接线	会利用 MM420 控制电机进行变频调速的接线	电路连接错误扣 5 分，造成电器损害或短路不给分	25		
2	变级调速的接线	会变级调速的接线	电路连接错误扣 5 分，造成电器损害或短路不给分	25		
3	MM420 面板操作	(1)熟练 MM420 的面板操作；(2)根据 MM420 对三相异步电动机进行变频控制	不熟练面板操作扣 5 分；不熟悉用 MM420 进行变频控制扣 10 分，不会不给分	25		
4	变频调速的特性	(1)变频调速的参数测定；(2)会根据参数对变频调速特性曲线进行验证	测量参数错误不给分，工作特性曲线验证错误扣 10 分	25		

任务 4.4　三相异步电动机的电磁制动及应用

任务要求

(1)理解制动的概念和电动机制动的作用。

(2)掌握反接制动的原理和应用。

(3)掌握能耗制动的原理和应用。

(4)掌握回馈制动的原理和应用。

相关知识

在生产实践中,为了生产的安全,需限制生产机械过高的转速,如起重机下放重物时,有时为了提高生产效率,需电动机迅速停车,这就需要对拖动系统施加一个和旋转方向相反的转矩,即对拖动系统采取制动措施。制动可分为机械制动和电磁制动两大类。机械制动是利用机械装置的制动力产生的转矩来实现的;而电磁制动则是使电动机产生和旋转方向相反的电磁转矩,使电动机处于制动状态。电磁制动分为反接制动、回馈制动及能耗制动。在此,仅讨论电动机的电磁制动。

一、反接制动

1.电源换相反接制动

电源换相反接制动电路如图 4-4-1a 所示。制动时,将三相异步电动机的任意两相定子绕组与电源的接线对调,定子电流的相序改变,旋转磁场的方向随之改变;由于机械惯性,电动机仍按原来的方向继续旋转,此时转子切割旋转磁场的方向与电动状态时相反,转子电动势、转子电流、电磁转矩的方向随之改变,电磁转矩变为制动转矩。

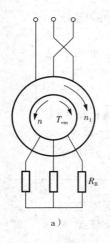

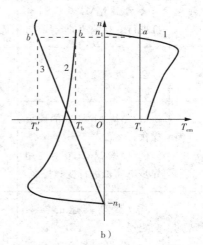

图 4-4-1　三相异步电动机电源换相反接制动

a)制动原理图;b)机械特性

电源换相反接制动时的机械特性为反向电动时的机械特性向第二象限的延伸,如图 4-4-1b 中的曲线 2 所示。由于制动开始时,转子与旋转磁场的相对切割速度为 $n_1+n\approx 2n_1$,因此转子电动势 E_{2s} 与转子电流 I_2 比启动时还要大。为了限制过大的制动电流,需在转子回路中串入电阻,串电阻后的机械特性如图 4-4-1b 中的曲线 3 所示。如果所串电阻合适,从图中可知,制动开始时的制动转矩增大了,这是因为虽然串电阻后转子电流减少,但转子的功率因数 $\cos\varphi_2$ 却提高了。当 $\cos\varphi_2$ 的增加量超过 I_2 的减少量时,转子电流的有功分量 $I_2\cos\varphi_2$ 将增大,电磁转矩 T_{em} 得以提高。改变所串制动电阻的阻值,可以调节制动转矩的大小,以适应不同生产机械的需要。

如果负载为反抗性恒转矩负载,电动机在电动状态时运行于机械特性 1 上的 a 点,电源反接的瞬时,电动机的转速不能突变,运行点由 a 点变到机械特性 2 上的 b 点或机械特性 3 上的 b' 点(制动时转子串入电阻),由于 E_{2s}、I_2 反向,T_{em} 变为负值,起制动作用。在与负载转矩的共同作用下,电动机转速迅速下降,当转速下降为零时,制动过程结束。我们注意到,转速为零时的电磁转矩并没有降到零,这点的电磁转矩就是电动机的反向启动转矩。对于要求停车的负载,应在转速接近于零时迅速切断电源(一般可用速度继电器来控制),否则电动机将反向启动进入反向电动状态。

在反接制动的过程中,转差率为

$$s=\frac{-n_1-n}{-n_1}=\frac{n_1+n}{n_1}>1 \tag{4-4-1}$$

当负载为位能性负载时,电源反接制动结束后,反向启动转矩和位能性负载转矩共同作用使电机反转,由于反转时 T_{em} 为负值,小于负载转矩,因此电动机在反向电动状态下并不能稳定运行。当电机的转速超过反向同步转速后,电机将进入回馈制动状态,电动机最终会以大于同步转速的速度稳定运行。

设转子串电阻反接制动时的转差率为 s',对应机械特性的临界转差率为 s'_m,制动时的电磁转矩为 T_Z,根据机械特性的实用表达式(3-2-9)可得

$$T_Z=\frac{2T_m}{\dfrac{s'}{s'_m}+\dfrac{s'_m}{s'}}$$

整理后可得

$$s'^2_m-2\frac{T_m}{T_Z}s's'_m+s'^2=0$$

解此关于 s'_m 的方程可得

$$s'_m=s'\left[\frac{T_m}{T_Z}\pm\sqrt{\left(\frac{T_m}{T_Z}\right)^2-1}\right]=s'\left[\frac{\lambda_m T_N}{T_Z}\pm\sqrt{\left(\frac{\lambda_m T_N}{T_Z}\right)^2-1}\right] \tag{4-4-2}$$

由于临界转差率与转子电阻成正比,由此可求出转子所串制动电阻的阻值为

$$R_s=\left(\frac{s'_m}{s_m}-1\right)R_2 \tag{4-4-3}$$

式中:s_m——正向电动状态固有机械特性的临界转差率。

在反接制动过程中，$s>1$，电机的电磁功率为 $P_{em}=3I_2'^2\dfrac{R_2'+R_s'}{s}>0$，电动机的机械功率

为 $P_\Omega=3I_2'^2\dfrac{1-s}{s}(R_2'+R_s')<0$。$P_{em}>0$ 说明反接制动时电机仍从电源吸取电功率，而

$P_\Omega<0$ 说明电机不再输出机械功率，而是获得拖动系统所储存的机械能。这些能量都消耗在转子回路的电阻上，所以在反接制动过程中，能量损耗是很大的。

对于鼠笼式三相异步电动机，为了限制电源反接制动时制动电流的冲击，需在定子电路中串接限流电阻。

电源换相反接制动的制动力矩大，但制动停车时的准确性差，制动过程中的能量损耗大。

2. 转速反向反接制动

转速反向反接制动又称倒拉反接制动，制动原理如图 4-4-2a 所示。这种制动只适用于位能性负载的低速下放，制动时在转子回路中串入较大电阻，在位能性负载的作用下，倒拉电动机反转，使电动机进入制动状态，其机械特性如图 4-4-2b 所示。

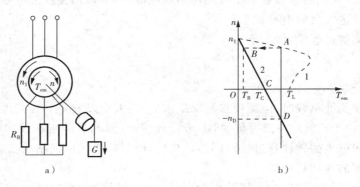

图 4-4-2　电动机转速反向反接制动
a)制动原理图；b)机械特性

设电动机稳定于固有机械特性 1 上的 A 点，突然在转子回路串接较大电阻，由于电动机的转速不能突变，电动机的运行点由 A 点变到 B 点，电动机的转子电流和电磁转矩大幅下降，沿机械特性 2 减速；在速度降到零时，电动机的电磁转矩仍小于负载转矩，在位能性负载的作用下，电机被倒拉反转；随着反方向转速的增加，转子与旋转磁场的切割速度 $n_1-(-n)=n_1+n$ 继续增大，E_{2s}、I_2、T_{em} 进一步增大，在 D 点，$T_{em}=T_L$，电动机以转速 n_D 稳定下放重物。转子回路所串电阻越大，稳定下放的电阻越高。在倒拉制动过程中，T_{em} 的方向没有变化，但转子的转向却变反了，电磁转矩变为制动转矩。制动过程中的转差率为

$$s=\frac{n_1-(-n)}{n_1}>1 \qquad (4-4-4)$$

与电源反接制动一样，转速反向反接制动时 $P_{em}>0$、$P_\Omega<0$，即电动机把从电源吸取的电能及位能性负载的机械能都消耗在转子回路电阻上，因而能耗很大。

由上可知：反接制动方法比较简单，制动效果明显，但能量损耗大，这种方法在有些中型机床中采用，以及铣床的主轴制动也常采用。反接制动方法常用于起重机械缓降重物时限制重物下降速度；在反接制动时，电机从转轴上吸收的机械功率和从电网上吸收的电磁功率

全部消耗在转子回路里,转子将严重发热,因此电机不能长期运行于此种状态。

二、回馈制动

当异步电动机由于某种外因,例如在位能性负载作用下,使转速 n 高于同步转速 n_1,如图 4-4-3a 所示,当 $n>n_1$ 时,$s<0$,转子感应电势 $\dot{E}_{2s}$ 改变了方向。转子电流的有功分量为

$$I_2'\cos\varphi_2=\frac{E_2'}{\sqrt{\left(\dfrac{R_2'}{s}\right)^2+X_2'^2}}\times\frac{\dfrac{R_2'}{s}}{\sqrt{\left(\dfrac{R_2'}{s}\right)^2+X_2'^2}}=\frac{E_2'\dfrac{R_2'}{s}}{\left(\dfrac{R_2'}{s}\right)^2+X_2'^2}<0 \qquad (4-4-5)$$

转子电流的无功分量为

$$I_2'\sin\varphi_2=\frac{E_2'}{\sqrt{\left(\dfrac{R_2'}{s}\right)^2+X_2'^2}}\times\frac{X_2''}{\sqrt{\left(\dfrac{R_2'}{s}\right)^2+X_2'^2}}=\frac{E_2'X_2'}{\left(\dfrac{R_2'}{s}\right)^2+X_2'^2}>0 \qquad (4-4-6)$$

从以上两式可知,$s<0$ 时,转子电流的有功分量改变了方向,无功分量的方向则保持不变,仍与电动状态相同。$\dot{U}_1$ 和 $\dot{I}_1$ 之间的相位差 φ_2 大于 $90°$,此时定子功率 $P_1=3U_1I_1\cos\varphi_1<0$,说明定子有功功率的传递方向与电动状态相反,定子将向电网回馈有功功率,但 $I_1\sin\varphi_1>0$ 说明电机仍需从电网吸取建立磁场的无功功率。由于 $I_2'\cos\varphi_2$ 改变方向,从 $T_{em}=C_T\Phi_m I_2'\cos\varphi_2$ 可知,$T_{em}<0$,T_{em} 的方向与电动状态时相反,即 T_{em} 与 n 方向相反,变为制动转矩。此时,电动的机械功率 $P_{\Omega}=T_{em}\Omega<0$,说明拖动系统向电机输入机械功率,电机将拖动系统的机械能转化为电能回馈电网,回馈制动时电机处于发电状态。

回馈制动的机械特性如图 4-4-3b 所示。在此图中,取提升重物的方向为正方向,下放时 n 为负值,回馈制动的机械特性为反向电动时的机械特性向第四象限的延伸。在 D 点处,电磁转矩等于负载转矩,电机以转速 n_D 稳定下放重物。如果在转子回路中串接电阻,其人为特性如图 4-4-3b 中第四象限的曲线 3,在负载转矩不变时,电机的转速将稳定在更高的速度上(D'点)。为避免下放重物的速度过高,一般不在转子回路中串接电阻。

在变极或变频调速过程中,若电机的同步转速下降较大,在过渡过程中会出现回馈制动。

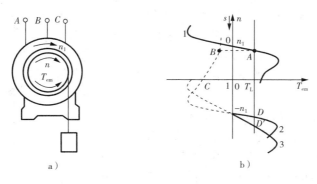

a)　　　　　　　　　　　　　　b)

图 4-4-3　异步电机回馈制动的机械特性

a)制动原理图;b)机械特性

三、能耗制动

1. 能耗制动的原理

图 4-4-4a 是三相异步电动机能耗制动的接线图,设电动机接在交流电网上处于电动状态运行。制动时,在切断交流电源的同时,合上 S_2 将直流电流通入定子绕组,直流电流在异步电动机的气隙中产生一个静止的磁场。此时,转子因惯性继续旋转,转子导体切割静止磁场而产生感应电动势 E_2 和电流 I_2,转子电流与直流磁场相互作用产生电磁转矩 T_{em}。由左手定则可知,此电磁转矩与转速方向相反,为制动转矩,使电动机转速下降,电动机处于制动状态,如图 4-4-4b 所示。当转速降为零时,转子感应电势和电流、电磁转矩也降为零,制动过程结束。

能量制动的本质是将转子中存储的动能通过电磁感应转变为电能,消耗在转子电路的电阻上,因而称为能耗制动。

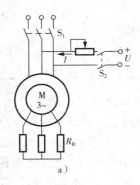

图 4-4-4　三相异步电动机能耗制动

a)接线图;b)原理图

2. 能耗制动的机械特性

从以上分析可知,能耗制动时产生制动的原理与电动时的原理相似,其机械特性的形状也与电动状态时相似,能耗制动的机械特性为倒立过来的电动机的机械特性,如图4-4-5所示。由于 T_{em} 与转速 n 的方向相反,T_{em} 为负值,所以机械特性应在第二象限。这里不做机械特性表达式的数学推导,仅从物理概念上进行说明。

当负载为反抗性负载时,将制动到转速为零停车,此时应断开直流电源,停止工作。当负载为位能性负载时,将反向下降,稳定工作在某一转速下,即实现限速下放。通过改变直流电压的高低或所串入电阻的大小可以改变其制动性能,如图 4-4-5 中曲线 3 或曲线 2 所示。

在转子回路中串入电阻,机械特性将变软。如果电阻适当,既可以限制制动开始时的电流,又可以增大制动转矩,如图 4-4-5 中的曲线 2 所示。当转子所串电阻不变,直流励磁电流增大时,对应于最大转矩的转速不变,但最大转矩增大,如图 4-4-5

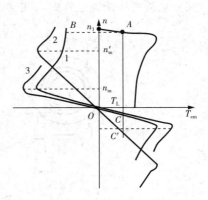

图 4-4-5　能耗制动的机械特性

中的曲线 3 所示。

能耗制动制动过程平稳,对于反抗性负载可实现准确停车;但在低速段,制动转矩较小,低速时的制动效果较差。

应用实施

一、知识拓展：机械制动

机械制动通常是靠摩擦方法产生制动转矩,常用的机械制动方法有电磁抱闸制动和电磁离合器制动等。

电磁抱闸制动是靠电磁制动闸紧紧抱住与电动机同轴的制动轮来制动的。电磁抱闸制动方式的制动力矩大、制动迅速、停车准确,缺点是制动越快冲击振动越大。电磁抱闸制动有断电电磁抱闸制动和通电电磁抱闸制动。断电电磁抱闸制动在电磁铁线圈一旦断电或未通电时,电动机都处于抱闸制动状态,常用于电梯、吊车等设备。

电磁抱闸的基本结构如图 4-4-6 所示,它的主要工作部分是电磁铁和闸瓦制动器。断电电磁抱闸制动原理是电动机通电运行时,电磁抱闸电磁铁线圈带电产生电磁力将闸轮与闸瓦分开;当电动机断电停下

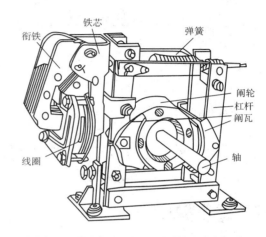

图 4-4-6　电磁抱闸结构示意图

时,电磁抱闸电磁铁线圈也断电,此时电磁力消失,在机械力的作用下闸瓦紧紧抱住闸轮,使与闸轮相连的电动机轴立即停转,从而实现制动。

二、例题

一台三相绕线型异步电动机,已知 $P_N = 20 \ \text{kW}$,$n_N = 1420 \ \text{r/min}$,$U_{2N} = 187 \ \text{V}$,$I_{2N} = 68.5 \ \text{A}$,$\lambda_m = 2.3$,$R_2 = 0.0841 \ \Omega$,拖动 $T_L = 100 \ \text{N} \cdot \text{m}$ 的位能性负载,现欲采用回馈制动放下该重物,在转子电路中串联电阻 $R_b = 0.0159 \ \Omega$。试求:(1)转子电路未串电阻时的转速;(2)切换后瞬间(B点)的制动转矩(见图 4-4-3b 所示);(3)在 D 点下放重物时的转速。

解:(1)转子电路未串电阻时

$$s_N = \frac{n_1 - n_N}{n_1} = \frac{1500 - 1420}{1500} = 0.0533$$

$$T_N = 9.55 \frac{P_N}{n_N} = 9.55 \times \frac{20 \times 10^3}{1420} \ \text{N} \cdot \text{m} = 134.57 \ \text{N} \cdot \text{m}$$

$$T_m = \lambda_m T_N = 2.3 \times 134.57 \ \text{N} \cdot \text{m} = 309.5 \ \text{N} \cdot \text{m}$$

$$s_m = s_N(\lambda_m + \sqrt{\lambda_m^2 - 1}) = 0.0533 \times (2.2 + \sqrt{2.2^2 - 1}) = 0.233$$

由于 $T_{em} = T_L$,由电磁转矩实用表达式得

$$s = s_m\left[\frac{T_m}{T_L} - \sqrt{\left(\frac{T_m}{T_L}\right)^2 - 1}\right] = 0.233 \times \left[\frac{309.5}{100} - \sqrt{\left(\frac{309.5}{100}\right)^2 - 1}\right] = 0.0387$$

$$n = (1-s)n_1 = (1-0.0387) \times 1500 \text{ r/min} = 1422 \text{ r/min}$$

（2）切换后的瞬间

$$n_B = n_A = 1442 \text{ r/min}$$

$$s_B = \frac{n_1 - n_B}{n_1} = \frac{-1500 - 1442}{-1500} = 1.96$$

由于 $s_m \propto (R_2 + R_b)$，则

$$s_{mB} = \frac{R_2 + R_b}{R_2} s_m = \frac{0.841 + 0.0159}{0.841} \times 0.233 = 0.277$$

$$T_{em} = -\frac{2T_m}{\frac{s_B}{s_{mB}} + \frac{s_{mB}}{s_B}} = -\frac{2 \times 309.5}{\frac{1.96}{0.277} + \frac{0.277}{1.96}} \text{ N} \cdot \text{m} = -85.77 \text{ N} \cdot \text{m}$$

（3）转子串电阻 R_b 时，T_m 不变，$s_m \propto (R_2 + R_b)$

$$s_D = -s_{mB}\left[\frac{T_m}{T_L} - \sqrt{\left(\frac{T_m}{T_L}\right)^2 - 1}\right] = -0.277 \times \left[\frac{309.5}{100} - \sqrt{\left(\frac{309.5}{100}\right)^2 - 1}\right] = -0.046$$

$$n_D = (1-s_D)n_1 = (1+0.046) \times (-1500) \text{ r/min} = -1569 \text{ r/min}$$

操作与技能考评

序号	主要内容	考核标准	评分标准	配分	扣分	得分
1	反接制动的接线	会反接制动的主电路接线	电路连接错误扣10分，造成电器损害或短路不给分	40		
2	能耗制动的接线	（1）会利用半波整流器进行能耗制动的主电路接线；（2）会利用全波整流器进行能耗制动的主电路接线	每个电路连接错误扣10分，造成电器损害或短路不给分	60		

项目小结

　　电力拖动是以电动机作为原动机拖动生产机械运动的拖动方式，其研究的对象为电动机与所拖动的生产机械之间的关系。通过学习应掌握电力拖动系统的运动方程、生产机械的负载特性及电力拖动系统稳定运行的条件，并能判断系统的运动状态和稳定运行问题。

　　本项目的重点是三相异步电动机的启动、调速、电磁制动的方法及应用。

　　异步电动机直接启动的特点是启动电流大，启动转矩却不大。小容量的三相异步鼠笼式电动机可以采取直接启动，容量较大的鼠笼式异步电动机可以采取降压启动。降压启动分为定子串接电抗或电阻降压启动、Y-△降压启动和自耦变压器降压启动。定子串电抗或

电阻降压启动时,启动电流随电压成正比减小,而启动转矩随电压平方关系减小,它适用于轻载启动。Y-△降压启动只适用于三角形联接的电动机,其启动电流和启动转矩均降为直接启动时的1/3,它也适用于轻载启动。自耦变压器启动时,启动电流和启动转矩均降为直接启动时的$1/a^2$,适用于电动机带较大的负载启动。此外,还可以采用深槽式及双鼠笼式异步电动机来改善启动性能。

在绕线式异步电动机的转子回路中串适当大小的电阻启动,可达到既增大启动转矩,又减小启动电流的目的,从而较好地改进了异步电动机的启动性能,解决了较大容量异步电动机重载启动的问题。

由于电动机容量大,转子电流也大,其启动电阻只能分段变化,导致启动转矩变化大,对机械冲击力也大,且需庞大的控制设备,操作维护都不方便。以转子串频敏变阻器启动代替串电阻启动,既可以简化控制系统,又能实现平滑启动。

三相异步电动机的调速方法有变频调速、变极调速、改变转差率调速和采用转差离合器调速。其中变转差率调速包括绕线式异步电动机的转子串接电阻调速、串极调速和降压调速。变频调速是异步电动机一种非常好的调速方法,是现代交流调速技术的主要方向。它可以实现无级调速,获得良好的调速平滑性,并且调速范围大、调速的稳定性好、调速效率高,适用于恒转矩和恒功率负载。变极调速是通过改变定子绕组接线方式来实现的。变极调速为有级调速。变极调速时的定子绕组常用的联接方式有Y-YY、△-YY,其中Y-YY属于恒转矩调速方式,△-YY属于恒功率调速方式。变极调速时,应同时对调定子两相联接,这样才能保证调速后电动机的转向不变。绕线式异步电动机的转子串接电阻调速方法简单,但调速是有级的,且低速时机械特性软,转速稳定性差,调速时损耗大。串极调速克服了转子串接电阻调速的缺点,但调速方法复杂。异步电动机的降压调速主要用于通风机类负载或高转差率的电动机上,同时应采用速度负反馈的闭环控制系统。采用电磁转差离合器调速,可不改变电动机的转速,而通过调节转差离合器的励磁电流,就可以调节生产机械的转速。但电磁离合器的机械特性软,在实际中需采用速度负反馈闭环控制系统,使机械特性变硬。

异步电动机常用的电磁制动方法有三种,即反接制动(电源换相反接制动和转速反向反接制动)、回馈制动和能耗制动。制动运行状态又可分为稳定制动运行和过渡制动运行,二者的区别在于转速是否达到稳定。稳定的制动运行状态只有在位能性负载时才能出现。电源换相反接制动过程强烈,但制动过程能量损耗很大,制动停车的准确性差。转速反向反接制动只适用于位能性负载,制动时的能量损耗也很大。回馈制动能向电网回馈电能,比较经济,但只能在同步转速以上进行。能耗制动制动过程平稳,适用于各种类型的负载,但低速时的制动效果较差。

思考与练习

4-1　什么是电力拖动?如何判定系统的运行状态?

4-2　容量为几个千瓦时,为什么直流电动机不能直接启动而三相鼠笼异步电动机却可以直接启动?

4-3　什么是电力拖动系统的稳定运行?电力拖动系统稳定运行的充分必要条件是什么?

4-4　启动电流、启动转矩的大小及启动时间的长短与负载转矩大小有什么关系?三相鼠笼式异步电动机在什么条件下可以直接启动？

4-5 三相异步电动机 Y-△ 降压启动的特点是什么？适用于什么场合？

4-6 三相异步电动机自耦变压器降压启动的特点是什么？适用于什么场合？

4-7 为什么深槽式及双鼠笼式异步电动机的启动转矩比普通鼠笼异步电动机大？

4-8 简述绕线式异步电动机转子串频敏变阻器启动的工作原理。

4-9 为什么绕线式三相异步电动机在转子回路中串合适电阻可以减小启动电流,增大启动转矩？是否串入的电阻越大,启动转矩也越大？若在转子回路中串入电抗器能否改善电动机的启动性能？

4-10 电动机调速有哪些性能指标？静差率与调速范围有什么关系？

4-11 试从最大转矩、临界转差率及启动转矩的表达式分析 $Y-YY$ 和 $△-YY$ 变极调速时的机械特性,$Y-YY$ 和 $△-YY$ 变极调速适用于拖动什么性质的负载？

4-12 三相异步电动机在基频以下和基频以上变频调速时,定子电压怎样变化？分别适用于拖动什么性质的负载？

4-13 绕线式异步电动机采用串级调速时引入转子电路内的电动势有什么要求？若负载转矩不变,欲使转速升高,对所引入电动势的相位有什么要求？

4-14 绕线式三相异步电动机拖动恒转矩负载运行,当转子回路串入不同电阻时,转子的功率因素和电流、定子的功率因素及电流是否变化？

4-15 当三相异步电动机拖动位能性恒转矩负载时,为了限制负载所下降的速度可采取哪几种制动方法？试分析这几种制动过程及功率传递关系。

4-16 在变极和变频调速时,若转速下降较大,则在过渡过程中有制动转矩产生,试分析其原因。绕线式三相异步电动机串电阻调速,从高速到低速的过程中有无上述现象产生？

4-17 一台绕线式异步电动机,$P_N=7.5 \text{ kW}$,$U_N=380 \text{ V}$,$I_N=15.7 \text{ A}$,$n_N=1460 \text{ r/min}$,$\lambda_m=3.0$,$T=0$。求:(1)临界转差率 s_m 和最大转矩 T_m;(2)写出固有机械特性的实用表达式,并绘出固有机械特性。

4-18 一台三相鼠笼式异步电动机,已知 $P_N=40 \text{ kW}$,$U_N=380 \text{ V}$,$n_N=1470 \text{ r/min}$,定子绕组△联接,启动电流倍数 $K_I=6$,启动转矩倍数 $K_{st}=1.1$,电源容量为 560 kVA,电动机带负荷转矩 $T_L=0.6T_N$ 启动,试问电动机能否启动？若不能,应采取什么启动方法？

4-19 一台三相鼠笼式异步电动机,$P_N=10 \text{ kW}$,$U_N=380 \text{ V}$,$n_N=1460 \text{ r/min}$,定子绕组 Y 联接,$\eta_N=86.8\%$,$\cos\varphi_{1N}=0.88$,$K_I=6$,$K_{st}=1.4$。试求:(1)额定电流 I_N;(2)用自耦变压器降压启动,使启动转矩 $T'_{st}=0.8T_N$,试确定自耦变压器抽头。

4-20 一台三相鼠笼式异步电动机,$P_N=300 \text{ kW}$,$U_N=380 \text{ V}$,$I_N=530 \text{ A}$,$n_N=1475 \text{ r/min}$,定子绕组 Y 接法,$K_I=6.5$,$K_{st}=1.5$,$\lambda_m=2.5$,电源允许的最大冲击电流为 1800 A,生产机械要求启动转矩不小于 1000 N·m,试选择适当的启动方法。

4-21 一台三相鼠笼式异步电动机,已知 $U_N=380 \text{ V}$,$I_N=20 \text{ A}$,$n_N=1450 \text{ r/min}$,定子绕组△接法,$\cos\varphi_{1N}=0.87$,$\eta_N=87.5\%$,$\lambda_m=2.1$,$K_I=6.5$,$K_{st}=1.5$。试求:(1)电动机的额定转矩;(2)若要满载启动,电网电压不能低于多少？(3)若采用 Y-△ 启动,启动转矩为多少？能否带 60%额定负载启动？

4-22 一台三相绕线式异步电动机 $P_N=10 \text{ kW}$,$f_1=50 \text{ Hz}$,$n_N=1475 \text{ r/min}$,$R_2=0.15 \text{ }\Omega$,在负载转矩保持不变时,在转子回路中串入三相对称电阻,使电机的转速下降到 1200 r/min。试求:(1)所串电阻的阻值;(2)消耗在所串电阻上的功率。

4-23 一台绕线式三相异步电动机,$P_N=30 \text{ kW}$,$U_N=380 \text{ V}$,$I_N=59.5 \text{ A}$,$f_1=50 \text{ Hz}$,$n_N=1460 \text{ r/min}$,$E_{2N}=395 \text{ V}$,$I_{2N}=47 \text{ A}$,$\lambda_m=2.3$,拖动 $T_L=0.75T_N$ 恒转矩负载运行。现采用电源换相反接制动,要求开始制动时的制动转矩为 $1.2T_N$,求转子每相应串接多大的制动电阻。

项目五　直流电机的基本原理和运行分析

本项目分为三个任务,分析了直流电机的工作原理、直流电机的结构以及各部分的作用;介绍了直流电机的铭牌、直流电机的绕组方式以及单叠绕组和单波绕组的绕法;重点介绍了直流电动机的励磁方式、他励直流电动机的平衡方程式和机械特性。

任务 5.1　直流电动机结构和工作原理分析

任务要求

(1)掌握直流发电机和电动机的工作原理。
(2)掌握直流电机的组成部分的结构和作用。
(3)掌握直流发电机和直流电动机的额定参数定义。
(4)了解单叠绕组和单波绕组的特性。

相关知识

把机械能转变为直流电能的电机是直流发电机;反之,把直流电能转变为机械能的电机是直流电动机。

在电机的发展史上,直流电机发明得较早,它的电源是电池。后来才出现了交流电机。

当发明了三相交流电以后,交流电机得到迅速的发展。但是,迄今为止,工业领域里仍有使用直流电动机的,这是由于直流电动机具有以下突出的优点:

(1)调速范围广,易于平滑调速;
(2)启动、制动和过载转矩大;
(3)易于控制,可靠性较高。

直流电动机多用于对调速要求较高的生产机械上,如轧钢机、电车、电气铁道牵引、挖掘机械、纺织机械等。

直流发电机可用来作为直流电动机以及交流发电机的励磁直流电源。

直流电机的主要缺点是换向问题,它限制了直流电机的极限容量,又增加了维护的工作量。为了克服这个缺点,许多人在研究交流电动机的调速,也取得了一定的效果,在某些调速场合可以代替直流电动机,这是发展的方向。但是,反过来由于利用了可控硅整流电源,使直流电动机的应用增加了一个有利因素,目前使用直流电动机的场合也很多。

一、直流电机的基本工作原理

直流电机是使电机的绕组在直流磁场中旋转感应出交流电,经过机械整流,得到直流电。图5-1-1是一台交流发电机的模型。图中,N、S是主磁极,它是固定不动的。abcd是装在可以转动的圆柱体上的一个线圈,把线圈的两端分别接到两个回环上(叫滑环)。这个可以转动的转子称电枢。在每个滑环上放上固定不动的电刷A和B。通过电刷A、B把旋转着的电路(线圈abcd)与外面静止的电路相连接。

当原动机拖动电枢以恒定转速,逆时针方向旋转时,根据电磁感应定律可知,在线圈abcd中就会有感应电动势。感应电动势的大小用下式确定:

$$e = BLv(\text{V})$$

式中:B——导体所在处的磁密,单位为 $\text{T}(\text{Wb}/\text{m}^2)$;

$\quad L$——导体ab或cd的有效长度,单位为 m;

$\quad v$——导体ab或cd与B之间的相对线速度,单位为 m/s。

感应电动势的方向,用右手定则确定。在图5-1-1所示瞬间,导体ab、cd的感应电动势方向分别由b指向a和由d指向c。这时电刷A呈高电位,电刷B呈低电位。当图5-1-1中电枢逆时针方向转过180°时,导体ab与cd互换了位置。用感应电动势的右手定则判断,在这个瞬间,导体ab、cd的感应电动势方向都与刚才的相反。这时电刷B呈高电位,电刷A呈低电位。如果电枢继续逆时针方向旋转180°,导体ab、cd又转到图5-1-1所示位置,显然电刷A又呈高电位,电刷B呈低电位。由此可见,图5-1-1中的电机电枢每转一周,线圈abcd中感应电动势方向交变一次,这是最简单的交流发电机的模型。如果想得到直流电动势,图5-1-1的模型是不行的。必须把上述线圈abcd感应的交变电动势进行整流。整流的方式很多,但可以归纳为两大类:一类为电子式;一类为机械式。在直流发电机中,采用的是机械式整流装置,称之为换向器。

图5-1-2是最简单的直流发电机的物理模型,它由两个相对放置的导电片(换向片)代替图5-1-1中所示的两个滑环。换向片之间用绝缘材料隔开,两个换向片分别接到线圈ab、cd的一端,电刷放在换向片上固定不动,这就是最简单的换向器。有了换向器,在电刷A、B之间的感应电动势就和图5-1-1中电刷A、B间的电动势不一样了。例如,在图5-1-2所示瞬间,线圈abcd中感应电动势的方向如图所示,这时电刷A呈正极性,电刷B呈负极性。当线圈逆时针方向旋转了180°时,导体cd位于N极下,ab位于S极下,各导体中电动势都分别改变了方向。但是,由于换向片随着线圈一起旋转,原本与电刷B接触的换向片,现在却与电刷A接触了,与电刷A接触的换向片与电刷B接触了,显然这时电刷A仍呈正极性,电刷B呈负极性。从图5-1-2看出,与电刷A接触的导体永远位于N极下,同样,与电刷B接触的导体永远位于S极下。可见,A电刷总是呈正极性,B电刷总是呈负极性。

由此可见,把图5-1-1交流发电机的滑环换成换向器,就可以在电刷A、B两端获得

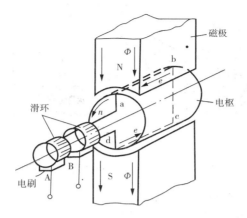

图 5-1-1　交流发电机的物理模型

直流电动势。

图 5-1-2 仅仅是一个简单的物理模型,实际的直流发电机电枢上绝非仅有一个线圈,而是根据需要有许多个线圈分布在电枢铁芯上,按照一定的规律连接起来,构成电枢。

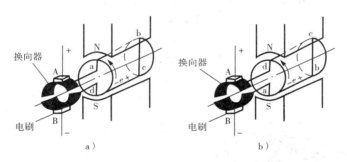

图 5-1-2　直流发电机的物理模型

图 5-1-3 所示为直流电动机的物理模型,与发电机物理模型不同的是:①线圈不由原动机拖动;②电刷 A、B 接到直流电源上。于是在线圈 abcd 中有电流流过。电流的方向如图 5-1-3 所示。根据安培定律知道,载流导体 ab、cd 上受到的电磁力 f 为

$$f = BiL(\text{N})$$

式中:i——导体中的电流,单位为 A。

导体受力的方向用左手定则确定,导体 ab 的受力方向是从右向左,cd 的受力方向是从左向右,如图 5-1-3 所示。这个力乘以转子的半径,就是转矩,称为电磁转矩。此时电磁转矩的作用方向是逆时针方向,企图使电枢逆时针方向旋转。如果此电磁转矩能够克服电枢上的阻转矩(例如由摩擦引起的阻转矩以及其他负载转矩),电枢就能按逆时针方向旋转起来。当电枢旋转了 180° 后,导体 cd 转到 N 极下,ab 转到 S 极下时,由于直流电源产生的电流的方向不变,仍从电刷 A 流入,经导体 ab、cd 后,从电刷 B 流出。这时导体 cd 受力方向变为从右向左,导体 ab 受力方向是从左向右,产生的电磁转矩的方向未变,仍为逆时针方向。

由此可见,对直流电动机而言,其电枢线圈里的电流方向是交变的,但产生的电磁转矩

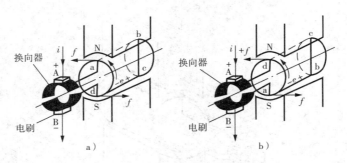

图 5-1-3　直流电动机的物理模型

却是单方向的,这也是由于有换向器的缘故。

与直流发电机一样,实际的直流电动机电枢上也不止一个线圈,但不管有多少个线圈,所产生电磁转矩的方向都是一致的。

二、直流电机的主要结构与型号

1. 主要结构

直流发电机和直流电动机从主要结构上看,没有差别。直流电机的结构是多种多样的,这里不可能仔细介绍。下面叙述一下它的主要结构。

图 5-1-4 是一台常用的小型直流电机的结构图,图 5-1-5 是一台两极直流电机从面对轴端看的剖面图,直流电机是由定子部分和转子部分构成的,定子和转子靠两个端盖连接。

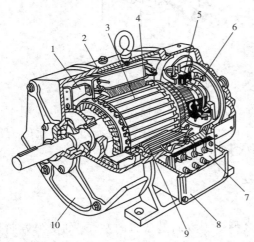

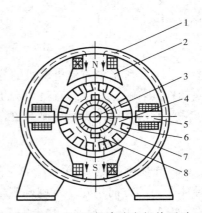

图 5-1-4　小型直流电机的结构

1—风扇;2—机座;3—电枢;4—主磁极;5—刷架;
6—换向器;7—接线板;8—出线盒;9—换向极;10—端盖

图 5-1-5　两极直流电机从面对
轴端看的剖面图

1—外壳;2—主磁极;3—转轴;4—转子铁芯;
5—换向磁极;6—电枢绕组;7—换向器;8—电刷

(1)定子部分

定子部分主要包括机座、主磁极、换向极和电刷装置等。

机座:一般直流电机都是整体机座。所谓整体机座,就是一个机座同时起两方面的作用,一方面起导磁的作用,一方面起机械支撑的作用。由于机座要起导磁的作用,所以它是主磁路的一部分,叫定子磁轭,一般多用导磁效果较好的铸钢材料制成,小型直流电机也有用厚钢板的,主磁极、换向极以及架起中、小型电机转动部分的两个端盖都固定在电机的机座上,所以机座又起了机械支撑的作用。

主磁极:主磁极又称主极,它的作用是能够在电枢表面外的气隙空间里产生一定形状分布的气隙磁密,绝大多数直流电机的主磁极都是由直流电流来励磁的,所以主磁极上还应装有励磁线圈。只有小直流电机的主磁极才用永久磁铁,这种电机叫永磁直流电机。

图 5-1-6 为主磁极的装配图。主极铁芯是用 1~1.5 mm 厚的低碳钢板冲成一定形状,然后把冲片叠在一起,用铆钉铆成。把事先绕制好的励磁线圈套在主极铁芯的外面,整个主磁极再用螺钉紧固在机座的内表面上。

励磁线圈:励磁线圈有两种,一为并励,一为串励。并励线圈的导线细,匝数多;串励线圈的导线粗,匝数少。磁极上的各励磁线圈分别可以连成并励绕组和串励绕组。

为了让气隙磁密沿电枢的圆周方向气隙空间里分布得更加合理,主磁极的铁芯做成图 5-1-6 所示形状,其中较窄的部分叫极身,较宽的部分叫极

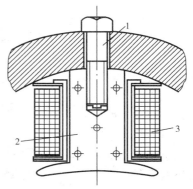

图 5-1-6　主磁极装置器
1—主磁极;2—铁芯;3—励磁线圈

靴。容量在 1 kW 以上的直流电机,在相邻两主磁极之间要装上换向极。

换向极:换向极又称附加极,其作用是为了改善直流电机的换向。换向极的形状比主磁极的简单,一般用整块钢板制成。换向极的外面套有换向极绕组。由于换向极绕组里流的是电枢电流,所以其导线截面积较大,匝数较少。

电刷装置:电刷装置的作用是可以把电机转动部分的电流引出到静止的电路,或者反过来把静止电路里的电流引入到旋转的电路里。电刷装置与换向器配合才能使交流电机获得直流电机的效果。电刷放在电刷盒里,用弹簧压紧在换向器上,电刷上有个铜辫,可以引入、引出电流。直流电机里,常常把若干个电刷盒装在同一个绝缘的刷杆上,在电路连接上,把同一个绝缘刷杆上的电刷盒并联起来,成为一组电刷。一般直流电机中,电刷组的数目可以用电刷杆数表示,刷杆数与电机的主极数相等。各电刷杆在换向器外表面上沿圆周方向均匀分布,正常运行时,电刷杆相对于换向器表面有一个正确的位置,如果电刷杆的位置放得不合理,将直接影响电机的性能。

(2)转子部分

直流电机转子部分又称为电枢部分,包括电枢铁芯、电枢绕组、换向器、风扇、转轴和轴承等。

电枢铁芯:是直流电机磁路的一部分。当电枢旋转时,铁芯中磁通方向发生变化,会在铁芯中引起涡流损耗与磁滞损耗。为了减小这部分损耗,通常用 0.5 mm 厚的低硅硅钢片或冷轧硅钢片冲成一定形状的冲片,然后把这些冲片两面涂上漆再叠装起来,成为电枢铁芯,安装在转轴上。电枢铁芯沿圆周上有均匀分布的槽,里面可嵌入电枢绕组。

电枢绕组:是用包有绝缘的导线绕制成的一个个电枢线圈,线圈也称为元件,每个元件有两个出线端。电枢线圈嵌入电枢铁芯的槽中,每个元件的两个出线端都与换向器的

换向片相连,连接时都有一定的规律,构成电枢绕组。图 5-1-7 为直流电机电枢装配示意图。

换向器:安装在转轴上,主要由许多换向片组成,每两个相邻的换向片中间是绝缘片。换向片数与线圈元件数相同。

转子上还有轴承和风扇等。

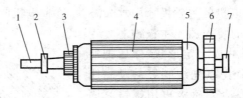

图 5-1-7 直流电机电枢

1—转轴;2—轴承;3—换向器;4—电枢铁芯;5—电枢绕组;6—风扇;7—轴承

(3)端盖

端盖把定子、转子联为一个整体,两个端盖分别固定在定子机座的两端,并支撑着转子。端盖还起保护等作用。电刷杆也固定在端盖上。

2. 电机的铭牌数据

根据国家标准,直流电机的额定数据如下所示。

(1)额定容量(功率)P_N:电机在额定情况下允许输出的功率。对于发电机,指输出的电功率;对于电动机,指轴上输出的机械功率,单位一般为 kW 或 W。

(2)额定电压 U_N:在额定情况下,电刷两端输出或输入的电压,单位为 V。

(3)额定电流 I_N:在额定情况下,电机流出或流入的电流,单位为 A。

(4)额定转速 n_N:在额定功率、额定电压、额定电流时电机的转速,单位为 r/min。

(5)额定励磁电压 U_{fN}:在额定情况下,励磁绕组所加的电压,单位为 V。

(6)额定励磁电流 I_{fN}:在额定情况下,通过励磁绕组的电流,单位为 A。

有些物理量虽然不标在铭牌上,但它也是额定值,例如在额定运行状态的转矩、效率分别称为额定转矩、额定效率等。电机的铭牌固定在电机机座的外表面上,供使用电机者参考。

直流发电机的额定容量应为

$$P_N = U_N \cdot I_N$$

而直流电动机的额定容量为

$$P_N = U_N \cdot I_N \cdot \eta_N$$

式中:η_N 是直流电动机的额定效率。它是直流电动机额定运行时输出机械功率与电源输入电功率之比。

电动机轴上输出的额定转矩用 T_N 表示,其大小为输出的机械功率额定值除以转子角速度的额定值,即

$$T_N = \frac{P_2}{\Omega_N} = \frac{P_2}{2\pi n_N/60} = 9.55\frac{P_2}{n_N}$$

其中，P_N 的单位为 W，n_N 的单位为 r/min，T_N 的单位是 N·m。此式不仅适用于直流电动机，也适用于交流电动机。若 P_N 的单位用 kW，系数 9.55 便改为 9550。

直流电机运行时，若各个物理量都与它的额定值一样，就称为额定运行状态。在额定运行状态下工作，电机能可靠地运行，并具有良好的性能。

实际运行中，电机不可能总是运行在额定状态。如果流过电机的电流小于额定电流，称为欠载运行；超过额定电流，称为过载运行。长期过载或欠载运行，都不好。长期过载有可能因过热而损坏电机；长期欠载，运行效率不高，浪费能量。选择电机时，应根据负载的要求，尽量让电机工作在额定状态。

3. 国产直流电机的主要系列产品

电机产品的型号一般用大写印刷体的汉语拼音字母和阿拉伯数字表示。其中，汉语拼音字母是根据电机的全名称选择有代表意义的汉字，再从该汉字的拼音中得到。例如，Z4－112/2－1的含意如下：

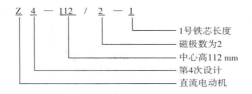

国产的直流电机种类很多，下面列出一些常见的产品系列：

Z2 系列是一般用途的中、小型直流电机，包括发电机和电动机。

Z 和 ZF 系列是一般用途的大、中型直流电机系列。Z 是直流电动机系列；ZF 是直流发电机系列。

ZT 系列是用于恒功率且调速范围比较大的拖动系统里的广调速直流电动机。

ZZJ 系列是冶金辅助拖动机械用的冶金起重直流电动机。

ZQ 系列是电力机车、工矿电机车和蓄电池供电电车用的直流牵引电动机。

ZH 系列是船舶上各种辅助机械用的船用直流电动机。

ZA 系列是用于矿井和有易爆气体场所的防爆安全型直流电动机。

ALT 系列是用于龙门刨床的直流电动机。

ZKZ 系列是冶金、矿山挖掘机用的直流电动机。

三、直流电机的电枢绕组

电枢绕组是直流电机的核心部分。无论是发电机还是电动机，它们的电枢绕组在电机的磁场中旋转，都会感应出电动势。当电枢绕组中有电流时，会产生电枢磁通势，它与气隙磁场相互作用，又产生了电磁转矩。电动势与电流的乘积就是电磁功率，电磁转矩与电枢旋转机械角速度的乘积就是机械功率。在直流电机里，可以吸收或发出电磁功率，也可以输出或输入机械功率，这要根据电机的工作状况来确定，将在后面介绍。可见，在能量转换的过程中，电枢绕组起着重要的作用。

电枢绕组是由许多个形状完全一样的单匝绕组元件（当然也可以是多匝元件）以一定的规律连接起来的。一个绕组元件也就是一个线圈，为了方便，以后都称元件。元件的个数用 S 表示。

所谓单匝元件,就是每个元件的元件边(一个元件有两个元件边)里仅有一根导体,对多匝元件来说,一个元件边里就不止一根导体了。用 N 代表元件的匝数,多匝元件的元件边里有 N 根导体。图 $5-1-8a$ 就是一个多匝元件,$N_y=2$。不管一个元件里有多少匝,引出线只有两根,一根叫首端,一根叫尾端。同一个元件的首端和尾端分别接到不同的换向片上,而各个元件之间又是通过换向片彼此连接起来的。这样就必须在同一个换向片上,既联有一个元件的首端,又联有另一元件的尾端。用 K 表示换向片的数目。可见,整个电枢绕组的元件数 S 应等于换向片数 K,即 $S=K$。

元件嵌在电枢铁芯的槽里,如图 $5-1-8b$ 所示。从图中可看出,元件的一个边仅占了半个电枢槽,即同一个元件的一个元件边占了某槽的上半槽,另一元件边占了另一槽的下半槽。同一个槽里能嵌放两个元件边,而一个元件又正好有两个元件边,这样电枢上的槽数 Z 应该等于元件数 S,即 $Z=S$。

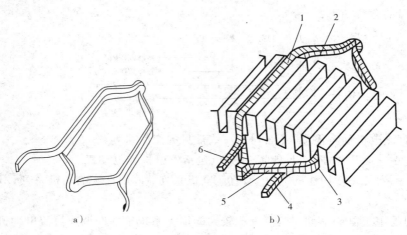

图 $5-1-8$　电枢绕组的元件及嵌放方法

1—上层有效边;2,5—端接部分;3—下层有效边;4—线圈尾端;6—线圈首端

元件嵌放在槽内的部分能切割气隙磁通,感生电动势,称为有效部分,其余的是端接部分。

在分析电枢绕组连接规律时,要着重研究它的节距、展开图、元件连接次序和并联支路图。

直流电机电枢绕组最基本的形式有两种:单叠绕组与单波绕组。

1. 单叠绕组

(1)节距

所谓节距,是指被连接起来的两个元件边之间的距离,以所跨过的元件边的虚槽数或距离来表示,如图 $5-1-9$ 所示。

① 第一节距 y_1

y_1 是同一个元件两个元件边之间的距离。选择 y_1 的依据是尽量让元件里感应电动势为最大,即 y_1 应接近或等于极距,有

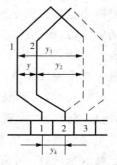

图 $5-1-9$　单叠绕组的节距

$$y_1 = \frac{Z}{2P} \mp \varepsilon$$

式中：ε 是使 y_1 凑成整数的一个分数。当取 $-\varepsilon$ 时，称为短距绕组；当为 0 时，称为整距绕组；当为 $+\varepsilon$ 时，称为长距绕组。

② 合成节距 y 和换向器节距 y_K

元件 1 和它相连的元件 2 对应边之间的跨距是 y。每个元件首端、末端所连两个换向片之间的跨距是 y_K，用换向片数目表示。对单叠绕组 $y = y_K = 1$。当把每一个元件连成绕组时，连接的顺序是从左向右进行，叫右行绕组。图 5-1-9 所示就是这种绕组。

③ 第二节距 y_2

y_2 是连至同一个换向片的两个元件边之间的距离，或者说，是元件 1 的下层元件边在换向器端经过换向片连到元件 2 的上层元件边之间的跨距。对单叠绕组有

$$y_2 = y_1 - y$$

（2）单叠绕组的展开图

绕组展开图就是把放在电枢铁芯槽里的由各元件构成的电枢绕组单独取出来，画在同一张图里，以表示槽里各元件彼此在电路上的连接情况。因此绕组展开图是一个原理图，并非实际电枢绕组的结构图，它仅仅有助于我们了解电枢绕组在电路上的连接情况。但是，在画绕组展开图时，必须考虑槽里各元件在气隙磁场里的相对位置，否则毫无意义。

在画绕组展开图之前，要先根据给定的极数 $2P$、槽数 Z、元件数 S 和换向片数 K，算出元件的各节距，然后才能画图。下面通过一个具体的例子，说明如何画绕组的展开图。

已知一台直流电机的极数 $2P = 4$，$Z = S = K = 16$，画出它的右行单叠绕组的展开图。

① 计算各节距

第一节距 y_1：$y = \dfrac{Z}{2P} \pm \varepsilon = \dfrac{16}{4} = 4$

合成节距 y 和换向器节距 y_K：$y = y_K = +1$

第二节距 y_2：$y_2 = y_1 - y = 4 - 1 = 3$

② 画绕组的展开图

第一步：先画 16 根等长、等距的实线，代表各槽上层元件边，再画 16 根等长、等距的虚线，代表各槽下层元件边。让虚线与实线靠近一些。实际上一根实线和一根虚线代表一个槽，依次把槽编上号码，如图 5-1-10 所示。

第二步：放磁极。让每个磁极的宽度大约等于 0.7 极距，图中用 τ 表示极距，4 个磁极均匀分布在各槽之上，并标上 N、S 极性。

第三步：画 16 个小方块代表换向片，并标上号码。为了能连出形状对称的元件，换向片的编号应与槽的编号有一定对应关系（由第一节距 y_1 来考虑）。

第四步：连绕组。由第 1 换向片经第 1 槽上层（实线），根据第一节距 $y_1 = 4$，应该连到第 5 槽的下层（虚线），然后回到换向片 2，注意，中间隔了 4 个槽，如图 5-1-10 所示。从图中可以看出，这时元件的几何形状是对称的。由于是右行单叠绕组，所以第 2 换向片应与第

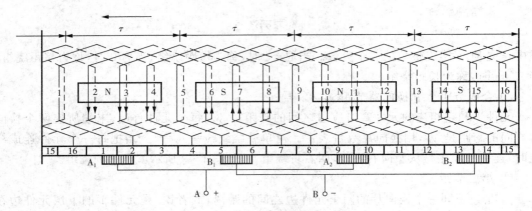

图 5-1-10　单叠绕组展开图

2 槽上层（实线）相连接，当然第 2 槽上层元件边应和第 6 槽下层（虚线）相连，这就画出了第 2 个元件，之后再回到第 3 换向片。按此规律连接，一直把 16 个元件统统连起来为止。

校核第 2 节距：第 1 元件放在第 5 槽的下层边与放在第 2 槽第 2 元件的上层边，它们之间满足 $y_2=3$ 的关系。其他元件也如此。

第五步：确定每个元件边里导体感应电动势的方向。图 5-1-10 所示瞬间 1、5、9、13 四个元件正好位于两个主磁极的中间，该处气隙磁密为零，所以不感应电动势。其余的元件中感应电动势的方向可根据电磁感应定律的右手定则判断。在图 5-1-10 中，磁极是放在电枢绕组上面的，因此 N 极的磁感应线在气隙里的方向是进纸面的，S 极是出纸面的，电枢从右向左旋转，所以在 N 极下的导体电动势是向下的，在 S 极下是向上的。

第六步：放电刷。在直流电机里，电刷组数也就是刷杆的数目与主极的个数一样多。对本例来说，就是 4 组电刷，它们均匀地放在换向器表面圆周方向的位置。每个电刷的宽度等于每一个换向片的宽度。

放电刷的原则是要求正、负电刷之间得到最大的感应电动势，或被电刷所短路的元件中感应电动势最小，这两个要求实际上是一致的，满足哪个都行。在图 5-1-10 中，由于每个元件的几何形状对称，如果把电刷的中心线对准主极的中心线，就能满足上述要求。图 5-1-10 中，被电刷所短路的元件正好是 1、5、9、13，这几个元件中的电动势恰为零。实际运行时，电刷是静止不动的，电枢在旋转，但是，被电刷所短路的元件永远都是处于两个主磁极之间的地方，感应电动势当然为零。

实际的电机并不要求在绕组展开图上画出电刷的位置，而是等电机制造好，用实验的办法来确定电刷在换向器表面上的位置。

在图 5-1-10 中，如果把电刷放在换向器表面其他的位置上，正、负电刷之间的感应电动势都会减小，被电刷所短路的元件里电动势不是最小，对换向将无利而有害。

（3）单叠绕组元件连接次序

根据图 5-1-10 的节距，可以直接看出绕组各元件之间是如何连接的。如第一槽上层元件边经 $y_1=4$ 接到第 5 槽的下层元件边，构成了第 1 个元件，它的首、末端分别接到第 1、2 两个换向片上。第 5 槽的下层元件边经 $y_2=3$ 接到第 2 虚槽的上层元件边，这样就把第 1、2 两个元件连接起来了。依此类推，如图 5-1-11 所示。

从图 5-1-11 中看出,从第 1 元件开始,绕电枢一周,把全部元件边都串联起来,之后又回到第 1 元件的起始点 1。可见,整个绕组是一个闭路绕组。

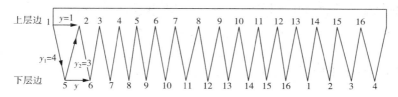

图 5-1-11　单叠绕组连接次序表

(4)单叠绕组的并联支路图

按照图 5-1-11 各元件连接的顺序,可以得到如图 5-1-12 所示的并联支路图。可见,单叠绕组并联支路对数 a(每两个支路算一对)等于极对数 P,即 $a=P$。

单叠绕组电刷杆数等于极数。

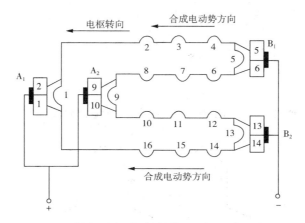

图 5-1-12　单叠绕组的并联支路图

综上所述,对电枢绕组中的单叠绕组,有以下的特点:

① 位于同一个磁极下的各元件串联起来组成了一个支路,即支路对数等于极对数,$a=P$。

② 当元件的几何形状对称,电刷放在换向器表面上的位置对准主磁极中心线时,正、负电刷间感应电动势为最大,被电刷所短路的元件里感应电动势最小。

③ 电刷杆数等于极数。

电刷在换向器表面上的位置,虽然对准主磁极的中心线,但被电刷所短路的元件,它的两个元件边仍然位于几何中线处。为了简单起见,今后所谓电刷放在几何中线上,就是指被电刷所短路的元件,它的元件边位于几何中线处,也就是指图 5-1-12 所示的这种情况。初学者要十分注意。

2. 单波绕组

(1)节距

① 第一节距 y_1

其确定原则与单叠绕组的完全一样。选择 y_1 时,应使相串联的元件感应电动势同方向。为此,得把两个相串联的元件放在同极性磁极的下面,让它们在空间位置上相距约两个极距。其次,当沿圆周向一个方向绕了一周,经过 P 个串联的元件后,其末尾所连的换向片 Py_K 必须落在与起始的换向片 1 相邻的位置,才能使第二周继续往下连,即

$$Py_K = K \mp 1$$

因此,单波绕组元件的换向器节距为

$$y_K = \frac{K \mp 1}{P}$$

式中正负号的选择,首先要满足 y_K 是一个整数。在满足 y_K 为整数时,一般都取负号。这种绕组当把每一个元件连成绕组时,连接的顺序是从右向左进行,称左行绕组。图 5-1-13 所示就是左行绕组。

② 合成节距 y

$$y = y_K$$

③ 第二节距 y_2

$$y_2 = y - y_1$$

单波绕组各节距如图 5-1-13 所示,连接后的形状犹如波浪,故由此而得名。

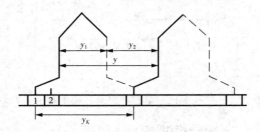

图 5-1-13 单波绕组的节距

(2)单波绕组的展开图

举例说明,已知一台直流电机的数据为 $2P=4$,$Z=S=K=15$,连成单波绕组时的各节距为

$$y_1 = \frac{Z}{2P} \mp \varepsilon = \frac{15}{4} + \frac{1}{4} = 4$$

$$y = y_K = \frac{K-1}{P} = \frac{15-1}{2} = 7$$

$$y_2 = y - y_1 = 7 - 4 = 3$$

图 5-1-14 是它的展开图。至于磁极、电刷位置及电刷极性判断都与单叠绕组一样。在端接线对称的情况下,电刷中心线仍要对准磁极中心线。

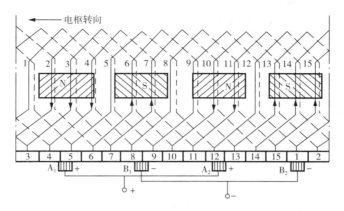

图 5-1-14 单波绕组的展开图

（3）单波绕组的并联支路图

从图 5-1-14 中看出：单波绕组是把所有 N 极下的全部元件串联起来组成了一个支路，把所有 S 极下的全部元件串联起来组成了另一支路。由于磁极只有 N、S 之分，所以单波绕组的支路对数 a 与极对数多少无关，永远为 1，即 $a=1$。

单从支路对数来看，单波绕组有两个刷杆就能进行工作。实际使用中，仍然要装上全额刷杆，这样有利于电机换向以及减小换向器轴向尺寸。只有在特殊情况下可以少用刷杆。

综上所述，单波绕组有以下特点：

① 同极性下各元件串联起来组成一个支路，支路对数 $a=1$，与磁极对数 P 无关。

② 当元件的几何形状对称时，电刷在换向器表面上的位置对准主磁极中心线，支路电动势最大（即正、负电刷间电动势最大）。

③ 电刷杆数也应等于极数（采用全额电刷）。

从上面分析单叠绕组与单波绕组来看，在电机的极对数（极对数要大于 1）、元件数以及导体截面积相同的情况下，单叠绕组并联支路数多，每个支路里的元件数少，适用于较低电压、较大电流的电机。对单波绕组，支路对数永远等于 1，在总元件数相同的情况下，每个支路里含的元件数较多，所以这种绕组适用于较高电压、较小电流的电机。

实际应用中还有复叠、复波以及混合绕组等，这里不一一介绍。

应用实施

例题：一台直流电动机的额定数据为 $P_N=13\ \text{kW}$，$U_N=220\ \text{V}$，$n_N=1500\ \text{r/min}$，$\eta_N=87.6\%$，求额定输入功率 P_{1N}、额定电流 I_N 和额定输出转矩 T_{2N}。

解：已知额定输出功率 $P_N=13\ \text{kW}$，额定效率 $\eta_N=87.6\%$，所以额定输入功率

$$P_{1N}=\frac{P_N}{\eta_N}=\frac{13}{0.876}\ \text{kW}=14.84\ \text{kW}$$

额定电流

$$I_N=\frac{P_{1N}}{U_N}=\frac{14.84\times10^3}{220}\ \text{A}=67.45\ \text{A}$$

由于输出功率 $P_N = T_{2N} \cdot \omega_N$，而角速度 $\omega_N = \dfrac{2\pi n}{60}$，所以额定输出转矩为

$$T_{2N} = \frac{60 P_N \times 10^3}{2\pi n_N} \text{ N} \cdot \text{m} = 82.77 \text{ N} \cdot \text{m}$$

操作与技能考评

序号	主要内容	考核标准	评分标准	配分	扣分	得分
1	直流电机的基础知识	(1)能够简述直流电机的分类； (2)能够简述直流发电机和电动机的工作原理； (3)能够简述直流电机的结构及各部分作用； (4)能够简述单叠绕组和单波绕组的特点	叙述不清、不达重点均不给分；(2)和(3)回答5种以内加1分，5种以上加2分	40		
2	电机实训台各电源的认识	能够识别3个电源模块	叙述不清、不达重点均不给分；答对1个单元给10分	30		
3	直流发电机和电动机的功率测定	(1)能够使用电源和调节可变电源； (2)能够测量和调节电压和电流大小； (3)能够测量功率大小	调节成功1个单元给10分	30		

任务 5.2　直流电机的运行分析

任务要求

(1)掌握他励直流电动机电枢电动势和电磁转矩的表达式。

(2)了解电枢反应的概念，并掌握电枢反应对电动机的影响。

(3)掌握直流电动机的励磁方式。

(4)掌握他励直流电动机的平衡方程式。

相关知识

一、电枢电动势与电磁转矩

直流电机运行时，电枢元件在磁场中运动产生切割电动势，同时由于元件中有电流，会

受到电磁力。下面对电枢电动势及电磁转矩进行定量计算。

1. 电枢电动势

电枢电动势是指直流电机正、负电刷之间的感应电动势,也就是电枢绕组每个支路里的感应电动势。

电枢旋转时,就某一个元件来说,它一会儿在这个支路里,一会儿在另一个支路里,其感应电动势的大小和方向都在变化着。但是,各个支路所含元件数量相等,各支路的电动势相等且方向不变。于是,可以先求出一根导体在一个极距范围内切割气隙磁密的平均电动势,再乘上一个支路里的总导体数 $\frac{N}{2a}$,便是电枢电动势。

一个磁极极距范围内,平均磁密用 B_a 表示,极距为 τ,电枢的轴向有效长度为 L,每极磁通为 Φ,则

$$B_a = \frac{\Phi}{L\tau} \qquad (5-2-1)$$

一根导体的平均电动势为

$$e_a = B_a L v \qquad (5-2-2)$$

线速度 v 可以写成

$$v = 2P\tau \frac{n}{60} \qquad (5-2-3)$$

式中:P——磁极对数;

n——电枢的转速。

将式(5-2-1)、式(5-2-3)代入式(5-2-2)后,可得

$$e_a = 2P\Phi \frac{n}{60} \qquad (5-2-4)$$

导体平均感应电动势 e_a 的大小只与导体每秒所切割的总磁通量 $2P\Phi$ 有关,与气隙磁密的分布波形无关。于是当电刷放在几何中线上,电枢电动势为

$$E_a = \frac{N}{2a} e_a = \frac{PN}{60a} \Phi n = C_e \Phi_n \qquad (5-2-5)$$

式中:$C_e = \frac{PN}{60a}$ 是一个常数,称电动势常数。

如果每极磁通 Φ 的单位为 Wb,转速 n 的单位为 r/min,则感应电动势 E_a 的单位为 V。从上式看出,已经制造好的电机,它的电枢电动势正比于每极磁通 Φ 和转速 n。

2. 电磁转矩

当电枢绕组中有电枢电流流过时,通电的电枢绕组在磁场中将受到电磁力,该力与电机电枢铁芯半径之积称为电磁转矩。

先求一根导体所受的平均电磁力。根据载流导体在磁场里的受力原理,一根导体所受的平均电磁力为

$$f_a = B_a L i_a \qquad (5-2-6)$$

式中：$i_a = \dfrac{I_a}{2a}$——一根电枢导体中流过的电流；

I_a——电枢总电流；

a——支路对数。

一根导体受的平均电磁力 f_a 乘上电枢的半径 $D/2$ 为转矩 T_a，即

$$T_a = f_a \frac{D}{2} \tag{5-2-7}$$

式中：$D = \dfrac{2P\tau}{\pi}$ 是电枢的直径。

总电磁转矩用 T_{em} 表示，即

$$T_{em} = NT_a = Nf_a \frac{D}{2} = NB_a Li_a \frac{D}{2} = N\frac{\Phi}{L\tau}L\frac{I_a}{2a}\frac{D}{2} = \Phi I_a \cdot \frac{ND}{4a}\frac{2P}{\pi D}$$

最后得

$$T_{em} = \frac{PN}{2\pi a}\Phi I_a = C_T \Phi I_a \tag{5-2-8}$$

式中：$C_T = \dfrac{PN}{2\pi a}$ 是一个常数，称为转矩常数。

如果每极磁通 Φ 的单位为 Wb，电枢电流的单位为 A，则电磁转矩 T_{em} 的单位为 N·m。

由电磁转矩表达式看出，直流电动机制成后，它的电磁转矩的大小正比于每极磁通和电枢电流。

电动势常数与转矩常数的关系式为 $C_T = 9.55 C_e$。

上面分析了电枢电动势和电磁转矩的大小，它们的方向分别用右手定则和左手定则确定。图 5-1-2 所示直流发电机物理模型中，转速 n 的方向是原动机拖动的方向，从电刷 B 指向电刷 A 的方向就是电枢电动势的实际方向，对外电路来说，电刷 A 为高电位，电刷 B 为低电位，分别可用正、负号表示。再用左手定则判断一下电磁转矩的方向，电流与电动势方向一致，显然导体 ab 受力向右，导体 cd 受力向左，电磁转矩的方向与转速方向相反，亦与原动机输入转矩方向相反。电磁转矩与转速方向相反，是制动性转矩。下面再分析一下图 5-1-3 所示直流电动机的情况。电刷 A 接电源的正极，电刷 B 接负极，电流方向与电压一致。导体受力产生的电磁转矩是逆时针方向的，故转子转速也是逆时针方向的，电磁转矩是拖动性转矩。用右手定则判断一下电枢电动势方向，导体 ab 中电动势方向从 b 到 a，导体 cd 中电动势方向从 d 到 c，电枢电动势从电刷 B 到电刷 A，恰好与电流或电压的方向相反。

电枢电动势的方向由电机的转向和主磁场方向决定，其中只要有一个方向改变，电动势方向也就随之改变了，但两个方向同时改变时电动势方向不变。电磁转矩的方向由电枢的转向和电流方向决定。同样，只要改变其中一个的方向，电磁转矩方向将随之改变，但两个方向同时改变，电磁转矩方向不变。对各种励磁方式的直流电动机或直流发电机，要改变它们的转向或电压方向，都要加以考虑。

二、直流电机的电枢反应

我们前面介绍的是直流电机空载运行时的磁场，但是，当电机带上负载后，比如电动机

拖动生产机械运行或发电机发出了电功率,情况就会有变化。电机负载运行,电枢绕组中的电流增大,电枢电流也产生磁通势,叫电枢磁通势。电枢磁通势的出现,必然会影响空载时只有励磁磁通势单独作用的磁场,有可能改变气隙磁密分布情况及每极磁通量的大小。这种现象称为电枢反应。电枢磁通势也称为电枢反应磁通势。

图 5-2-1a 所示为励磁磁场在电机中的分布情况,如果为空载,则主磁场就是励磁磁场,在电枢表面上磁感应强度为零的地方是物理中性线 $m-m$,它与磁极的几何中性线 $n-n$ 重合。

当直流电机负载运行时,电机内产生电枢磁场,如图 5-2-1b 所示,电机的主磁场由励磁磁场和电枢反应磁场合成,如图 5-2-1c 所示。

由于主磁极磁场和电枢反应磁场两者垂直,由它们合成的磁场轴线必然不在主磁极中心线上,而发生了磁场歪扭,使物理中性线偏离了几何中线一定的角度。

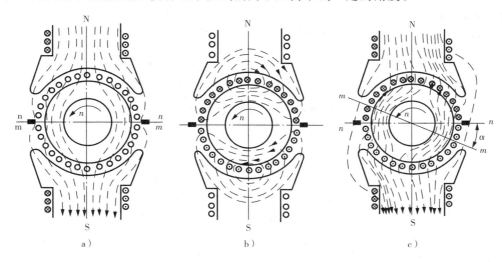

图 5-2-1　直流电动机气隙磁场分布示意图
a)主极磁场；b)电枢磁场；c)合成磁场

这两个磁场合成时,每个主磁极下,半个磁极范围内两磁场磁力线方向相同,另半个磁极范围内两磁场磁力线方向相反。假设电机磁路不饱和,可以直接把磁密相加减,这样,半个磁极范围内合成磁场磁密增加的数值与另半个磁极范围内合成磁场磁密减少的数值相等,合成磁密的平均值不变,每极磁通的大小不变。若电机的磁路饱和,合成磁场的磁密不能用磁密直接加减了,而是应找出作用在气隙上的合成磁通势,再根据磁化特性求出磁密来。实际上直流电机空载工作点通常取在磁化特性的拐弯处,磁通势增加,磁密增加得很少,磁通势减少,磁密跟着减少。因此,造成了半个磁极范围内合成磁密增加得很少,半个磁极范围内合成磁密减少,一个磁极下平均磁密减少。与空载的主极磁场相比,电枢反应使合成磁场每极总磁通减少,这就是电枢反应的去磁效应。

三、直流电动机的励磁方式与稳态运行的基本方程式

1. 直流电动机的励磁方式

根据直流电动机励磁绕组和电枢绕组与电源连接关系的不同分为:

（1）他励电动机

电枢绕组和励磁绕组分别由两个独立的直流电源供电，电枢电压 U 与励磁电压 U_f 彼此无关。

（2）并励电动机

励磁绕组和电枢并联，由同一电源供电，励磁电压 U_f 等于电枢电压 U，从性能上讲与他励电动机相同。

（3）串励电动机

励磁绕组与电枢串联后再接于直流电源。

（4）复励电动机

既有并励绕组又有串励绕组，它们套在同一主极铁芯上。串励绕组磁动势可以与并励绕组磁动势方向相同（称为积复励），也可以相反（称为差复励）。因为差复励电动机运行时转速不稳定，实际上不采用。

几种励磁方式如图 5-2-2 所示。

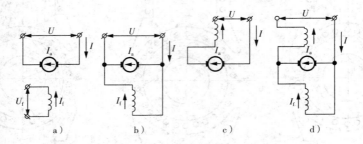

图 5-2-2　直流电动机的励磁方式

a)他励；b)并励；c)串励；d)复励

2. 他励直流电动机稳态运行的基本方程式

（1）电压平衡方程式

他励直流电动机在稳定运行时，加在电枢两端的电压为 U，电枢电流为 I_a，电枢电动势为 E_a，由电动机工作原理可知 E_a 为反电动势，若以 U、I_a、E_a 的实际方向为正方向，则可列出直流电动机的电动势平衡方程式：

$$U = E_a + I_a R + 2\Delta U_s = E_a + I_a R_a$$

（2）转矩平衡方程式

他励直流电动机的电磁转矩 T_{em} 为拖动性转矩。当电动机以恒定的转速稳定运行时，电磁转矩 T_{em} 与负载转矩 T_L 及空载转矩 T_0 相平衡，即

$$T_{em} = T_L + T_0$$

（3）功率平衡方程式

直流电动机工作时，从电网吸取电功率 P_1，除去电枢回路的铜损耗 P_{Cua}，电刷接触损耗 P_{Cub} 及励磁回路铜损耗 P_{Cuf} 外，其余部分功率转变为电枢上的电磁功率 P_{em}。电磁功率并不能全部用来输出，一部分是运行时的机械损耗 p_w、电磁反应中的铁损耗 P_{Fe} 和由于电枢反应或漏磁通引起的附加损耗 p_{ad}，剩下的部分才是轴上对外输出的机械功率 P_2，表达式为

$$P_1 = P_{Cua} + P_{Cub} + P_{Cuf} + P_{em} = P_{Cua} + P_{Cub} + P_{Cuf} + p_\omega + P_{Fe} + p_{ad} + P_2 = \sum p + P_2$$

$$P_{em} = T_{em} \cdot \Omega = E_a \cdot I_a$$

其功率流程如图 5-2-3 所示。

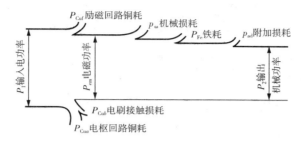

图 5-2-3　直流电动机的功率流程图

四、直流电机的可逆性

电机的可逆性：从原理上讲，任何电机既可作为发电机，亦可作为电动机运行。

五、他励直流电动机的工作特性

工作特性是指在 $U = U_N$，励磁电流 $I_f = I_{fN}$，电枢回路不串电阻时，电动机的转速 n、电磁转矩 T_{em} 和效率 η 分别与输出功率 P_2 之间的关系。

（1）转速特性

由公式 $U = E_a + I_a R_a$ 和 $E_a = C_e \Phi n$ 推出 $n = f(I_a)$ 的关系式为

$$n = \frac{U_N - I_a R_a}{C_e \Phi}$$

当 P_2 增加时，I_a 增加，使得 n 下降，但 I_a 增加的同时，电枢反应增强，Φ 降低，使 n 上升，最后呈略下降趋势。如图 5-2-4 所示。

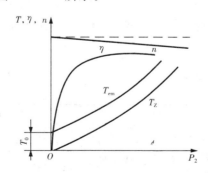

图 5-2-4　他励直流电动机的工作特性曲线

（2）转矩特性

由输出功率 $P_2 = T_Z \Omega = T_Z \cdot \dfrac{2\pi n}{60}$，得出

$$T_Z = \frac{P_2}{2\pi n/60} = \frac{60}{2\pi} \times \frac{P_2}{n}$$

可见,当 n 不变时,$T_Z = f(P_2)$ 为一通过原点的直线。而 P_2 增加时,n 略微下降,故使得 $T_Z = f(P_2)$ 曲线略微上翘。根据 $T_{em} = T_0 + T_Z$,可知 $T_{em} = f(P_2)$ 的曲线如图 5-2-4 所示。

(3)效率特性

$$\eta = \left(1 - \frac{\sum p}{P_1}\right) \times 100\% = \left(1 - \frac{\sum p}{UI}\right) \times 100\%$$

$$= \left(1 - \frac{P_{Cuf} + P_{Cua} + P_{Cub} + P_{Fe} + p_\omega + p_{ad}}{U_f I_f + U_a I_a}\right) \times 100\%$$

不变损耗:$P = P_{Cuf} + P_{Fe} + p_\omega + p_{ad}$;

可变损耗:$P_{Cua} + P_{Cub} = I_a^2 \cdot R_a$

可得出:$\eta = \left(1 - \dfrac{P + I_a^2 R_a}{U_f I_f + U_a I_a}\right) \times 100\%$,当 $\dfrac{d\eta}{dI_a} = 0$ 时得到最高效率,曲线如图 5-2-4 所示。

应用实施

例题:一台直流发电机,$2P = 4$,电枢绕组为单叠绕组,电枢总导线数 $N = 216$,额定转速 $n_N = 1460$ r/min,每极磁通 $\Phi = 2.2 \times 10^{-2}$ Wb。求:(1)该发电机电枢绕组的感应电动势;(2)该发电机若作为电动机使用,当电枢电流为 800 A 时,能产生多大电磁转矩?

解:(1)电动势常数为:$C_e = \dfrac{PN}{60a} = \dfrac{2 \times 216}{60 \times 2} = 3.6$

感应电动势为:$E_a = C_e \Phi n = 3.6 \times 2.2 \times 10^{-2} \times 1460$ V = 115.6 V

(2)转矩常数为:$C_T = 9.55 C_e = 9.55 \times 3.6 = 34.4$

转矩为:$T_{em} = C_T \Phi I_a = 34.4 \times 2.2 \times 10^{-2} \times 800$ N·m = 605 N·m

操作与技能考评

序号	主要内容	考核标准	评分标准	配分	扣分	得分
1	直流电动机的电枢电动势和电磁转矩	(1)能够对不同绕组的直流电动机进行电动势计算; (2)能够对不同绕组的直流电动机进行电磁转矩计算	会做一点给10分	20		
2	直流电动机电磁转矩的测量	能够利用实训台测量电磁转矩	做出加20分	20		

序号	主要内容	考核标准	评分标准	配分	扣分	得分
3	直流电动机的平衡方程式	能够熟练掌握三个平衡方程式	每一点答对一个加5分	15		
4	直流电动机的运行特性	（1）能够画出直流电动机的工作特性曲线； （2）能够运用实训台验证工作特性曲线	（1）答对加5分； （2）验证成功一个加10分	45		

任务 5.3　他励直流电动机的机械特性分析

任务要求

（1）掌握他励直流电动机的机械特性方程式。

（2）熟练绘制他励直流电动机的固有机械特性曲线。

（3）熟练绘制他励直流电动机的人为机械特性曲线。

相关知识

一、机械特性方程式

直流电动机的机械特性是指电动机在电枢电压、励磁电流、电枢回路电阻为恒值的条件下，即电动机处于稳态运行时，电动机的转速与电磁转矩之间的关系。

由式 $n=\dfrac{U-I_a R}{C_e \Phi}$ 和式 $T_{em}=C_T \Phi I_a$ 可得出 $n=f(T_{em})$ 的关系式为

$$n=\frac{U}{C_e \Phi}-\frac{R}{C_e C_T \Phi^2}T_{em} \tag{5-3-1}$$

当 $T_{em}=0$ 时的转速 n_0 称为理想空载转速，则有 $n_0=\dfrac{U}{C_e \Phi}$。实际上，当电动机旋转时，不论有无负载，总存在一定的空载损耗和相应的空载转矩，实际空载转速 n_0' 为：

$$n_0'=n_0-\frac{R}{C_e C_T \Phi^2}T_0$$

式（5-3-1）右边第二项表示电动机带负载后的转速降，用 Δn 表示，则

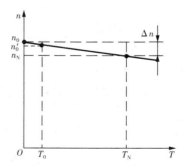

图 5-3-1　他励直流电动机的机械特性

$$\Delta n = \frac{R}{C_e C_T \Phi^2} T_{em} = \beta T_{em}$$

式中：β 表示机械特性曲线的斜率。β 越大，Δn 越大，机械特性就越"软"，通常称 β 大的机械特性为软特性。β 越小，Δn 越小，机械特性就越"硬"，通常称 β 小的机械特性为硬特性。

二、固有机械特性和人为机械特性

1. 固有机械特性

当 $U = U_N$，$\Phi = \Phi_N$，$R = R_a$ 时的机械特性称为固有机械特性，其方程式为

$$n = \frac{U_N}{C_e \Phi_N} - \frac{R_a}{C_e C_T \Phi_N^2} T_{em}$$

固有机械特性如图 5-3-2 所示，由于 $R = R_a$ 非常小，故他励直流电动机固有机械特性较"硬"。

2. 人为机械特性

人为机械特性就是人为地改变电动机电路参数或电枢电压以达到应用目的而得到的机械特性，即改变公式(5-3-1)中的参数所获得的机械特性。

(1)电枢串电阻时的人为机械特性

当 $U = U_N$，$\Phi = \Phi_N$，$R = R_a + R_{pa}$ 时的人为机械特性，其方程式为

$$n = \frac{U_N}{C_e \Phi_N} - \frac{R_a + R_{pa}}{C_e C_T \Phi_N^2} T_{em}$$

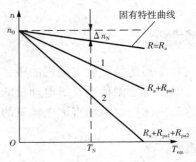

图 5-3-2　串电阻时的机械特性

机械特性曲线如图 5-3-2 所示，与固有机械特性比较，电枢串电阻时的人为机械特性的特点是：

① n_0 不变，β 变大；

② β 越大，特性越软。

(2)改变电枢电压时的人为机械特性

当 $\Phi = \Phi_N$，$R = R_a$，改变 U 时的人为机械特性，其方程式为

$$n = \frac{U}{C_e \Phi_N} - \frac{R_a}{C_e C_T \Phi_N^2} T_{em}$$

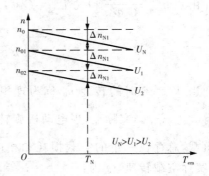

图 5-3-3　改变电枢电压时的机械特性

机械特性曲线如图 5-3-3 所示，与固有机械特性比较，改变电枢电压时的人为机械特性的特点是：

① n_0 随 U 变化，β 不变；

② U 不同，曲线是一组平行线。

(3)减弱磁通时的人为机械特性

当 $U = U_N$，$R = R_a$ 时的人为机械特性，其方程式为

$$n = \frac{U}{C_e \Phi_N} - \frac{R_a}{C_e C_T \Phi^2} T_{em}$$

机械特性曲线如图 5-3-4 所示,与固有机械特性比较,改变电枢电压时的人为机械特性的特点是:

① 弱磁,n_0 增大;

② 弱磁,β 增大。

三、根据铭牌数据估算机械特性

在设计直流拖动系统时,应知道所选用直流电

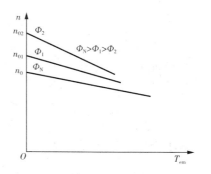

图 5-3-4   弱磁时的机械特性

动机的机械特性。但电机生产厂的产品铭牌数据中,并没有给出机械特性。这时就要从给出的铭牌数据中估算出电动机的机械特性,再从固有特性和人为条件出发,计算所要的各种人为机械特性。

由于他励直流电动机的机械特性是一条直线,则只要找到两点,就可以确定这条直线。通常选择理想空载点 $(0, n_0)$ 和额定工作点 (T_N, n_N) 这两个特殊点。一般铭牌中会给出 U_N、I_N、n_N,则估算出 R_a 或 E_{aN},即可求出 n_0 和 T_N。

E_{aN} 的估算:对于一般直流电动机,$E_{aN} = (0.90 \sim 0.97) U_N$,其中小容量电机取小系数,大容量电机取大系数。

R_a 的估算:对于一般直流电动机,额定运行时铜损耗约占总损耗的 50%,即

$$I_N^2 R_a = (0.4 \sim 0.7) \sum p = (0.4 \sim 0.7)(U_N I_N - P_N)$$

$$R_a = (0.4 \sim 0.7) \times \frac{U_N I_N - P_N}{I_N^2}$$

固有机械特性曲线的绘制步骤如下:

① 估算 E_{aN},即 $E_{aN} = (0.90 \sim 0.97) U_N$;

   或估算 R_a,即 $R_a = (0.4 \sim 0.7) \times \dfrac{U_N I_N - P_N}{I_N^2}$。

② 计算 $C_e \Phi_N$ 和 $C_T \Phi_N$,即 $C_e \Phi_N = \dfrac{U_N - I_N R_a}{n_N}$ 或 $C_e \Phi_N = \dfrac{E_{aN}}{n_N}$,$C_T \Phi_N = 9.55 C_e \Phi_N$。

③ 计算理想空载点,即 $T_{em} = 0$,$n_0 = \dfrac{U_N}{C_e \Phi_N}$。

④ 计算额定工作点,即 $T_N = C_T \Phi_N I_N$,$n = n_N$。

应用实施

例题 1: 一台他励直流电动机额定功率 $P_N = 40$ kW,额定电压 $U_N = 220$ V,额定电流 $I_N = 211.5$ A,额定转速 $n_N = 1000$ r/min,试估算这台直流电动机的固有机械特性。

解:(1)方法一

① 估算额定电枢电动势

$$E_{aN} \approx 0.94 U_N = 0.94 \times 220 \text{ V} = 206.8 \text{ V}$$

$$C_e\Phi_N = \frac{E_{aN}}{n_N} = \frac{206.8}{1000} = 0.2068$$

② 求理想空载转速

$$n_0 = \frac{U_N}{C_e\Phi_N} = \frac{220}{0.2068} \text{ r/min} = 1063.8 \text{ r/min}$$

③ 求额定电磁转矩

$$T_N = 9.55 C_e\Phi_N I_N = 9.55 \times 0.2068 \times 211.5 \text{ N·m} = 417.7 \text{ N·m}$$

因此得到固有机械特性上的两个特殊点(1064,0)和(1000,418),然后在坐标纸上画出这台直流电动机的固有机械特性。固有机械特性曲线图如图5-3-5所示。

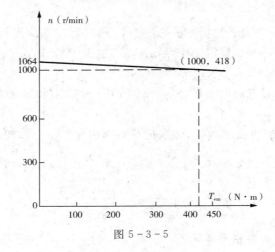

图 5-3-5

(2)方法二

① 估算电枢回路电阻

$$R_a = 0.42 \times \frac{U_N I_N - P_N}{I_N^2}$$

$$= 0.42 \times \frac{220 \times 211.5 - 40000}{211.5^2} \Omega = 0.0613 \Omega$$

$$C_e\Phi_N = \frac{U_N - I_N R_a}{n_N} = \frac{220 - 211.5 \times 0.0613}{1000} = 0.2070$$

② 求理想空载转速

$$n_0 = \frac{U_N}{C_e\Phi_N} = \frac{220}{0.2070} \text{ r/min} = 1063 \text{ r/min}$$

③ 求额定电磁转矩

$$T_N = 9.55 C_e\Phi_N I_N = 9.55 \times 0.2070 \times 211.5 \text{ N·m} = 418.1 \text{ N·m}$$

例题2：一台他励直流电动机额定功率 $P_N = 22$ kW，额定电压 $U_N = 220$ V，额定电流

$I_N = 116$ A,额定转速 $n_N = 1500$ r/min。

(1)绘制固有特性曲线。

(2)分别绘制下列三种情况下的人为机械特性:电枢回路串入电阻 $R_{pa} = 0.7$ Ω 时;电源电压降至 $0.5U_N$ 时;磁通减弱至 $2/3\Phi_N$ 时。

(3)当轴上负载转矩为额定负载时,要求电动机以 $n = 1000$ r/min 的速度运转,试问有几种可能的方案,并分别求出它们的人为参数值。

解:(1)绘制固有特性曲线

估算 R_a:由 $R_a = (0.4 \sim 0.7) \times \dfrac{U_N I_N - P_N}{I_N^2}$ 式,此处取系数 0.67,得

$$R_a = 0.67 \times \frac{220 \times 116 - 22000}{116^2} \ \Omega = 0.175 \ \Omega$$

计算 $C_e \Phi_N$:

$$C_e \Phi_N = \frac{U_N - I_N R_a}{n_N} = \frac{220 - 116 \times 0.175}{1500} = 0.133$$

理想空载点:

$$T_{em} = 0$$

$$n = \frac{U_N}{C_e \Phi_N} = \frac{220}{0.133} \ \text{r/min} = 1654 \ \text{r/min}$$

额定工作点:

$$n = n_N = 1500 \ \text{r/min}$$

$$T_N = 9.55 C_e \Phi_N I_N = 9.55 \times 0.133 \times 116 \ \text{N·m} = 147.2 \ \text{N·m}$$

固有特性曲线图如图 5-3-6 所示。

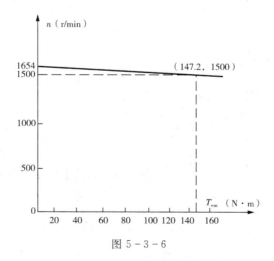

图 5-3-6

(2)绘制人为机械特性

当电枢回路串入电阻 $R_{pa} = 0.7$ Ω,理想空载点仍然为 $n_0 = 1654$ r/min,当 $T_{em} = T_N$,即

$I_a = 116$ A 时，电动机的转速为

$$n = n_0 - \frac{R_a + R_{pa}}{C_e \Phi_N} I_a = 1654 \text{ r/min} - \frac{0.175 + 0.7}{0.133} \times 116 \text{ r/min} = 890 \text{ r/min}$$

人为机械特性为通过$(0,1654)$和$(147.2,890)$两点的直线，如图 5 - 3 - 7 中曲线 1 所示。

当电源电压降至 $0.5U_N = 110$ V 时，理想空载点 n_0' 与电压成正比变化，所以

$$n_0' = 1654 \times \frac{110}{220} \text{ r/min} = 827 \text{ r/min}$$

当 $T_{em} = T_N$ 时，即 $I_a = 116$ A 时，电动机的转速为

$$n = 827 \text{ r/min} - \frac{0.175}{0.133} \times 116 \text{ r/min} = 674 \text{ r/min}$$

当磁通减弱至 $2/3\Phi_N$ 时，理想空载转速 n_0'' 将升高，即

$$n_0'' = \frac{U_N}{\frac{2}{3} C_e \Phi_N} = \frac{220}{\frac{2}{3} \times 0.133} \text{ r/min} = 2481 \text{ r/min}$$

当 $T_{em} = T_N$ 时，电动机的转速为

$$n = n_0'' - \frac{R_a}{9.55 \left(\frac{2}{3} C_e \Phi_N\right)^2} \cdot T_N = 2481 \text{ r/min} - \frac{0.175}{9.55 \times \left(\frac{2}{3} \times 0.133\right)^2} \times 147.2 \text{ r/min}$$

$$= 2137.7 \text{ r/min}$$

人为机械特性曲线如图 5 - 3 - 7 所示。

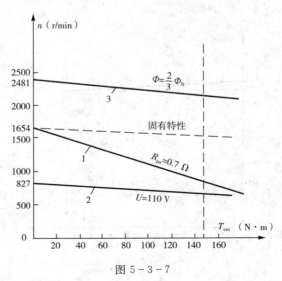

图 5 - 3 - 7

（3）当轴上负载转矩为额定负载时，要求电动机以 $n = 1000$ r/min 的速度运转，可以采

取两种方案:第一,电枢串电阻;第二,降低电枢电压。其参数可按如下计算。

电枢串电阻 R_{pa}:当负载为额定转矩时,电流也为额定值,所以将有关数据代入人为机械特性方程式,得

$$1000 = \frac{220}{0.133} - 116 \times \frac{0.175 + R_{pa}}{0.133}$$

求解,得 $R_{pa} = 0.575 \ \Omega$。

降低电枢电压:同上,将数据代入人为特性方程式得

$$1000 = \frac{U}{0.133} - 116 \times \frac{0.175}{0.133}$$

求解,得 $U = 112.7 \ \text{V}$,即电压由 220 V 降至 112.7 V。

操作与技能考评

序号	主要内容	考核标准	评分标准	配分	扣分	得分
1	直流电动机固有机械特性	(1)能够绘制固有机械特性曲线; (2)能够通过实验测出一组固有机械特性数据,并与实际额定值相符	做出(1)加 10 分;做出(2)加 15 分	25		
2	直流电动机的人为机械特性	(1)能够绘制三种人为特性曲线; (2)能够通过实验测出三组人为机械特性数据	(1)做出一种加 10 分;(2)做出一组加 15 分	75		

项目小结

　　直流电机的基本工作原理包含两个要点:一是巧妙地利用了"电生磁、磁变生电、电磁生力"的电磁作用原理,二是通过换向器解决了直流电机的换向问题。在直流电动机中,换向器和电刷的作用是将正负电刷引入的直流电流变换为电枢绕组元件中的交变电流,从而保证电枢绕组所受电磁转矩的方向恒定不变,电动机得以连续旋转;在直流发电机中,换向器和电刷的作用是将电枢绕组元件中产生的交变电动势变换为正负电刷引出的直流电动势。

　　直流电机的励磁方式分为他励和自励两大类,自励又可分为并励、串励和复励三种。

　　直流电机的额定值包括额定功率、额定电流、额定电压和额定转速等,它是正确选择和合理使用电机的依据。

　　电枢绕组是直流电机进行能量变换的枢纽,由若干个相同的元件通过换向器的换向片以一定规律连接成的闭合绕组。根据元件及连接规律的不同,分为叠绕组和波绕组两类。单叠绕组的连接规律是把上层边位于同一极下的所有元件串联起来构成一条支路,所以并联支路对数等于极对数,即 $a = P$;单波绕组的连接规律是把上层边位于同一极性各磁极下

的所有元件串联起来构成一条支路,所以并联支路对数恒等于1,即 $a=1$,与极对数 P 无关。单叠绕组适用于电压较低、电流较大的电机,单波绕组适用于电压较高、电流较小的电机。电刷的数目等于极数,电刷的位置应使被电刷短路的元件的电动势最小、正负电刷间的电动势最大,当元件端部左右对称时,电刷的中心线应对准磁极的中心线。

直流电机的磁场是由励磁绕组和电枢绕组共同产生的,电机空载时,只有励磁电流建立的主极磁场。其波形是对称于主磁极轴线的平顶波,电机负载运行时,气隙磁场由主磁势与电枢磁势共同建立,电枢磁场对主磁场产生的影响称为电枢反应,电枢反应的结果使气隙磁密发生畸变,物理中心线偏离几何中心线一个角度,并有去磁作用。

直流电机的换向是指旋转着的电枢绕组元件从一条支路经过电刷转入另一条支路,元件内电流变换方向的过程。换向不良会引起电刷下面的换向火花超过容许的火花等级,烧坏电刷和换向器。产生换向火花的原因有机械原因、化学原因和电磁原因3种,主要是电磁原因。针对产生换向火花的电磁原因,减小它的有效方法是设置换向极。换向极的数目等于主磁极,装于主磁极之间的几何中性线位置;换向极的极性必须使换向极的磁动势与电枢磁动势的方向相反,即在电动机中,换向极的极性应与下一个主磁极的极性相反,在发电机中,换向极的极性应与下一个主磁极的极性相同;换向极绕组应与电枢绕组相串联。在容量较大或负载变化剧烈的电动机中,电枢反应使磁场发生严重畸变,导致某些换向片之间的电位差超过一定限度,将会产生电位差火花,与换向火花会合,可能引起环火,烧坏电机。防止环火的有效方法是采用补偿绕组。

电枢绕组的感应电动势和电磁转矩是直流电机最主要的物理量,发电机或电动机运行时都会产生感应电动势和电磁转矩,它们是直流电机电力拖动中两个重要的公式,故要深刻理解。

思考与练习

5-1 直流电机由哪些主要结构部件?它们各起什么作用?分别用什么材料制成?

5-2 换向器和电刷在直流电动机和直流发电机中分别起什么作用?

5-3 单叠绕组和单波绕组的连接规律有什么不同?为什么单叠绕组的并联支路对数 $a=P$,而单波绕组的并联支路对数 $a=1$?

5-4 简述直流电动机的工作原理。

5-5 一台4极单叠绕组的直流发电机,若因故取去一组电刷,对电机运行有什么影响?如果电机采用的是单波绕组,若取去一组电刷,对其运行有什么影响?

5-6 什么叫电枢反应?电枢反应对气隙磁场有什么影响?

5-7 如何改善直流电机的换向?

5-8 直流电机处于电动状态还是发电状态如何确定?

5-9 一台直流电动机的数据为:额定功率 $P_N=22$ kW,额定电压 $U_N=220$ V,额定转速 $n_N=1500$ r/min,额定效率 $\eta_N=86\%$。试求:(1)额定电流 I_N;(2)额定负载时的输入功率 P_1。

5-10 一台直流电机,已知极对数 $P=2$,槽数 Z 和换向片数 K 均等于22,采用单叠绕组。

(1)计算绕组各节距;

(2)画出绕组展开图,标出主磁极和电刷的位置;

(3)求并联支路数。

5-11 某4极直流电机,单叠绕组,电枢绕组总导体数 $N=572$,气隙每极磁通 $\Phi=0.015$ Wb。

(1)当 $n=1500$ r/min 时,求电枢绕组的感应电动势;

(2)当 $I_a=30.4$ A 时,求电磁转矩。

项目六　直流电动机的电力拖动

本项目分为三个模块,研究直流电力拖动的核心问题——直流电动机的启动、反转、调速和制动,这些问题具有很强的实际应用意义。

任务 6.1　他励直流电动机的启动

任务要求

(1)了解他励直流电动机启动的条件。

(2)掌握他励直流电动机启动的方法。

(3)学会如何选择启动方式。

(4)掌握他励直流电动机反转的方法。

相关知识

电动机要工作时,转子总是从静止状态开始转动,转速逐渐上升,最后达到稳定运行状态,由静止状态到稳定运行状态的过程称为启动过程,简称启动。电动机在启动过程中,电枢电流 I_a、电磁转矩 T_{em}、转速 n 都随时间变化,是一个过渡过程。开始启动的一瞬间,转速等于零,这时的电枢电流称为启动电流,用 I_{st} 表示;对应的电磁转矩称为启动转矩,用 T_{st} 表示。生产机械对直流电动机的启动有下列要求:

(1)启动转矩足够大($T_{st} > T_L$,电动机才能顺利启动);

(2)启动电流不可太大;

(3)启动设备操作方便、启动时间短、运行可靠、成本低廉。

一、直接启动

直接启动是将电动机的电枢绕组直接接到额定电压的电源上启动,又称为全压启动。启动开始瞬间,由于机械惯性的影响,电动机转速 $n=0$,电枢绕组感应电动势 $E_a = C_e \Phi_N n = 0$,由电动势平衡方程式 $U = E_a + I_a R_a$ 可知:

启动电流为

$$I_{st} = \frac{U_N}{R_a} \tag{6-1-1}$$

启动转矩为

$$T_{\text{st}} = C_e \Phi_N I_{\text{st}} \tag{6-1-2}$$

直接启动的弊端有：

(1)由于电流很大出现强烈的换向火花；

(2)引起过流保护装置的误动作；

(3)对于容量较大的电机，会引起电网电压的下降，影响同网其他设备的正常运行；

(4)启动转矩很大，这么大的力矩突然加在静止的机械设备上，会加速齿轮磨损甚至打齿，加速皮带磨损甚至拉断皮带、折断风叶等。

所以直接启动只限于容量很小的直流电动机。一般直流电动机是不容许直接启动的。

直流电动机常用的启动方法有降压启动和电枢回路串电阻启动两种。不论是哪一种启动方法，启动时均应保证电动机的磁通达到额定值，这是因为在同样的启动电流下，磁通大则启动转矩也大。

二、降压启动

1. 实现方式

接线图如图 6-1-1a 所示，启动时，先将励磁绕组接通电源，并将励磁电流调到额定值，一开始时端电压低，然后从低向高调节电枢回路的电压，直至 $U = U_N$ 时启动完毕。

2. 启动原理

启动时使得 $I_{\text{st}} = U/R_a \approx (1.5 \sim 2.0)I_N$，且 $T_{\text{st}} = C_T \Phi_N I_{\text{st}} = (1.5 \sim 2.0)T_N$。在不大的启动电流下使系统顺利启动。这时电动机的机械特性为图 6-1-1b 所示的直线 1，此时电动机开始旋转。随着转速升高，E_a 增大，电枢电流 $I_a = (U_1 - E_a)/R_a$ 逐渐减小，电动机的电磁转矩也随之减小。当电磁转矩下降到 T_2 时，将电源电压提高到 U_2，其机械特性如直线 2。在升压瞬间，n 不变，因此引起 I_a 增大，电磁转矩增大，直至 T_3，电动机沿着机械特性直线 2 升速。逐渐升高电源电压，直到 $U = U_N$ 时电动机将沿着图中的点 $a \rightarrow b \rightarrow c \rightarrow \cdots \rightarrow k$ 加速，最后加速到 p 点，电动机稳定运行。

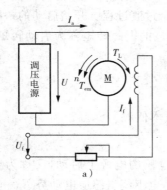
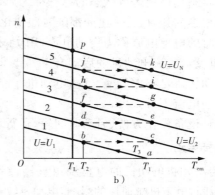

图 6-1-1 他励直流电动机降压启动

a)接线图；b)机械特性

3. 优缺点

这种启动方法的优点为启动平稳，启动过程中的能量损耗小，其缺点是设备投资大，需要一套可调节的直流电源。较早采用发电机-电动机组实现电压调节,现已被晶闸管可控整流电源所取代。

三、电枢回路串电阻启动

1. 实现方式

接线图如图 6-1-2a 所示,电动机启动时,保持电源电压和磁通为额定值,在电枢电路串接 3 个启动电阻,可起到限制启动电流的目的。启动过程中逐一切除启动电阻,直到 $R=R_a$,启动结束。

2. 启动原理

启动过程中,随着转速的升高,电枢反电动势 E_a 逐渐增大,使电枢电流越来越小,电磁转矩也随之减小,这样转速的上升就逐渐缓慢下来。为了缩短启动时间,就要求在启动过程中,随着电动机转速的增加,将启动电阻逐步切除。他励直流电动机的启动电阻采取分级串入,如图 6-1-2a 所示。图 6-1-2b 为电枢回路分级串电阻启动时的机械特性。

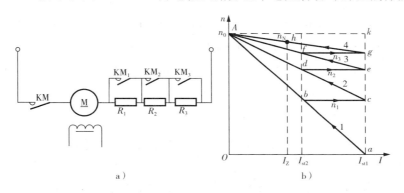

图 6-1-2　他励直流电动机串电阻启动
a)接线图;b)机械特性

启动时,为了限制过大的启动电流,应将启动电阻全部串入。此时电动机的启动电流为 $I_{st}=\dfrac{U_N}{R}$,$R=R_a+R_1+R_2+R_3$,对应的机械特性如图 6-1-2b 中的直线 1。随着电动机转速的不断增加,电枢电流和电磁转矩将逐渐减小,电动机沿着直线 1 的箭头所指的方向变化。当转速升高至 n_1(b 点),将接触器 KM_1 触头闭合,电阻 R_1 短接,由于机械惯性转速不能突变,电动机将瞬间过渡到特性直线 2 上的 c 点。电动机从 c 点沿特性 2 加速,当转速升高至 n_2(d 点),将接触器 KM_2 触头闭合,电阻 R_2 短接,由于机械惯性转速不能突变,电动机将瞬间过渡到特性直线 3 上的 e 点。电动机从 e 点沿特性 3 加速,当转速升高至 n_3(f 点),将接触器 KM_3 触头闭合,电阻 R_3 短接,由于机械惯性转速不能突变,电动机将瞬间过渡到特性直线 4 上的 g 点。电动机从 g 点沿特性 4 加速,当转速升高至 n_N,启动过程结束,电动机工作在额定状态。

3. 优缺点

这种启动方法的优点是投资少,设备简单;缺点是启动过程有级数限制,不是很平稳。

四、他励直流电动机的反转

要使电动机反转,必须改变电磁转矩的方向,而电磁转矩的方向由磁通方向和电枢电流的方向决定,所以,只要将磁通 Φ 和 I_a 任意一个参数改变方向,电磁转矩即改变方向。在自

动控制中,通常直流电动机的反转实施方法有两种:

1. 改变励磁电流方向

保持电枢两端电压极性不变,将励磁绕组反接,使励磁电流反向,磁通即改变方向。一般不采用,原因是他励直流电动机励磁绕组的匝数多,主极磁通经过的磁路磁阻小,因而励磁绕组的电感大,励磁电流从正向到反向经历的时间长,反方向磁通建立过程缓慢,而且在励磁绕组反接断开瞬间,绕组中将产生很大的自感电动势,可能造成绕组绝缘击穿,所以实际中一般采用改变电枢电压的极性。

2. 改变电枢电压极性

保持励磁绕组两端的电压极性不变,将电枢绕组反接,电枢电流即改变方向。

应用实施

一、例题

一台他励直流电动机的额定功率 $P_N=55$ kW,额定电压 $U_N=220$ V,额定电流 $I_N=287$ A,额定转速 $n_N=1500$ r/min,电枢回路总电阻 $R_a=0.0302$ Ω,电动机拖动额定恒转矩负载。若采用电枢回路串电阻启动,要求将启动电流限制在 $1.8I_N$ 以内,求应串入的电阻值和启动转矩大小。

解: 应串入的电阻值

$$R=\frac{U_N}{1.8I_N}-R_a=\frac{220}{1.8\times287}\ \Omega-0.0302\ \Omega=0.396\ \Omega$$

$$C_e\Phi_N=\frac{U_N-I_NR_a}{n_N}=\frac{220-287\times0.0302}{1500}=0.14089$$

启动转矩

$$T_{st}=C_T\Phi_N I_{st}=9.55\times C_e\Phi_N\times1.8\times I_N$$

$$=9.55\times0.14089\times1.8\times287\ \text{N}\cdot\text{m}=695\ \text{N}\cdot\text{m}$$

二、电动机运行故障及处理方法

电机现象	可能原因	处理方法
电机不能启动	(1)励磁电源断电或未接通	检查励磁电源,接通电源
	(2)保护系统未调好或已锁定	正确调整保护系统的设定
	(3)冷却系统未先启动	按规定操作程序操作,先启动冷却系统,然后启动励磁,再启动电机
	(4)控制系统有故障	由专业人员来修理控制系统
	(5)输入电机的电缆断路	检查电机的接线
	(6)换向器表面的防护纸未取出或电刷脱落	取出换向器表面的防护纸或将电刷按原放入的方向放入刷盒内

（续表）

电机现象	可能原因	处理方法
启动电流大	（1）励磁电流未调到额定励磁电流，造成转矩不够，电枢电流太大	将励磁电流调到额定电流
	（2）负载太大或选取的电机转速太高，造成电机的功率或转矩不够	减小负载、增大转速或更换符合负载要求的电机
	（3）机械连接装置未装好，损耗太大	重新装配，保持良好的动力传递
电机振动	（1）电机的底脚螺栓松动	紧固底脚螺栓并校好联轴器跳动
	（2）电机的基础松动	对基础采取有效的加固措施
	（3）电机的安装基础与机械之间产生共振	加装缓冲垫块，加强基础支撑点，改变固有频率
	（4）电控系统未调好，形成某一段电流波形不连续，电机有强烈的振动感	调好控制系统，保持电机在工作范围内电流波形的连续性
	（5）电机电枢的平衡块脱落	电枢重新进行动平衡实验
	（6）机组连接不同轴	重新对准机组

操作与技能考评

序号	主要内容	考核标准	评分标准	配分	扣分	得分
1	直流电动机的启动方法	（1）能够简述直流电动机的启动方式分类；（2）能够简述各种启动方式的实现方法；（3）能够简述各种启动方式的工作原理；（4）能够简述各种启动方式的优缺点	叙述不清、不达重点均不给分；答对1个给5分	60		
2	直流电动机的启动方式的选择	能够根据工艺要求选择启动方式	掌握选择方法的给分	20		
3	直流电动机的反转	（1）能够简述实现反转的方法；（2）能够简述反转方法的优缺点	叙述不清、不达重点均不给分，答对一个给5分	20		

任务 6.2　他励直流电动机的调速

(1)了解他励直流电动机的调速指标。

(2)掌握他励直流电动机的调速方法。

(3)学会如何选择调速方式。

为了提高劳动生产率和保证产品质量,要求生产机械在不同的情况下有不同的工作速度,如轧钢机在轧制不同品种和不同厚度的钢材时,就必须有不同的工作速度以保证生产的需要,这种人为改变速度的方法称为调速。

根据直流电动机的机械特性方程 $n=\dfrac{U}{C_e\Phi}-\dfrac{R_a+R_{pa}}{C_eC_T\Phi^2}T_{em}$ 可知,在电枢回路中串入附加电阻 R_{pa}、降低电枢电压 U、减弱磁通 Φ 都可以调节电动机运行时的转速。

一、改变电枢回路串联电阻调速

电枢回路串电阻调速时,保持电源电压和磁通为额定值不变,根据前面对电枢回路串电阻人为机械特性的分析可知,理想空载转速 n_0 不变,机械特性变软,所串电阻越大,特性越软。

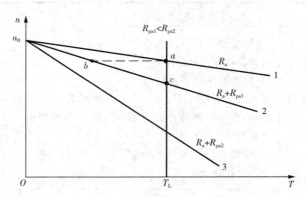

图 6-2-1　电枢回路串电阻调速

电枢回路串电阻调速时的机械特性如图 6-2-1 所示。设电动机带恒转矩负载运行于固有机械特性上的 a 点,调速时在电枢电路中串入电阻 R_{pa1},在刚接入电阻的瞬时,由于系统机械惯性的原因,电动机转速来不及突变,在转速为 n_1 时,电动机的工作点由 a 点跃变到人为机械特性上的 b 点,由于电枢电势 $E_a=C_e\Phi_N$ 来不及突变,电枢电流 I_a 随电阻的增大而减小,电磁转矩因此而减小,$T_{em}<T_L$,电动机沿机械特性 2 减速,随着 n 的下降,E_a 减小,电枢电流 I_a 和电磁转矩逐渐回升。直到 $n=n_2$ 时(人为机械特性上的 c 点),$T_{em}=T_L$,电动机

以转速 n_2 稳定运行。电枢电路中串入的电阻值不同,可以得到不同的稳定转速,串入的电阻值越大,最后稳定运行的转速就越低。

串电阻调速的特点是:

(1)实现简单,操作方便。

(2)在额定负载下,转速只能从额定转速往下调,以额定转速为最高转速。

(3)在低速时,由于机械特性变软,静差率增大,相对稳定性变差;因此允许的最低转速较低,调速范围 D 一般小于2。

(4)由于电阻是分级切除的,所以只能实现有级调速,平滑性差。

(5)从调速的经济性来看,如果负载为恒转矩负载,则电动机在调速前后,电磁转矩是相等的,因磁通未变,所以调速前后电枢电流 I_a 是相等的;调速后,电动机从电网上吸取的功率与调速前相等,仍为 $P_1 = U_N I_a$,而输出的机械功率 $P_2 = T_2 \Omega$ 随 n 的下降而减小(忽略 T_0 时,$T_{em} = T_2$),减小的部分就是在调速电阻上的损耗,所以这种调速方法是不经济的。

因此,电枢串电阻调速的方法多用于对调速性能要求不高的场合,如过去的起重机、电车等,现在已不多见。

电枢回路串电阻调速适用于小容量的电动机,由于调速时磁通 Φ 不变,在保持电枢电流为额定值时,输入转矩不变,为恒转矩输出,适宜带恒转矩负载。

需要指出的是,作为调速用的调速电阻不能用启动电阻来代替,因为启动电阻是短时工作的,而调速电阻则应按长期工作来考虑。

二、降低电枢电压调速

降低电枢电压调速时,保持 $\Phi = \Phi_N$ 不变,电枢回路不串入电阻,这时理想空载转速 n_0 减小,机械特性的硬度不变。降低电枢电压调速时的机械特性如图 6-2-2 所示。

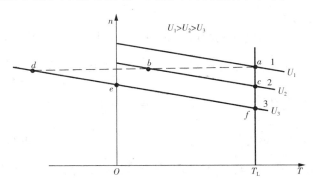

图 6-2-2　电枢回路调压调速

设电动机带恒转矩负载运行于固有机械特性 1 上的 a 点,降低电枢电压时,n 不能突变,电动机的工作点跃变到特性 2 上的 b 点,由于 E_a 不能突变,I_a 随电压减小而减小,使 b 点的电磁转矩小于负载转矩,电动机减速,到达 c 点,$T_{em} = T_L$,电动机稳定运行,调速结束。

在降压幅度较大时,如图 6-2-2 中从 U_1 降到 U_3 时,理想空载转速下降较大,机械特性如图中的曲线 3,此时电动机工作点由 a 点跃变到 d 点,d 点的电磁转矩变为负值,即和 n 的方向相反,变为制动转矩,电动机在调速时将经历回馈制动过渡过程。

降压调速的特点是:

（1）由于调压电源可连续平滑调节，所以拖动系统可实现无级调速。

（2）机械特性的硬度不变，静差率较小，故调速稳定性好。

（3）在基速以下调速，调速范围较宽，D 可达 $10\sim20$。

（4）调速是通过减小输入功率来降低转速的，故调速时损耗小，调速的经济性好。

（5）需要一套可控的直流电源。

调压调速多用在对调速性能要求较高的生产机械上，如机床、轧钢机、造纸机等。

三、弱磁调速

弱磁调速时，保持电动机端电压为额定电压，电枢回路不串入电阻，通过增大励磁回路的磁场调节电阻，就可以减小励磁电流，使磁通减弱，达到调速的目的。

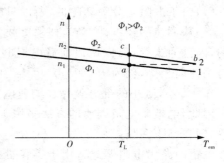

图 6-2-3　弱磁调速

弱磁调速时的机械特性如图 6-2-3 所示，曲线 1 为电动机固有机械特性曲线，曲线 2 为减弱磁通人为机械特性曲线。调速前，电动机工作在固有机械特性上的 a 点，这时电动机的磁通为 Φ_1，转速为 n_1。

当磁通由 Φ_1 减小到 Φ_2 时，转速来不及变化，考虑到电磁惯性远小于机械惯性，这时电枢电动势 E_a 将随 Φ_1 的减小而减小，由于 R_a 非常小，根据 $I_a = (U_a - E_a)/R_a$，E_a 的减小引起 I_a 急剧增加。一般情况下，I_a 增加的相对数量比磁通减小的相对数量要大，从而使电磁转矩增大。此时电动机的工作点由 a 点沿水平方向过渡到机械特性 2 上的 b 点，$T_{emb} > T_L$，电动机沿机械特性 2 加速。转速升高时 E_a 逐步回升，I_a 和 T_{em} 逐渐减小，当到达 c 点时，$T_{em} = T_L$，电动机稳定运行。

对恒转矩负载，调速前后电动机的电磁转矩相等，因 $\Phi_2 < \Phi_1$，所以调速后稳定的电枢电流 I_{a2} 大于调速前的 I_{a1}，因电磁转矩不变，$\dfrac{I_{a2}}{I_{a1}} = \dfrac{\Phi_1}{\Phi_2}$；当忽略电枢反应的影响和电枢电阻压降 $I_a R_a$ 的变化时，可近似认为磁通与转速成反比，即 $\dfrac{n_2}{n_1} \approx \dfrac{\Phi_1}{\Phi_2}$。

弱磁调速时，在保持电枢电流为额定值时，根据 $n = \dfrac{U_N - I_N R_a}{C_e \Phi}$ 可得 $\Phi = \dfrac{U_N - I_N R_a}{C_e n} = \dfrac{K}{n}$（式中 K 为常数）。在忽略空载转矩 T_0 的情况下，电动机的允许输出转矩为

$$T_2 = T_{em} = C_T \Phi I_N = C_T \frac{K}{n} I_N = \frac{K'}{n} \qquad (6-2-5)$$

电动机的允许输出功率为

$$P_2 = \frac{T_{em} n}{9.55} = \frac{K'}{9.55} = 常量 \qquad (6-2-6)$$

从上式可知，弱磁调速属于恒功率调速，适宜于带恒功率负载。

弱磁调速的特点是：

（1）调节是在电流较小的励磁回路中进行的，控制方便、能量损耗小、设备简单。

（2）可连续调节电阻值，以实现无级调速。

（3）在基速以上调速，由于受电机机械强度和换向火花的限制，转速不能太高，一般为 $(1.2\sim1.5)n_N$，特殊设计的弱磁调速电动机，最高转速为 $(3\sim4)n_N$，因而调速范围窄。

最后还应指出，他励电动机在运行时励磁电路突然断线，则电动机处于严重的弱磁状态（主极磁通仅为剩磁），此时电枢电流将大大增加，会产生"飞车"的严重事故，因此必须采取相应的保护措施。

应用实施

一、例题

一台他励直流电动 $P_N=22\ kW$，$U_N=220\ V$，$I_N=116\ A$，$n_N=1500\ r/min$，$R_a=0.175\ \Omega$。在额定负载转矩下，试求：（1）电枢回路中串入 $R_{pa}=0.575\ \Omega$ 的电阻时，电动机的稳定转速；（2）电枢回路不串电阻，电源电压下降到 $110\ V$ 时，电动机的稳定转速；（3）电枢回路不串电阻，减弱磁通使 $\Phi=0.9\Phi_N$，电动机的稳定转速。

解：
$$C_e\Phi_N=\frac{U_N-I_NR_a}{n_N}=\frac{220-116\times0.175}{1500}=0.133$$

（1）由于负载转矩为额定转矩不变，在磁通 Φ 不变时，调速前后的电枢电流为额定值不变。电枢回路中串入 $R_{pa}=0.575\ \Omega$ 电阻时，电动机的稳定转速为

$$n=\frac{U_N-I_N(R_a+R_{pa})}{C_e\Phi_N}=\left[\frac{220-116\times(0.175+0.575)}{0.133}\right]r/min=1000\ r/min$$

（2）电源电压下降到 $110\ V$ 时，电动机的稳定转速为

$$n=\frac{U-I_NR_a}{C_e\Phi_N}=\left(\frac{110-116\times0.175}{0.133}\right)r/min=674\ r/min$$

（3）由于负载转矩不变，调速前后 $\dfrac{I_a}{I_N}=\dfrac{\Phi_N}{\Phi}$，则 $\Phi=0.9\Phi_N$ 时的电枢电流为

$$I_a=\frac{\Phi_N}{\Phi}I_N=\frac{116}{0.9}A=128.9\ A$$

稳定运行的转速为

$$n=\frac{U_N-I_aR_a}{C_e\Phi}=\frac{220-128.89\times0.175}{0.9\times0.133}r/min=1649.5\ r/min$$

二、调速方式与负载类型

1. 电动机的容许输出与充分利用

电动机的容许输出，是指电动机在某一转速下长期可靠工作时所能输出的最大功率和转矩。容许输出的大小主要取决于电机的发热，而发热又主要决定于电枢电流。因此，在一定转速下，对应额定电流时的输出功率和转矩便是电动机的容许输出功率和转矩。

要使电动机得到充分利用，应在一定转速下让电动机的实际输出达到容许值，即电枢电流达到额定值。显然，在大于额定电流下工作的电机，其实际输出将超过它的容许值，这时

电机会因过热而损坏;而在小于额定电流下工作的电机,其实际输出会小于它的允许值,这时电机便会因得不到充分利用而造成浪费。因此,最充分使用电动机,就是让它工作在 $I_a = I_N$ 情况下。

2. 调速方式

电力拖动系统中,负载有不同的类型,电动机有不同的调速方法,具体分析电动机采用不同调速方法拖动不同类型负载时的电枢电流 I_a 的情况,对于充分利用电动机来说,是十分必要的。对于他励直流电动机的三种调速方法,可以把它归类为恒转矩调速和恒功率调速两种方式。所谓恒转矩调速方式指的是在整个调速过程中保持电动机电磁转矩 T_{em} 不变;而恒功率调速方式指的是在整个调速过程中保持电动机电磁功率 P_{em} 不变。

由 $T_{em} = C_T \Phi_N I_a$,当 $I_a = I_N$ 时,若 $\Phi = \Phi_N$,则 $T_{em} = $ 常数,因而他励直流电动机电枢回路串电阻调速和降低电源电压调速是属于恒转矩调速方式。此时,$P = T_{em} \omega$,当转速上升时,输出功率也上升(见图 6-2-4 中的曲线 1)。

因为 $T_{em} = C_T \Phi_N I_a$,$P = T_{em} \omega$,当 $I_a = I_N$ 时,若 Φ 减小,则转速上升,同时转矩减小,保持 $P = $ 常数。他励直流电动机改变磁通调速就属于恒功率调速方式(见图 6-2-4 中的曲线 2)。

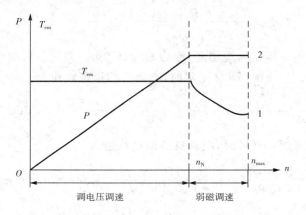

图 6-2-4 他励直流电动机调速时的容许输出转矩和功率

他励直流电动机调速方法的性能比较见表 6-1。

表 6-1 他励直流电动机调速方法的性能比较

调速方法	电枢串电阻调速	调电压调速	弱磁调速
调速方向	基速以下	基速以下	基速以上
调速范围 (对 D 一般要求时)	约 2	10~12	1.2~1.5(一般电动机) 3~4(特殊电动机)
相对稳定性	差	好	较好
平滑性	差	好	好
经济性	初投资少,电能损耗大	初投资多,电能损耗少	初投资少,电能损耗少
应用	对调速要求不高的场合 适于恒转矩负载配合	对调速要求高的场合 适于恒转矩负载配合	一般与降压调速配合使用 适于恒功率负载配合

操作与技能考评

序号	主要内容	考核标准	评分标准	配分	扣分	得分
1	直流电动机的调速指标	（1）能够简述实现调速指标的种类； （2）能够掌握各个指标的意义	叙述不清、不达重点均不给分；答对一个给5分	20		
2	直流电动机的调速方法	（1）能够简述直流电动机的调速方式分类； （2）能够简述各种调速方式的实现方法； （3）能够简述各种调速方式的工作原理； （4）能够简述各种调速方式的优缺点	叙述不清、不达重点均不给分；答对1个给5分	60		
3	直流电动机的调速方式的选择	能够根据工艺要求选择调速方式	掌握选择方法的给分	20		

任务 6.3   他励直流电动机的电磁制动

任务要求

（1）能够区分电动状态与制动状态。

（2）能够掌握能耗制动、反接制动和回馈制动的原理。

（3）能够区分能耗制动、反接制动和回馈制动。

相关知识

一、电动状态和制动状态

直流电动机的运行状态主要分为电动状态和制动状态两大类。

电动状态是电动机运行时的基本工作状态。

电动状态运行时，电动机的电磁转矩 T_{em} 与转速 n 方向相同，此时 T_{em} 为拖动转矩，电机从电源吸收电功率，向负载传递机械功率。电动机电动状态运行时的机械特性如图 $6-3-1$

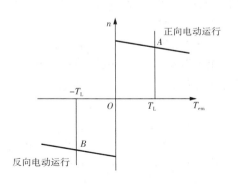

图 $6-3-1$ 他励直流电动机的电动运行状态

所示。

电动机在制动状态运行时,其电磁转矩 T_{em} 与转速 n 方向相反,此时 T_{em} 为制动性阻转矩,电动机吸收机械能并转化为电能,该电能或消耗在电阻上,或回馈电网。电动机的机械特性处于第二、四象限。

制动的目的是使拖动系统停车,或使拖动系统减速。对于位能性负载的工作机构,用制动可获得稳定的下放速度。制动的方法有几种,最简单的就是自由停车,即切除电源,靠系统摩擦阻转矩使之停车,但时间较长。要使系统实现快速停车,可以使用电磁制动器,即将制动电磁铁的线圈接通,通过机械抱闸制动电机;还可以使用电气制动的方法,即由电动机提供一个制动性阻转矩 T_{em},以增加减速度;也可以将电磁抱闸制动与电气制动同时使用,加强制动效果。这里主要介绍电气制动的方法,常用的电气制动方法有能耗制动、反接制动、回馈制动三种。

二、能耗制动

1. 实现方法

能耗制动的接线如 6-3-2 图所示。能耗制动是保持励磁电流不变,把正在作电动运行的直流电动机的电枢从电网上切除,并接到一个外加的制动电阻 R_H 上构成闭合回路。其控制电路原理图如右图所示,制动时,保持磁通大小、方向均不

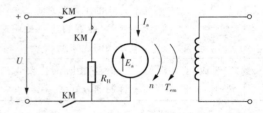

图 6-3-2 能耗制动的接线图

变,接触器 KM 常开触点断开,切断电源,常闭触点闭合,接入制动电阻 R_H,电动机进入制动状态。

2. 制动原理

制动瞬时,由于机械惯性作用,n 来不及变,电枢电动势 E_a 不变,又因 $U_N=0$,$n_N=1500\ \text{r/min}$,I_a 可表示为

$$I_a=\frac{U_N-E_a}{R_a+R_H}=-\frac{E_a}{R_a+R_H} \tag{6-3-1}$$

I_a 变为负值,与电动状态时的方向相反,由 I_a 产生的电磁转矩 T_{em} 也随之反向,成为制动转矩而对电动机起制动作用。这时电动机由生产机械的惯性作用拖动而发电,将生产机械存储的动能转换成电能,消耗在电阻 R_a+R_H 上,直到电动机停止转动为止。所以这种制动方式称为能耗制动。

3. 机械特性

能耗制动时,电枢电压 $U=0$,$n_0=0$,电枢回路总电阻为 R_a+R_H,所以能耗制动时的机械特性方程为

$$n=\frac{U}{C_e\Phi_N}-\frac{R_a+R_H}{C_eC_T\Phi_N^2}T_{em}=-\frac{R_a+R_H}{C_eC_T\Phi_N^2}T_{em}=-\beta_H T_{em} \tag{6-3-2}$$

从上式可知,能耗制动时的机械特性是一条通过原点、斜率为 $\dfrac{R_a+R_H}{C_eC_T\Phi_N^2}$、位于第二和第四象限的直线,如图 6-3-3a 所示。设电机原来拖动反抗性恒转矩负载运行工作在固有机械

特性上的 a 点,则开始制动时,因转速不变,工作点跃变到能耗制动特性上的 b 点,此时电磁转矩变为制动转矩,在和负载转矩的共同作用下,电动机减速,工作点沿能耗制动时的特性下降,制动转矩也逐渐减小;当到达原点时,$T_{em}=0$,$n=0$,电动机停转。

如果电动机拖动的是位能性负载,下放重物时采用能耗制动,机械特性曲线如图 6-3-3b 所示,转速降为零时,在位能性负载的作用下,电动机开始反转,此时 n、E_a 的方向与电动状态时相反,而 I_a 与 T_{em} 则与电动状态时相同,因 T_{em} 与 n 反向,仍对电动机起制动作用。机械特性位于第四象限。随着转速的增加,制动转矩也不断增大,当制动转矩与负载转矩平衡时,系统稳定运行(见图中的 c 点),此状态称为稳定能耗制动运行。从图中可知,制动电阻越大,稳定运行转速就越高。

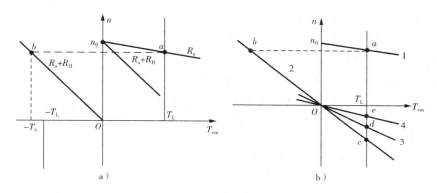

图 6-3-3 能耗制动的机械特性

4. 制动电阻的选择

从图 6-3-3 可以看出,特性的斜率决定于制动电阻的大小,R_H 越大,特性越陡;R_H 越小,特性越平,制动转矩越大,制动作用越强。但 R_H 又不宜太小,否则在制动开始瞬时会产生很大的电流冲击。通常限制最大制动电流 I_{max} 不超过 $(2\sim2.5)I_N$,也就是说,在选择 R_H 时应满足:

$$R_a+R_H\geqslant-\frac{E_a}{I_{max}}$$

制动电阻 R_H 为

$$R_H\geqslant-\frac{E_a}{I_{max}}-R_a \tag{6-3-3}$$

上式中,I_{max} 为制动瞬时的电枢电流,$I_{max}<0$。

对能耗制动下放位能性负载,由式(6-3-3)可得稳定下放时的转速:

$$n=-\frac{I_{zd}(R_a+R_H)}{C_e\Phi_N} \tag{6-3-4}$$

上式中,I_{zd} 为能耗制动稳定下放时的电流,$I_{zd}>0$。

能耗制动控制简单,制动过程中不需要从电源吸取电功率,比较经济。但转速较低时,制动转矩较小,制动作用较弱。常用于反抗性负载的制动停车。

三、反接制动

反接制动有电枢反接制动与倒拉反接制动两种方式。

1. 电枢反接制动

(1)实现方法

电枢反接制动是将电枢反接在电源上，同时电枢回路要串联限流电阻 R_F，电路如图 6-3-4 所示。

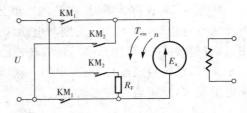

图 6-3-4 电枢反接制动接线图

当电动机在电动状态下运行时，KM_1 主触头闭合，KM_2 主触头打开；反接制动时，维持励磁电流不变，KM_1 主触头打开，KM_2 主触头闭合，电枢两端外施电压的极性改变，电压变为负值。电源反接的瞬时，转速不能突变，即 E_a 不能突变，这时作用在电枢回路的电压为 $-U_N-E_a\approx-2U_N$。由于 R_a 非常小，这样高的电压将在电枢回路引起非常大的电流，因此在电源反接的同时必须在电枢回路中串入制动电阻，限制制动时的电枢电流，制动时电流允许的最大值 $\leqslant 2.5I_N$。

(2)制动原理

电枢反接制动时，电枢电流表达式为

$$I_a=\frac{-U_N-E_a}{R_a+R_F}=-\frac{U_N+E_a}{R_a+R_F} \qquad (6-3-5)$$

由于 I_a 变负，说明制动时电枢电流反向，那么电磁转矩也反向（负值），与转速方向相反，起制动作用，电机处于制动状态。在 T_{em} 和 T_L 的共同作用下，电机转速迅速下降。

(3)机械特性

电枢反接时的机械特性方程为

$$n=\frac{-U_N}{C_e\Phi_N}-\frac{R_a+R_F}{C_eC_T\Phi_N^2}T_{em}=-n_0-\frac{R_a+R_F}{C_eC_T\Phi_N^2}T_{em} \qquad (6-3-6)$$

机械特性是通过 $-n_0$ 点、斜率为 $\beta=\dfrac{R_a+R_F}{C_eC_T\Phi_N^2}$ 的一条直线，如图 6-3-5 所示。

由于制动时 n 为正，T_{em} 为负，所以电枢反接制动时的机械特性为电动机反转（电枢串入 R_F）时的机械特性向第二象限的延伸。反接制动时，电动机由原来的工作点 a 跃变到反接制动特性上的 b 点，电动机进入制动运行，当 $n=0$ 时，制动过程结束。从图 6-3-5 中可以看出，当 $n=0$ 时，$T_{em}=T_c\neq0$。对于反抗性负载，如果 c 点的电磁转矩大于负载转矩，电动机将反向启动，并沿特性曲线加速到 d 点，稳定

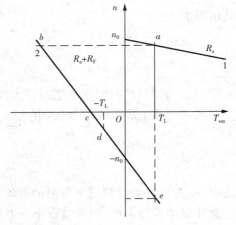

图 6-3-5 电枢反接制动机械特性

运行在反向电动状态。若制动的目的是为了停车,则应在电动机转速 n 接近于零时,及时断开电源;对于位能性负载,则最后稳定运行于回馈制动状态(e 点)。

电枢反接制动时制动转矩大,制动过程迅速;但停车时的准确性差,且在制动过程中,电动机从电源吸取的电功率 $P_1=U_N I_a>0$,电磁功率 $P_{em}=T_{em}\cdot\Omega<0$,说明电动机将从电源吸取的电能和系统的动能或位能性负载的势能全部消耗在 R_a+R_F 上。制动时的能量损耗是很大的。

2. 倒拉反接制动

(1)实现方法

倒拉反接制动只有在位能性负载下放的情况下才能出现,其制动线路如图 6-3-6 所示。在电动机提升重物时,KM 主触头闭合,电动机在电动状态运行,制动时,将 KM 主触头打开,把阻值很大的附加电阻 R_F 串入电枢回路中。由于串入电阻的瞬时电动机的转速不能突变,E_a 不能突变,而 R_F 又很大,使 $T_{em}<T_L$,电动机减速。当 $n=0$,此时仍有 $T_{em}<T_L$,在负载重物的作用下,电动机被倒拉而反转过来,重物得以下放。

(2)制动原理

制动瞬间,根据 $I_a=(U-E_a)/(R_a+R_F)$ 可知,I_a 将急剧减小,使 $T_{em}<T_L$,电动机减速。当速度降为零时,$E_a=0$,由 $I_a=U/(R_a+R_F)$ 产生的 T_{em} 仍小于

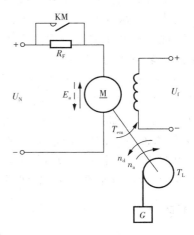

图 6-3-6 倒拉反接制动接线图

T_L,电动机将被负载倒拉反转,此时 T_L 变为驱动转矩,T_{em} 变为制动转矩,n 变为负值,E_a 反向,电枢电流 $I_a=(U+E_a)/(R_a+R_F)$。随着反方向 n 的增加,反方向 E_a 增大,I_a、T_{em} 继续增大,当 $T_{em}=T_L$ 时,转速 n 不再变化,系统以稳定的速度下放重物。

(3)机械特性

倒拉反接制动的机械特性方程为

$$n=\frac{U_N}{C_e\Phi_N}-\frac{R_a+R_F}{C_e C_T\Phi_N^2}T_{em}=n_0-\beta_F T_{em} \qquad (6-3-7)$$

倒拉反接制动时的机械特性是电动机电枢串电阻时的机械特性向第四象限的延伸,如图 6-3-7 所示。在电动状态时,电动机稳定运行于特性 1 上的 a 点;串入 R_F 时,工作点跃变到特性 2 上的 b 点;过 c 点后电动机进入倒拉反接制动状态;在 d 点 $T_{em}=T_L$,系统稳定运行。

从图 6-3-7 中可知,R_{zd} 越大,稳定下放重物的速度越大。

必须指出,在实际运用中,倒拉反接制动都是直

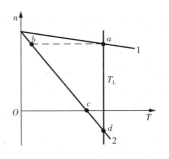

图 6-3-7 倒拉反接制动机械特性

接从堵转点开始的,即串入电阻后再加电枢电压。

倒拉反接时的能量关系与电枢反接时相同,即电动机将从电源吸取的电能和位能性负载的势能全部消耗在 $R_a + R_F$ 上。

四、回馈制动

电动状态下运行的电动机,在某种条件下(如电力车下坡时)会出现运行转速 n 高于理想空载转速 n_0 的情况,此时 $E_a > U$,电枢电流 I_a 反向,电磁转矩 T_{em} 方向也随之改变,由拖动性转矩变成制动性转矩,即 T_{em} 与 n 方向相反。从能量传递方向看,电机处于发电状态,将机械能变成电能回馈给电网,因此称这种状态为回馈制动状态。

电力车下坡时的机械特性如图 6-3-8 所示。由于位能负载转矩的影响使电力机车下坡时,电动机加速至转速高于理想空载转速(即 $n > n_0$),I_a、T_{em} 为负值,所以机械特性是电动状态机械特性延伸到第二象限的一条直线。由于位能负载的作用,使得 T_L 下降,如右图所示的虚线,此时 $-T_{em} < T_L$,n 沿着曲线 1 的延伸线上升,到 a 点稳定运行。

由曲线 2(串电阻)可知,如果串入电阻,稳定运行速度会很高,危险性更大,故回馈制动不串电阻。

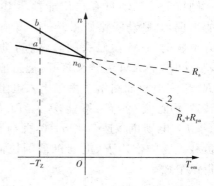

图 6-3-8　回馈制动机械特性

应用实施

例题: 一台他励直流电动机,$P_N = 5.6$ kW,$U_N = 220$ V,$I_N = 31$ A,$n_N = 1000$ r/min,$R_a = 0.4$ Ω,负载转矩 $T_L = 50$ N·m,制动时最大制动电流不超过 $2I_N$,忽略空载转矩。试求:(1)设负载为反抗性负载,停车时采用能耗制动,电枢回路中应串入多大的电阻? 若采用电枢反接制动,又应串入多大的电阻?(2)若负载为位能性恒转矩负载,要求以 400 r/min 的速度下放重物,分别采用能耗制动和倒拉反接制动,电枢回路中分别应串入多大的电阻?(3)电枢回路不串电阻,在回馈制动状态下,稳定下放重物的转速是多少?

解:(1)计算能耗制动电阻和电枢反接制动电阻。

$$C_e \Phi_N = \frac{U - I_N R_a}{n_N} = \frac{220 - 31 \times 0.4}{1000} = 0.208$$

在电动状态下稳定运行时,$T_{em} = T_L$,稳定运行转速为

$$n = \frac{U_N}{C_e \Phi_N} - \frac{R_a}{C_e C_T \Phi_N^2} T_{em} = \left(\frac{220}{0.208} - \frac{0.4}{9.55 \times 0.208^2} \times 50 \right) \text{r/min} = 1009 \text{ r/min}$$

能耗制动电阻为

$$R_F \geqslant -\frac{E_a}{I_{zd}} - R_a = \frac{C_e \Phi_N n}{-2I_N} - R_a = \left(\frac{-0.208 \times 1009}{-2 \times 31} - 0.4 \right) \Omega = 2.99 \ \Omega$$

电枢反接制动电阻可由式(6-3-5)求得,注意电枢反接制动时,I_a 为负值。

$$R_{\mathrm{F}} \geqslant -\frac{U_{\mathrm{N}}+E_{\mathrm{a}}}{I_{\mathrm{zd}}}-R_{\mathrm{a}}=\left(-\frac{220+0.208\times1009}{-2\times31}-0.4\right)\Omega=6.53\ \Omega$$

（2）计算能耗制动运行和倒拉反接制动运行时的电阻。

稳定下放时，$T_{\mathrm{em}}=T_{\mathrm{L}}$，稳定下放时的电枢电流 I_{zd} 为

$$I_{\mathrm{zd}}=\frac{T_{\mathrm{em}}}{C_T\Phi_{\mathrm{N}}}=\frac{T_{\mathrm{L}}}{9.55C_e\Phi_{\mathrm{N}}}=\frac{50}{9.55\times0.208}\ \mathrm{A}=25.17\ \mathrm{A}$$

位能性负载能耗制动运行时，n 的方向和电动状态相反，n 为负值。稳定运行时的制动电流 I_{zd} 为正值，可求得 R_{F} 为

$$R_{\mathrm{F}}=-\frac{E_{\mathrm{a}}}{I_{\mathrm{zd}}}-R_{\mathrm{a}}=-\frac{C_e\Phi_{\mathrm{N}}n}{I_{\mathrm{zd}}}-R_{\mathrm{a}}=\left[-\frac{0.208\times(-400)}{25.17}-0.4\right]\Omega=2.91\ \Omega$$

倒拉反接制动电阻为

$$R_{\mathrm{F}}=\frac{U_{\mathrm{N}}-E_{\mathrm{a}}}{I_{\mathrm{zd}}}-R_{\mathrm{a}}=\left[\frac{220-0.208\times(-400)}{25.17}-0.4\right]\Omega=11.65\ \Omega$$

（3）电枢回路不串电阻时，在回馈制动状态下，稳定下放重物的转速。

$$n=\frac{-U_{\mathrm{N}}-I_{\mathrm{zd}}R_{\mathrm{a}}}{C_e\Phi_{\mathrm{N}}}=\left(\frac{-220-25.17\times0.4}{0.208}\right)\mathrm{r/min}=-1106\ \mathrm{r/min}$$

操作与技能考评

序号	主要内容	考核标准	评分标准	配分	扣分	得分
1	直流电动机的状态	（1）能够简述直流电动机的运行状态分类； （2）能够区分运行状态	叙述不清、不达重点均不给分；答对一个给5分	20		
2	直流电动机的制动方法	（1）能够简述直流电动机的制动方式分类； （2）能够简述各种制动方式的实现方法； （3）能够简述各种制动方式的工作原理； （4）能够掌握各种制动方式的机械特性	叙述不清、不达重点均不给分；答对1个给5分	60		
3	直流电动机的制动电阻的选择	能够根据生产要求选择制动电阻	掌握选择方法的给分	20		

项目小结

直流电动机的拖动性能可从启动性能、调速性能和制动性能几个方面分析,分析时应根据电动机内部的电磁关系掌握启动、调速、制动的过渡过程,并掌握各种方法的特点。

直流电动机直接启动时启动电流和启动转矩太大,一般直流电动机不允许直接启动,启动时必须把启动电流降低,方法有降低启动时的电枢电压和在电枢回路分级串电阻。为了保证在启动过程中有足够的电磁转矩,降压启动时电枢电压应随转速的升高而逐步升高,串电阻启动时启动电阻应逐步切除。

直流电动机的调速方法有在电枢回路串电阻调速、降低电枢电压调速和弱磁调速三种。其中在电枢回路串电阻调速、降低电枢电压调速是从额定转速往下调节,在电动机得到充分利用时为恒转矩输出,适宜拖动恒转矩负载;而弱磁调速是从额定转速往上调节,在电动机得到充分利用时为恒功率输出,适宜拖动恒功率负载。由于调速既可在额定转速以上又可在额定转速以下,因此调速范围广,而且各种调速方法简单,调速时系统的稳定性较好,所以直流电动机具有非常优越的调速性能。

直流电动机的电磁制动分为能耗制动、反接制动和回馈制动。能耗制动是靠消耗本身的动能制动,低速时的制动效果较弱;反接制动又分为电枢反接制动和倒拉反接制动,电枢反接制动过程强烈,倒拉反接制动和回馈制动只适用于位能性负载的低速和高速下放;反接制动时能耗很大,回馈制动可向电网回馈电能,制动时能量的利用率较高。直流电动机电磁制动时的机械特性位于第二象限和第四象限。

思考与练习

6-1 在电枢回路串入电阻、减低电阻电压和弱磁时的人为机械特性与固有机械特性比较,有什么特点?

6-2 为什么直流电动机一般不允许直接启动? 直接启动会造成什么后果?

6-3 什么是生产机械的负载转矩特性? 有哪几种类型? 各有何特点?

6-4 他励直流电动机有几种调速方法? 各有什么特点?

6-5 他励电动机拖动恒功率负载,采用在电枢回路串电阻的调速方法。试分析在调速时电动机能否得到充分利用。

6-6 如何区分直流电动机是处于电动状态还是制动状态?

6-7 他励直流电动机的技术数据为 $P_N = 7.5\ \text{kW}, U_N = 110\ \text{V}, I_N = 85.2\ \text{A}, n_N = 750\ \text{r/min}, R_a = 0.13\ \Omega$。试求:(1)直接启动时的启动电流是额定电流的多少倍? (2)如限制启动电流为 1.5 倍,电枢回路应串入多大的电阻?

6-8 一台他励直流电动机的额定功率 $P_N = 2.5\ \text{kW}$,额定电压 $U_N = 220\ \text{V}$,额定电流 $I_N = 12.5\ \text{A}$,额定转速 $n_N = 1500\ \text{r/min}$,电枢回路总电阻 $R_a = 0.8\ \Omega$。求:(1)当电动机以 1200 r/min 的转速运行时,采用能耗制动停车,若限制最大制动电流为 $2I_N$,则电枢回路中应串入多大的制动电阻? (2)若负载为位能性恒转矩负载,负载转矩为 $T_L = 0.9T_N$,采用能耗制动使负载以 120 r/min 转速稳定下降,电枢回路应串入多大电阻?

6-9 一台他励直流电动机的额定功率 $P_N = 4\ \text{kW}$,额定电压 $U_N = 220\ \text{V}$,额定电流 $I_N = 22.3\ \text{A}$,额定转速 $n_N = 1000\ \text{r/min}$,电枢回路总电阻 $R_a = 0.91\ \Omega$,运行于额定状态,为使电动机停车,采用电枢电压反接制动,串入电枢回路的电阻为 $9\ \Omega$。当电动机拖动反抗性负载转矩运行于正向电动状态时，$T_L = 0.85T_N$（与反接后电磁转矩进行比较，若 T_L 大，则不转；若小，则转）。试求：

(1) 制动开始瞬间电动机的电磁转矩是多少？

(2) $n = 0$ 时电动机的电磁转矩是多少？

(3) 如果负载为反抗性负载，在制动到 $n = 0$ 时不切断电源，电动机会反转吗？为什么？

6-10 一台他励直流电动机，$P_N = 100 \text{ kW}$，$U_N = 440 \text{ V}$，$I_N = 254 \text{ A}$，$n_N = 1000 \text{ r/min}$，$R_a = 0.1 \text{ }\Omega$，允许的最大电枢电流为 $2.2I_N$，电动机在额定状态稳定运行。试求：(1) 若以最大电枢电流进行电枢反接制动，电枢电路中应串入多大的电阻？如负载为反抗性负载，电动机最后能否运行到反向电动状态？如能，求稳定运行转速。(2) 如负载为位能性负载，要求电机以 100 r/min 的稳定转速下放重物，应采用什么制动方法？电枢电路中应串入多大的电阻？

项目七　其他驱动与控制电机及其应用

本项目介绍驱动微电机和控制电机两部分内容。驱动微电机分两个任务分别介绍单相异步电动机和三相同步电机。控制电机在自动控制系统中,作执行元件的主要有伺服电动机、步进电动机、力矩电动机和低速电机;作信号元件的主要有旋转变压器、自整角机、测速发电机和感应同步器。控制电机部分分别介绍伺服电动机、步进电动机和测速发电机。

任务 7.1　单相异步电动机

任务要求

(1)了解单相异步电动机的特点和用途。

(2)熟悉单相异步电动机的工作原理和机械特性。

(3)了解单相异步电动机的类型、启动方法和应用场合。

(4)学会单相异步电动机的接线和操作使用。

相关知识

单相异步电动机就是指用单相交流电源的异步电动机。

单相异步电动机具有结构简单、成本低廉、噪声小等优点。由于只需要单相电源供电,使用方便,因此被广泛应用于工业和人民生活的各个方面,尤以家用电器、电动工具、医疗器械等使用较多。与同容量的三相异步电动机相比较,单相异步电动机的体积较大、运行性能较差,因此一般只做成小容量的,我国现有产品功率从几瓦到几百瓦。

单相异步电动机的运行原理和三相异步电动机基本相同,但有其自身的特点。其基本结构与三相异步电动机也相同,包括定子和转子两大部件。转子是普通鼠笼式的,定子铁芯也是由硅钢片叠压而成。通常在定子上有两相绕组,单相异步电动机根据定子两个绕组在定子铁芯上的分布以及供电情况的不同,可以产生不同的启动特性和运行特性。一般单相异步电动机有以下几种类型:

（1）单相电阻分相启动异步电动机；

（2）单相电容分相启动异步电动机；

（3）单相电容运转异步电动机；

（4）单相电容启动与运转异步电动机；

（5）单相罩极式异步电动机。

一、单相定子绕组通电时的机械特性

单相异步电动机定子两相绕组是主绕组和副绕组，它们一般是相差 90°空间电角度的两个分布绕组，通电时产生空间正弦分布的空间磁势。首先分析只有一相绕组通电时的机械特性。

从交流电机绕组产生磁势的原理知道，若单相异步电动机只有主绕组通入单相交流电流时，产生空间正弦分布的脉动磁势，其基波表达式为

$$f_{\varphi 1}(x,t) = F_{\varphi 1}\cos\frac{\pi}{\tau}x\sin\omega t$$

而一个脉动磁势可以看成由转速相同、转向相反的两个旋转磁势的合成，即

$$f_{\varphi 1}(x,t) = \frac{1}{2}F_{\varphi 1}\sin(\omega t - \frac{\pi}{\tau}x) + \frac{1}{2}F_{\varphi 1}\sin(\omega t + \frac{\pi}{\tau}x) = f_+ + f_-$$

式中：f_+——正向旋转磁势；

f_-——反向旋转磁势。

单相异步电动机转子在脉动磁场作用下受到的电磁转矩，就等于在正向旋转磁势 f_+ 和反向旋转磁势 f_- 二者分别作用下受到的电磁转矩的合成。

在三相异步电动机原理分析中，我们对旋转磁势及其产生的电磁转矩已经很熟悉了。那么单相异步电机中，鼠笼转子在正向旋转磁势和反向旋转磁势分别作用下受的电磁转矩 T_{em+} 和 T_{em-}，与鼠笼转子在三相异步电动机正向旋转磁势（电源相序为正）和反向旋转磁势（电源相序为负）分别作用下受的电磁转矩是完全一样的，$T_{em+} = f(s_+)$ 与 $T_{em-} = f(s_-)$ 两条机械特性如图 7-1-1 所示。单相异步电动机转子在脉振磁势作用下的转矩为 $T_{em} = T_{em+} + T_{em-}$，主绕组通电时的机械特性曲线 $T_{em} = f(s)$ 为 $T_{em+} = f(s_+)$ 与 $T_{em-} = f(s_-)$ 两条曲线的合成，见图 7-1-1。图中曲线 1 是 $T_{em+} = f(s_+)$；曲线 2 是 $T_{em-} = f(s_-)$；曲线 3 是 $T_{em} = f(s)$。其机械特性 $T_{em} = f(s)$ 具有下列特点：

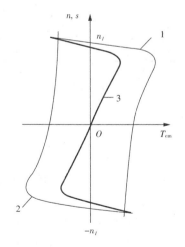

图 7-1-1 单相异步电动机的 $T_{em} = f(s)$ 曲线

（1）当转速 $n=0$ 时，电磁转矩 $T_{em}=0$。即无启动转矩，电机不能够启动。

（2）当转速 $n>0$，转矩 $T_{em}>0$，机械特性在第一象限。电磁转矩是拖动性质的转矩，如果由于其他原因使电机正转后，电磁转矩可使电动机继续正转运行；当转速 $n<0$，转矩

$T_{em}<0$，机械特性在第三象限，电磁转矩仍是拖动性质的，如果电机反转了，仍能继续反转运行。

（3）理想空载转速 $n_0<n_1$，单相异步电动机额定转差率比三相异步电动机略大一些。

综上所述，单相异步电动机定子上如果只有主绕组，则无启动转矩，可以运行但不能启动，因此必须有两相绕组才行。

二、单相异步电动机的旋转磁场的产生

设主绕组以 U_1U_2 表示，副绕组以 V_1V_2 表示，两绕组相互垂直地装在定子铁芯中，如图示 7-1-2 所示。当主绕组与副绕组同时通入不同相位的两相交流电流，各绕组电流的瞬时表达式设为

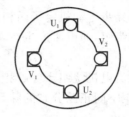

图 7-1-2　定子绕组空间位置

$$i_U=I_m\sin\omega t$$

$$i_V=I_m\sin(\omega t+90°)$$

两绕组电流波形如图 7-1-3a 所示，按照前面三相异步电动机旋转磁场的分析，画出 $\omega t=0°$、$\omega t=45°$、$\omega t=90°$ 这三个瞬时的电流分布情况，分别如图 7-1-3b 所示。观察图发现当电流变化 90°时，磁场也旋转了 90°电角度，所以合成磁场为一个旋转磁场，该旋转磁场的旋转速度（即同步转速）也为 $n_1=60f_1/P$。用同样的方法可以分析得出，当两个绕组在空间上不相差 90°电角度或通入的 i_U、i_V 在相位上不相差 90°电角度时，则气隙中产生的将是一个幅值变动的椭圆形旋转磁场。在旋转磁场作用下，单相异步电动机启动旋转并加速到稳定转速。

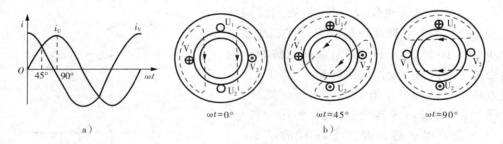

图 7-1-3　单相异步电动机的旋转磁场

从上面分析的结果看出，单相异步电动机的关键问题是如何启动的问题，而启动的必要条件是：

（1）定子具有空间不同相位的两个绕组。

（2）两相绕组中通入不同相位的交流电流。

实际单相异步电动机主绕组是工作绕组（或称运行绕组），与之差 90°空间电角度的副绕组是启动绕组。工作绕组在电动机启动与运行时都一直接在交流电源上，而启动绕组只是在启动时必须通电，启动后可以切除不用。

单相异步电动机的优点主要是使用单相交流电源。但是单相异步电动机启动的必要条件要求两相绕组中通入相位不同的两相电流。如何把工作绕组与启动绕组中的电流相位分

开,即所谓的"分相",就变成了单相异步电动机的十分重要的问题。单相异步电动机的分类也就依它不同而区别。

三、各种类型的单相异步电动机

1. 单相电阻分相启动异步电动机

单相电阻分相启动异步电动机的副绕组通过一个启动开关和主绕组并联接到单相电源上,如图 7-1-4a 所示。启动开关的作用是当转子转速上升到一定大小(一般为 75%～80%)的同步转速时,断开副绕组电路,使电机运行在只有主绕组通电的情况下。一种常用的启动开关是离心开关,它装在电动机的转轴上随着转子一起旋转。当转速升到一定值时,依靠离心块的离心力克服弹簧的拉力(或压力),使动触头与静触头脱离接触,切断副绕组电路。

为了使启动时主绕组中的电流与副绕组中的电流之间有相位差,从而产生启动转矩,通常设计副绕组匝数比主绕组的少一些,副绕组的导线截面积比主绕组的小得更多些。这样,副绕组的电抗就比主绕组的小,而电阻却比主绕组的大。当两绕组并联接电源时,副绕组的启动电流 $\dot{I}_2$ 则比主绕组的启动电流 $\dot{I}_1$ 相位超前,如图 7-1-4b 所示($\dot{U}$ 为电源电压)。有时为了增加副绕组的电阻而不增加它的电抗,还可以将副绕组的线圈正绕若干匝后再反绕若干匝,这样有效匝数没增加,电抗不变,电阻却增大了。这种单相异步电动机,由于两相绕组中电流的相位相差不大,气隙磁势椭圆度较大,其启动转矩较小。

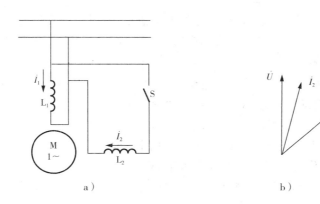

图 7-1-4　单相电阻分相启动异步电动机
a)接线图;b)电流相位关系

电阻分相启动的单相异步电动机改变转向的方法是把主绕组或者副绕组中的任何一个绕组接电源的两出线端对调,也就是把气隙旋转磁场旋转方向改变,因而转子转向也随之改变了。

2. 单相电容分相启动异步电动机

单相电容分相启动异步电动机接线如图 7-1-5a 所示,其副绕组回路串联了一个电容器和一个启动开关,然后再和主绕组并联到同一个电源上。电容器的作用是使副绕组回路的阻抗呈容性,从而使副绕组在启动时的电流超前电源电压 $\dot{U}$ 一个相位角。由于主绕组的阻抗是感性的,它的工作电流滞后电源电压 $\dot{U}$ 一个相位角。因此电动机启动时,副绕组启动电流 $\dot{I}_2$ 超前主绕组启动电流 $\dot{I}_1$ 一个相当大的相位角,如图 7-1-5b 所示。

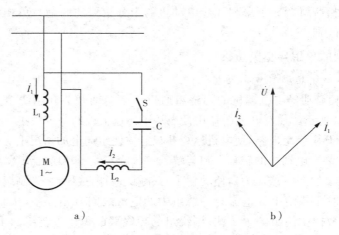

图 7-1-5　单相电容分相启动异步电动机

a)接线图；b)电流相位关系

与电阻分相单相异步电动机比较,电容分相电动机有以下优点:

(1)如果电容器的电容量配得合适,能够做到使启动时副绕组电流 i_2 差不多比主绕组电流 i_1 超前 $90°$ 电角度。

(2)副绕组的容抗可以抵消部分感抗使总的电抗值小些,所以副绕组的匝数不像电阻分相时受到限制,可以多些,从而可以增大副绕组的磁势。以上两点都可使得电动机在启动时能产生一个接近圆形的旋转磁势,得到较大的启动转矩。

(3)由于 i_1 和 i_2 接近 $90°$ 电角度,合成的线电流 $i = i_1 + i_2$ 比较小。所以电容分相启动的单相异步电动机的启动电流较小,启动转矩却比较大。

在副绕组中也串接了一个启动开关,当转子转速达到 $75\% \sim 80\%$ 同步转速时,启动开关动作,使副绕组脱离电源。在转子转速上升的过程中,副绕组电流加大,电容器的端电压会升高,启动开关及时动作可以降低对电容器耐压的要求。

电容分相启动单相异步电动机改变转子转向的方法同电阻分相启动单相异步电动机的一样。

3. 单相电容运转异步电动机

在单相电容运转异步电动机中,副绕组不仅在启动时起作用,而且在电动机运转时也起作用,长期处于工作状态,电动机定子接线如图 7-1-6 所示。电容运转异步电动机实际上是个两相电机,运行时电机气隙中产生较强的旋转磁势,其运行性能较好,功率因数、效率、过载能力都比电阻分相启动和电容分相启动的异步电动机要好。

副绕组中串入的电容器,也应该考虑到长期工作的要求。电容量的选配,主要考虑运行时能产生接近圆形的旋转磁势,提高电动机运行时的性能。这样一来,由于异步电动机从绕组看进去的总阻抗是随转速

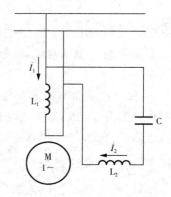

图 7-1-6　单相电容运转
异步电动机接线图

变化的,而电容的容量为常数,因此使运行时接近圆形磁势的某一确定电容量,就不能使启动时的磁势仍旧接近圆形磁势,而变成了椭圆磁势。这样就导致了其启动转矩较小、启动电流较大,启动性能不如单相电容分相启动异步电动机。

改变单相电容运转异步电动机转向的方法,同单相电阻分相启动异步电动机改变转向的方法一样。

4. 单相电容启动与运转异步电动机

为了使电动机在启动时和运转时都能得到比较好的性能,在副绕组中采用了两个并联的电容器,如图7-1-7所示。电容器 C_1 是运转时长期使用的,电容器 C_2 是在电动机启动时使用的,它与一个启动开关串联后再和电容器 C_1 并联起来。启动时,串联在副绕组回路中的总电容为 $C_1 + C_2$,比较大,可以使电机气隙中产生接近圆形的磁势。当电动机转到转速比同步转速稍低时,启动开关工作,将启动电容器 C_2 从副绕组回路中切除,这样使电动机运行时气隙中的磁势也接近圆形磁势。

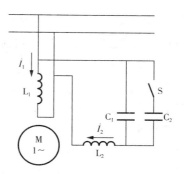

图 7-1-7 单相电容启动与运转异步电动机接线图

电容启动与运转的单相异步电动机,与电容启动单相异步电动机比较,启动转矩和最大转矩有了增加,功率因数和效率也有了提高,电机噪音较小,所以它是单相异步电动机中最理想的一种。

单相电容启动与运转异步电动机也能改变转向,办法与前面其他单相异步电动机相同。

5. 单相罩极式异步电动机

单相罩极式异步电动机的结构分为凸极式和隐极式两种,原理完全一样,只是凸极式结构更为简单一些。凸极式单相异步电动机的主要结构如图7-1-8所示,其转子仍然是普通的鼠笼转子,但其定子都有凸起的磁极。在每个磁极上有集中绕组,即为主绕组。极面的一边约1/3处开有小槽,经小槽放置一个闭合的铜环,叫短路环,把磁极的小部分罩起来,故称之为罩极式异步电动机。

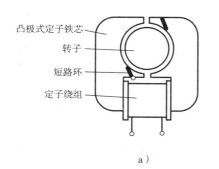

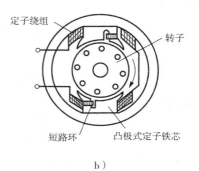

a)

b)

图 7-1-8 凸极式单相罩极异步电动机结构

a)集中励磁;b)单独励磁

罩极式异步电动机当主绕组通电时,产生脉动磁通$\dot{\Phi}_1$。$\dot{\Phi}_1$分为两部分,$\dot{\Phi}_1'$为通过未罩部分的磁通,$\dot{\Phi}_1''$为通过被罩部分的磁通,$\dot{\Phi}_1=\dot{\Phi}_1'+\dot{\Phi}_1''$,$\dot{\Phi}_1'$和$\dot{\Phi}_1''$在时间上是同相位的,当$\dot{\Phi}_1''$穿过短路环时,在短路环中产生感应电动势$E_k$和电流$I_k$,$I_k$又要在被罩部分的铁芯中产生磁通$\dot{\Phi}_k$。因此,穿过短路环的磁通$\dot{\Phi}_2=\dot{\Phi}_1''+\dot{\Phi}_k$。

由于$\dot{\Phi}_1'$与$\dot{\Phi}_2$通过磁极的不同部位,因此在空间上相差一个电角度,在时间上也相差一个电角度,它们的合成磁场是一种"扫动磁场",扫动的方向是从通过领先磁通$\dot{\Phi}_1'$的未罩部分到通过$\dot{\Phi}_2$的被罩部分。扫动磁场实质上也是一种旋转磁场,在该磁场的作用下,电动机将获得一定的启动转矩。

由于$\dot{\Phi}_1'$与$\dot{\Phi}_2$轴线相差的空间电角度比较小,而且$\dot{\Phi}_2$本身也较小,因此启动转矩很小,一般只能用作负载转矩小于$0.5T_N$的轻载启动。但由于其结构简单、制造方便,罩极式的单相异步电动机常用于小型风扇、电唱机等启动转矩要求不大的机器中,其容量一般在几十瓦以下。

罩极式电动机中,$\dot{\Phi}_1'$永远领先$\dot{\Phi}_2$,因此电动机的转向总是从磁极的未罩部分到被罩部分,即使改变和电源连接的两个端点,也不能改变它的转向。

四、单相异步电动机的调速

单相异步电动机目前采用较多的是串电抗器调速和抽头法调速。

1. 串电抗器调速

在电动机电路中串联电抗器后再接到单相电源上,改接电抗器的抽头,从而改变电动机定子工作绕组、启动绕组的端电压,实现电动机转速的调节,如图7-1-9所示。

2. 抽头法调速

在单相异步电动机的定子内,除工作绕组、启动绕组外,还嵌放一个调速绕组。三套绕组采用不同的接法,通过换接调速绕组的不同抽头,可改变工作绕组的端电压,进而达到电动机转速调节的目的。按调速绕组与工作绕组和启动绕组的接线方式,常用的有T形接线和L形接线两种方式,如图7-1-10所示,其中T形接线调速性能较好。

抽头法调速与串电抗器调速比较,抽头法调速耗电少,但绕组嵌线和接线较为复杂,增加了修理难度。

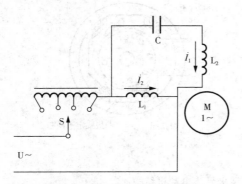

图7-1-9 单相异步电动机
串电抗器调速接线图

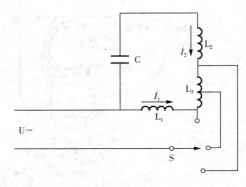

图7-1-10 单相异步电动机
抽头法调速接线图

应用实施

一、家电中常用的单相异步电动机

家中常用的吊扇就是采用串电抗器调速的单相电容运转异步电动机,如图7-1-11所示,图中的电抗器L就是调速器。

家中的电冰箱采用的是电阻分相式单相异步电动机,其接线图如图7-1-12所示。

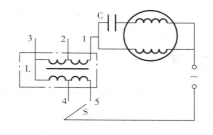

图7-1-11　吊扇串电抗器调速接线图

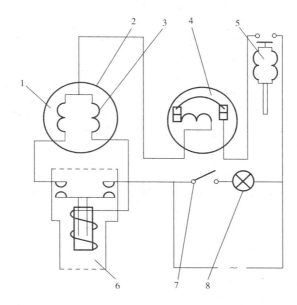

图7-1-12　电冰箱的接线图

1—启动绕组组成部分;2—压缩机电动机;3—工作绕组;4—保护继电器;

5—温度控制器;6—启动继电器;7—门灯开关;8—照明灯

洗衣机也是以电动机为动力,驱动波轮或滚筒等搅拌类的轮盘,形成特殊的水流以除去衣物之污垢。洗衣机的类型很多,按照水流情况分类,可分为波轮式、滚桶式和搅拌式,其中大多采用波轮式。

波轮式洗衣机的洗涤用电动机和脱水用电动机均属单相电容运转电动机,该电动机额定电压均为220 V,额定转速在1360～1400 r/min之间,输出功率为90～370 W,效率为49%～62%。洗衣机用电动机的两相绕组一般都是完全对称的。洗涤时电动机需要自动正、反转工作。

二、电动工具中常用的单相异步电动机

分相电动机启动电流倍数为6～7,启动转矩倍数为1.2～2,功率因数为0.4～0.75,它的主要优点是价格低、应用广泛;缺点是启动电流大、启动转矩较小。在工厂中通常用于启动转矩较小的动力设备上,如钻床、研磨机、搅拌机等。

电容启动式电动机启动电流倍数为 4～5,启动转矩倍数为 1.5～3.5,功率因数为 0.4～0.75,它的主要优点是启动转矩较大;缺点是造价稍高、启动电流较大,主要用于启动转矩要求大的场合,如井泵、冷冻机、压缩机等。

操作与技能考评

序号	主要内容	考核标准	评分标准	配分	扣分	得分
1	单相异步电动机的拆装	(1)能够简述单相异步电动机的基本结构; (2)能够熟练拆装单相异步电动机	对于(1)叙述不清、不达重点均不给分;对于(2)不熟练扣 5 分,不会不给分	30		
2	单相异步电动机的分类	能够简述各种单相异步电动机的特性和运用	叙述不清、不达重点均不给分	30		
3	家用单相异步电动机的接线	能够熟练接吊扇、台扇并能实现反转	不能在规定时间内正确完成接线、安装不给分;超时完成酌情扣分	40		

任务 7.2　三相同步电动机

任务要求

(1)了解同步电动机的优缺点。
(2)理解同步电动机的工作原理。
(3)掌握同步电动机的几种启动方法。

相关知识

如果三相交流电机的转子转速 n 与定子电流的频率 f_1 满足方程式 $n = 60f_1/P$ 的关系,这种电机就称为三相同步电机。同步电动机的负载改变时,只要电源频率不变,转速就不变。

我国电力系统的频率 f_1 规定为 50 Hz,电机的极对数 P 又应为整数,这样一来,同步电动机的转速 n 与极对数 P 之间就有着严格的对应关系,如 $P = 1,2,3,4,\cdots$;$n = 3000$ r/min,1500 r/min,1000 r/min,750 r/min,$\cdots$。

同步电机主要用作发电机,现在世界上几乎所有的发电厂都用同步发电机。同步电动机过去虽然有启动比较困难、不易调速等缺点,限制了它的应用,但由于它可以通过调节励磁电流改善电网功率因数,所以多数用在大型不调速设备中。近年来,由于交流变频技术的发展,解决了它的变频电源问题,从而使同步电动机的启动和调速问题都得到了解决,因此,同步电动机的应用场合大大增加。

小功率的永磁同步电动机,由变频电源供电,组成了新一代的交流伺服系统,在数控机床和机器人等领域越来越显示出它的优越性。而同步补偿机实际上是空载运行的同步电动机,只用来向电网发出电感性或电容性无功功率,以满足电网对无功功率的需求,从而改善了电网的功率因数。

一、三相同步电动机的基本结构和额定值

1. 三相同步电动机的基本结构

　　同步电动机的结构主要也是由定子和转子两大部分组成的。定、转子之间是空气隙。同步电动机的定子部分与三相异步电动机的完全一样,也是由机座、定子铁芯和定子绕组三个部分组成的,其中定子绕组也就是前面介绍过的三相对称交流绕组。

　　同步电动机的转子上装有磁极,一般做成凸极式的,即有明显的磁极,如图 7-2-1a 所示,磁极用钢板叠成或用铸钢铸成。在磁极上套有线圈,各磁极上的线圈串联起来,构成励磁绕组。在励磁绕组里通入直流电流 I_f,便使磁极产生了极性,如图 7-2-1a 中的 N、S 极。

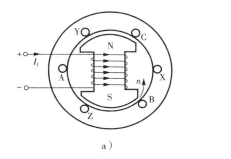
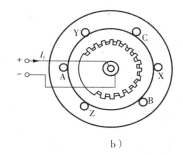

a)　　　　　　　　　　　　b)

图 7-2-1　同步电动机转子结构

a)凸极式;b)隐极式

　　大容量高转速的同步电动机转子也有做成隐极式的,即转子是圆柱体,里面装有励磁绕组,如图 7-2-1b 所示,隐极式同步电动机空气隙是均匀的。其他结构在这里就不介绍了。

　　现代生产的同步电动机,它的励磁电源有两种:一种是由励磁机供电;一种是由交流电源经可控硅整流得到。所以每台同步电动机应配备一台励磁机或整流励磁装置,可以很方便地调节它的励磁电流。

2. 同步电动机的铭牌数据

　　(1)额定容量 S_N(或额定功率 P_N):额定容量是指电动机的视在功率,包括有功功率和无功功率,单位是 kW。

　　(2)额定电压 U_N:是指在电动机正常运行时加在电动机定子上的三相线电压,单位为 V 或 kV。

　　(3)额定电流 I_N:是指在电动机正常运行时,流过电动机定子三相对称绕组的线电流,单位为 A。

　　(4)额定频率 f_N:是指流过定子绕组交流电的频率,我国的标准市电频率为 50 Hz。

　　(5)额定功率因数 $\cos\varphi_N$:是指电动机在正常运行时的功率因数。一般来讲,同步发电机的额定功率因数为 0.8。

　　(6)额定转速 n_N:是指电动机在正常运行时转子的转速,也就是同步转速 n_1,单位为 r/min。

二、三相同步电动机的基本工作原理

同步电动机的定子(也叫电枢)三相绕组接通三相交流电源,流过三相对称电流,产生一个在空间以同步转速 $n_1 = 60f/P$ 旋转的旋转磁场,其转向取决于定子电流的相序。转子绕组(也叫励磁绕组)通入直流励磁电流,产生一个与转子相对静止的恒定的磁场,其极数与定子旋转磁场极数相同。异性磁极之间的吸力使转子受到正方向的磁拉力作用产生电磁转矩(也称为同步转矩),使转子跟着旋转磁场一起旋转从而驱动电动机轴上的机械负载旋转并做功,将定子输入的交流电能转换为轴上输出的机械能。由于转子被定子旋转磁场吸住旋转,所以转子与旋转磁场的转速、转向相同,故称为同步电动机。同步电动机的工作原理如图7-2-2所示。同步电动机在稳定运转时,它的转速不随负载转矩的增减而改变,而总是以同步转速恒速运行。也就是说,同步电动机在其负载允许范围内具有绝对硬的机械特性,如图7-2-3所示,这是它与异步电动机相比的一个突出特点。

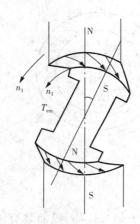

图7-2-2 同步电动机工作原理

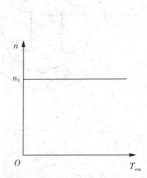

图7-2-3 同步电动机机械特性

三、同步电动机的启动

由同步电动机工作原理可知,它在正常工作时是靠旋转磁场对转子的磁拉力牵引转子同步旋转的,转子转速只有与旋转磁场同步才有稳定的磁拉力,形成一定的同步转矩。但启动时,电枢上形成的旋转磁场以 n_1 快速旋转,而转子有很大的惯性,这样,定子、转子之间存在相对运动,定子前后半周对转子的作用力相反,产生的平均电磁转矩为零,转子不可能启动。所以在同步电动机启动时,必须采取其他措施。同步电动机启动可用如下三种方法。

1. 异步启动

这是当前同步电动机大量采用的一种方法。启动过程分为异步启动和牵入同步两个阶段。

(1)异步启动阶段

同步电动机转子上都装有笼型绕组,主要靠它在启动的第一阶段把转子加速到正常的异步转速,这一转速通常等于同步转速的95%,也称为准同步转速。同步电动机的异

步启动与笼型电动机的启动过程完全一样,同步电动机在异步启动阶段也要求有足够大的启动转矩倍数,有尽量小的启动电流倍数,有一定的过载能力。此外,为了能够顺利地牵入同步,它也要求在准同步转速下有一定的转矩,称为牵入转矩。与笼型电动机启动一样,同步电动机异步启动时,可以直接启动,也可以降压启动,这要根据具体情况而定。在异步启动过程中,如何处理转子直流励磁绕组也是一个值得注意的问题。

启动时转子励磁绕组不能加入直流励磁电流,如果加入直流励磁电流,随着转速的上升,转子磁极会在定子绕组中感应出一个频率随转速变化的三相对称电动势,这个电动势的频率与电网电压的频率不相同,这一电流与定子绕组启动电流瞬时叠加,使定子电流过大,这是不允许的。同时,直流励磁绕组也不能开路,因为直流绕组匝数很多,启动过程中,特别是在低速时,旋转磁场以很高的速度切割直流励磁绕组,在励磁绕组上感应很高的电动势,容易击穿绕组绝缘,对操作人员的人身安全构成了一定的威胁,这也是不允许的。如果把直流励磁绕组直接短路,将在励磁绕组中产生很大的感应电流,形成很大的附加转矩,使电动机启动困难。为克服这一缺点,启动时将直流励磁绕组串一电阻闭合以限制附加转矩,所串电阻阻值一般为励磁绕组电阻的 5～10 倍,如图 7-2-4 所示。

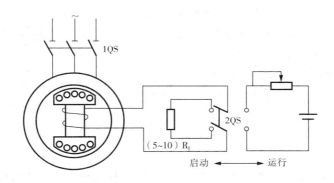

图 7-2-4　同步电动机异步启动原理图

(2)牵入同步阶段

在电动机达到准同步转速后,应及时给直流励磁绕组加入励磁电流。由于这时转子转速已接近旋转磁场转速,加入直流励磁后,旋转磁场相对转子转速已经很低,旋转磁场对转子一直是拉力,这一转矩再加上这段期间的异步转矩,把转子由准同步转速拉到同步转速,使电动机进入稳定的同步运行。

2. 辅助电动机启动

通常是用一台与同步电动机极数相同的小型异步电动机把同步电动机拖动到准同步转速,然后投入电网,加入直流,靠同步转矩把转子牵入同步。这种启动方法投资大、不经济、占地面积大、不适合带负载启动,所以用得不多,个别用于启动同步补偿机。

3. 变频启动

这是一种性能很好的启动方法,启动电流小,对电网冲击小;但它要求有为同步电动机供电的变频电源,这在过去是难以实现的。近年来由于交流变频调速技术的迅速发展,变频电源已进入工业应用阶段,该方法又重新被人们重视起来。变频启动是在启动之前将转子加入直流励磁,然后使变频器的频率从零缓慢上升,旋转磁场牵引转子缓慢地同步加速,直到额定转速。这种启动方法消耗电能少,启动平稳,只要有变频电源就容易实现。现在,除应用变频调速的变频电源对同步电动机进行启动外,还有专门为启动同步电动机的变频电源,这种电源把电动机启动起来后,投入电网,变频电源即被切除,因此可以用一台变频电源分时启动多台同步电动机。这样的变频电源只在启动时短时应用,所以它的容量比同步电动机大为减小,但当前设备费用较高。

应当指出,同步电动机停止运行时,应先断开交流电源,再断开励磁电源,否则转子突然励磁,在定子绕组中将产生很大的电流,使定子绕组过热。

应用实施

稀土永磁式同步电机的应用:

永磁式同步电机的转子用永久磁铁做成,为两极或多极,N、S极沿圆周交替排列,如图7-2-5所示。

我国是世界上最早发现永磁材料的磁特性并把它应用于实践的国家。两千多年前,我国利用永磁材料的磁特性制成了指南针,在航海、军事等领域发挥了巨大作用,成为我国古代四大发明之一。

稀土永磁电机具有结构简单、运行可靠、体积小、质量轻、损耗小、效率高、电机的形状和尺寸可以灵活多样等显著优点,因而应用范围极为广泛,几乎遍及航空航天、国防、工农业生产和日常生活的各个领域。

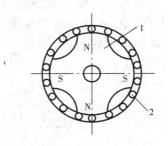

图 7-2-5　永磁式同步电动机转子
1—永久磁铁;2—鼠笼型启动绕组

永磁发电机与传统的发电机相比不需要集电环和电刷装置,结构简单,减少了故障率。采用稀土永磁后还可以增大气隙磁密,并把电机转速提高到最佳值,提高功率质量比。当代航空、航天用发电机几乎全部采用稀土永磁发电机;永磁发电机也用作大型汽轮发电机的副励磁机,20世纪80年代我国研制成功当时世界容量最大的40~160 kVA稀土永磁副励磁机,配备200~600 MW汽轮发电机后大大提高了电站运行的可靠性。

目前,独立电源用的内燃机驱动小型发电机、车用永磁发电机、风轮直接驱动的小型永磁风力发电机正在逐步推广。

永磁同步电动机与异步电动机相比,不需要无功励磁电流,可以显著提高功率因数(可达到1,甚至容性),减少了定子电流和定子电阻损耗,而且在稳定运行时没有转子铜耗,进而可以减小风扇(小容量电机甚至可以去掉风扇)和相应的风摩损耗,效率比同规格异步电动机提高2~8个百分点。而且,永磁同步电动机在25%~120%额定负载范围内均可保持较高的效率和功率因数,使轻载运行时节能效果更为显著。这类电机一般都在转子上设置启动绕组,具有在某一频率和电压下直接启动的能力。目前主要应用在油田、纺织、化工、陶瓷玻璃工业和年运行时间长的风机水泵等领域。

操作与技能考评

序号	主要内容	考核标准	评分标准	配分	扣分	得分
1	同步电动机的拆装	（1）能够简述同步电动机的基本结构；（2）能够熟练拆装同步电动机	对于（1）叙述不清、不达重点均不给分；对于（2）不熟练扣 5 分，不会不给分	30		
2	同步电动机的异步启动方法	（1）能够简述同步电动机异步启动的原理；（2）能正确操作完成异步启动实验	对于（1）叙述不清、不达重点均不给分；（2）能按操作步骤完成实验才给分	40		
3	同步电机的应用	利用网上资源和参考文献查找同步电机在前沿科技领域中的应用并制作成 ppt	ppt 效果好，可视性强，最高可加 10 分；内容丰富，知识面广，最高可加20分	30		

任务 7.3 控制电机

任务要求

（1）了解控制系统对伺服电动机的基本要求。
（2）掌握直流伺服电动机的工作原理、机械特性和调节特性。
（3）理解交流伺服电动机三种控制方法的原理。
（4）掌握自动控制系统对测速发电机的主要要求。
（5）掌握交直流测速发电机的结构和工作原理。
（6）了解步进电动机的特点。
（7）掌握反应式步进电动机的基本结构、工作原理和特性。

相关知识

一、伺服电动机

伺服电动机的功能是把输入的电压信号转换为轴上的角位移或角速度输出，也就是说，伺服电动机是指其转速和转向随输入电压信号的大小和方向而改变的控制电机。伺服电动机能带一定大小的负载，在自动控制系统中作执行元件，所以又称为执行电动机。例如雷达天线系统中，雷达天线由伺服电动机拖动，它会按照雷达接收机送给的电信号拖动天线跟踪目标转动。

对伺服电动机的基本要求有 5 条：①可控性好，加控制电压信号就转，控制电压信号一撤除即停，控制信号电压反向，电动机就反转；②响应快，转速的高低和方向随控制电压信号变化要快，反应灵敏；③稳定性好，是指转速能随转矩的增大均匀下降；④调速范围大，转速能根据电压信号的变化在较大范围内调节；⑤控制功率小、重量轻、体积小、耗电省。

满足上述要求的伺服电动机有两类：直流伺服电动机和交流伺服电动机。

1. 直流伺服电动机

（1）基本结构

直流伺服电动机的结构和普通小型直流电动机相同，由定子与转子两部分组成。定子的作用在于建立恒定磁场，励磁方式为他励，又分电磁式和永磁式两种。电磁式定子磁极上装有励磁绕组，永磁式定子上装有永久磁铁制成的磁极，不需励磁绕组和励磁电源，结构简单。

转子铁芯由硅钢片冲制叠压而成，外圆有槽，嵌放电枢绕组，经换向器和电刷引出。一般电枢铁芯长度与直径之比较普通直流电动机大，目的在于减小电机的飞轮矩 GD^2，提高电机的响应速度。

（2）工作原理

直流伺服电动机的工作原理也和普通小型他励直流电动机相同，如果励磁绕组通以励磁电流或采用永磁磁极，建立恒定磁场，再使电枢绕组加电压通以电枢电流，就会产生电磁转矩使转子旋转，励磁绕组或电枢绕组其中一个断电，电动机立即停转，适当改变励磁电流或电枢电流的大小和方向，就能改变电动机的转速和转向，满足伺服电动机的基本要求。

如果保持电枢电压不变，从而使电枢电流保持不变，通过改变励磁电流来控制电动机的转动，这种控制方式称为磁场控制。

如果保持励磁电流不变或用永磁式，通过改变电枢电压来控制电动机的转动，称为电枢控制方式。

由于电枢控制方式的特性和精度都比较理想，所以直流伺服电动机一般采用电枢控制，亦即利用电枢电压作为控制信号电压。

（3）机械特性和调节特性

直流伺服电动机的机械特性表达式与他励直流电动机机械特性表达式相同，为

$$n = \frac{U}{C_e \Phi} - \frac{R_a}{C_e C_T \Phi^2} T_{em} = n_0 - \beta T_{em} \qquad (7-3-1)$$

电枢控制时，式中 U 为控制信号电压。采用电枢控制，并忽略电枢反应对磁通的影响时，磁通 $\Phi =$ 常数。

① 机械特性

控制电压 $U =$ 常数时，伺服电动机的转速 n 与电磁转矩 T_{em} 之间的关系曲线称为机械特性。

由于磁通 $\Phi =$ 常数，式（7-3-1）中的理想空载转速 n_0 与控制信号电压 U 成正比，斜率 β 则保持不变，根据式（7-3-1）可得控制信号电压不同时的机械特性为一组不同的平行直线，如图 7-3-1 所示。从机械特性可以看出，负载转矩一定（即电磁转矩一定）时，控制信号电压升高，转速就上升；控制信号电压降低，转速就下降。

② 调节特性

转矩 T_{em} ＝常数时，伺服电动机的转速与控制信号电压 U 之间的关系曲线称为调节特性。由于式（7-3-1）中，$C_T\Phi$ 和 βT_{em} 为常数，n 与 U 之间成线性关系，转矩 T_{em} 不同时的调节特性也是一组平行直线，如图 7-3-2 所示。从调节特性上更易看出，T_{em} 一定时，控制信号电压高则转速高，转速的升高与控制信号电压的增加成线性关系，这是最理想的。同时可以看到，当转速 $n＝0$ 时，不同的转矩 T_{em} 对应的电压也不同。例如 $T_{em}＝T_1$ 时，$U＝U'$，即有电压 $U>U'$ 时，$n>0$，才会转起来，电压 U' 称为始动电压。显然转矩越大，始动电压也越大。低于始动电压的区间，例如 $0\sim U'$ 区间，为对应转矩 T_1 下的失灵区或死区，电动机转不起来。

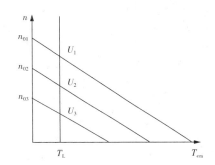

图 7-3-1　机械特性（$U_1>U_2>U_3$）

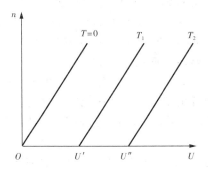

图 7-3-2　调节特性（$T_2>T_1>0$）

2. 交流伺服电动机

（1）基本结构

交流伺服电动机的结构与单相异步电动机相似，定子上有两相绕组，在空间相差 90°电角度，一相为励磁绕组 f，一相为控制绕组 K，励磁绕组接单相交流电压 U_f，控制绕组接控制电压 U_K。转子分笼型和杯型两种，笼型转子与一般小型异步电动机相同。杯型转子交流伺服电动机的结构如图 7-3-3 所示，杯型转子 1 由非磁性导电材料（青铜或铝合金）制成空心杯状，杯子底部固定在转轴上，为减小磁阻，在杯型转子内部装有内定子 3，由硅钢片冲制叠压后固定在一端端盖 5 上，内定子上一般不装绕组，但对功率很小的交流伺服电动机，常将励磁绕组和控制绕组分别安放在内、外定子铁芯的槽内。杯型转子壁厚只有 0.3 mm 左右，优点是转动惯量小、响应快、运转平滑，缺点是加工困难、气隙较大、所需励磁电流大。

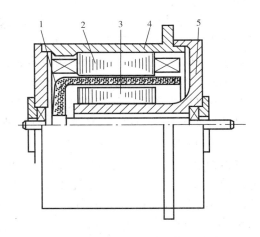

图 7-3-3　杯型转子交流伺服电动机
1—杯型转子；2—外定子；
3—内定子；4—机壳；5—端盖

（2）工作原理

励磁绕组 f 接通单相交流电源电压 U_f，在气隙中产生脉动磁场，如果控制绕组 K 不接控制信号电压，即 $U_K=0$，电动机无启动转矩，转子不转；若加控制信号电压 U_K，并使控制绕组中的电流 I_K 与励磁电流 I_f 不同相，就会形成圆形或椭圆形旋转磁场，产生启动转矩，使电动机转动起来。可是，如果转子参数（主要是电阻 R_2）设计得和一般单相异步电动机相似，则当去掉控制电压 U_K 时，电动机不会停转，这就不符合伺服电动机的要求，这种现象称为"自转"，必须加以克服。克服"自转"现象的方法是加大转子电阻。

从单相异步电动机的工作原理可知，当励磁绕组单独工作时，其机械特性为由正向旋转磁场产生的正向机械特性 $n=f(T_{em+})$ 和由反向旋转磁场产生的反向机械特性 $n=f(T_{em-})$ 合成，当转子电阻 R_2 足够大时，正向机械特性和反向机械特性的临界转差率均>1，如图 7-3-4 所示，其合成机械特性 $n=f(T_{em})$ 在第二、四象限。从合成的机械特性看出，当控制电压为零，控制信号消失，单相励磁时，在电动机运行范围内（以正转为例，在此区间 $0<s_+<1$），$T_{em-}>T_{em+}$ 合成转矩为负值，起制动作用；当转速降为零时，合成转矩也降为零，转子自行停转。反转分析也是如此。总之，当控制信号电压切除，励磁绕组单独工作时，不论原来转向如何，总会受到制动转矩的作用，很快停下来，从而克服了"自转"现象。

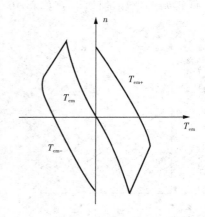

图 7-3-4　交流伺服电动机控制信号电压为零时的机械特性

（3）控制方法

交流伺服电动机的励磁绕组和控制绕组通常都设计成对称的，当控制信号电压 U_K 和励磁电压 U_f 亦对称时，两相绕组产生的合成磁势是圆形旋转磁势，气隙磁场是圆形旋转磁场。如果控制信号电压 U_K 与励磁绕组电压 U_f 的幅值不等或相位差不为 90°电角度，则产生的气隙磁场将是一个椭圆形旋转磁场。所以，改变 U_K 就可以改变磁场的椭圆度，从而控制伺服电动机的转矩和转速，具体的控制方法有 3 种：

① 幅值控制

幅值控制是保持控制信号电压 U_K 的相位与励磁绕组电压 U_f 相差 90°电角度不变，仅改变其幅值的大小来控制伺服电动机的转速。原理接线如图 7-3-5 所示。用有效信号系数 a 反映控制信号电压的大小，即定义有效信号系数为

$$a=\frac{U_K}{U_{KN}}=\frac{U_K}{U_f}$$

式中：U_{KN}——额定控制电压，一般 $U_{KN}=U_f$。

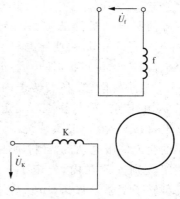

图 7-3-5　交流伺服电动机的原理图

显然,$a=0$时,只有励磁绕组磁动势产生的脉振磁场,所以正转磁场与反转磁场一样大;$a=1$时,两相绕组产生的合成磁场为圆形旋转磁场,即只有正转磁场,没有反转磁场;若$0<a<1$,电机气隙中的磁场为椭圆形旋转磁场,所含正转磁场大于反转磁场越多,磁场的椭圆度越小,反转磁场和反转转矩相对越小。

交流伺服电动机幅值控制时的机械特性是指有效信号系数$a=$常数时,转速n与电磁转矩T_{em}之间的关系曲线,不同a时的机械特性如图$7-3-6$所示。机械特性表明,当转速一定时,a越大,电磁转矩T_{em}越大,当电磁转矩一定时,a越大,转速越高。

调节特性是指电磁转矩T_{em}一定时,转速n与有效信号系数a之间的关系曲线,如图$7-3-7$所示。调节特性表明:当电磁转矩一定时,a越大,转速越高;负载转矩越大,即电磁转矩T_{em}越大时,为使交流伺服电动机启动所需的a越大,亦就是始动电压越大。

由图$7-3-6$和图$7-3-7$可见,交流伺服电动机幅值控制时的机械特性和调节特性都不是直线,此非线性对系统的精度有影响。

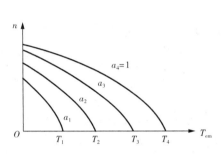

图$7-3-6$ 幅值控制时的机械特性

（$a_4>a_3>a_2>a_1$）

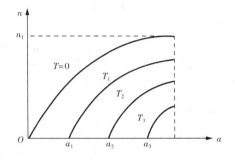

图$7-3-7$ 幅值控制时的调节特性

（$T<T_1<T_2<T_3$）

② 相位控制

相位控制是保持控制信号电压$\dot{U}_K$的幅值不变,通过移相器改变其相位来控制电动机的转速。

相位控制接线图如图$7-3-8$所示。励磁绕组接在大小和相位不变的交流电源上,控制绕组所加信号电压的大小为恒定值,设$\dot{U}_K$和$\dot{U}_f$大小相等,相位差为β,定义$\sin\beta$为相位控制时的有效信号系数。显然$\beta=0°$时,$\sin\beta=0$,气隙磁场为脉振磁场;$\beta=90°$时,$\sin\beta=1$,气隙磁场为圆形旋转磁场;如果$0°<\beta<90°$时,$0<\sin\beta<1$,气隙磁场为椭圆形旋转磁场。有效信号系数越大,气隙磁场的椭圆度越小,反转磁场和反转转矩相对越小。因此,交流伺服电动机的负载转矩亦即电磁转矩一定时,有效信号系数$\sin\beta$越大,转速越高。相位控制时的机械特性和调节特性与幅值控制时相似,只是线性度略好一些。

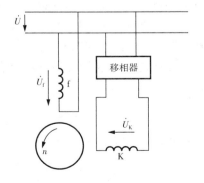

图$7-3-8$ 相位控制接线图

③ 幅值-相位控制

幅值-相位控制是既改变控制信号电压的幅值,又改变控制信号电压 $\dot{U}_K$ 与励磁绕组电压 $\dot{U}_f$ 之间的相位差 β。其原理接线如图 7-3-9 所示,在励磁绕组回路串一电容器 C,通过电位器调节控制信号电压 $\dot{U}_K$ 的大小时,其相位不变,但由于转子绕组的耦合作用,励磁绕组中的电流 $\dot{I}_f$ 会发生变化,$\dot{U}_f$ 和电容器上的电压 $\dot{U}_C$ 随之改变,从而使 $\dot{U}_K$ 与 $\dot{U}_f$ 之间的相位差 β 随 $\dot{U}_K$ 的幅值同时变化。当 $U_K = U_{KN}$ 时,电动机的转速最高;$U_K = 0$

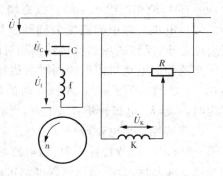

图 7-3-9 幅值-相位控制接线图

时,电动机的转速为零;$0 < U_K < U_{KN}$ 时,U_K 越大,转速越高。幅值-相位控制的机械特性和调节特性与幅值控制时相似,只是线性度稍差。由于幅值-相位控制方式不需复杂的移相设备,实际应用较多。

无论哪种控制方式,只要将控制信号电压的相位改变 $180°$ 电角度(反相),从而改变控制绕组与励磁绕组中电流的相位关系,原来的超前相变为滞后相,原来的滞后相变为超前相,电动机的转向就随之改变。

二、测速发电机

在自动控制系统及计算装置中,测速发电机是一种检测元件,其基本任务是将机械转速转换为电气信号。它具有测速、阻尼及计算的职能,所以其用途有产生加速或减速的信号;在计算装置中作计算元件;对旋转机械作恒速控制等。

自动控制系统对测速发电机的主要要求如下:①发电机的输出电压与转速保持严格的线性关系,且不随外界条件的改变而改变;②电机的转动惯量要小,以保证电机反应迅速;③电机的灵敏度要高,即测速发电机的输出电压对转速的变化反应灵敏,也就是要求测速发电机的输出特性斜率要大;④工作稳定、运行可靠、电磁干扰小、噪声低、体积小和重量轻等。

测速发电机可分为直流测速发电机和交流测速发电机两大类,交流测速发电机又可分为异步测速发电机和同步测速发电机。近年来还出现了利用霍尔效应的测速发电机。

1. 直流测速发电机

直流测速发电机有两种,一种是电磁式直流测速发电机,即微型他励直流发电机;一种是永磁式直流测速发电机,即磁极为永久磁铁的微型直流发电机。直流测速发电机结构与原理都与直流发电机相同。如图 7-3-10 所示。

当每极磁通 Φ = 常数时,发电机的电动势为

$$E_a = C_e \Phi n$$

根据直流发电机的电势平衡方程可得

$$U = E_a - I_a R_a = E_a - \frac{U}{R} R_a$$

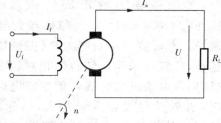

图 7-3-10 直流测速发电机原理图

$$U = \frac{E_a}{1 + \frac{R_a}{R}} = \frac{C_e \Phi n}{1 + \frac{R_a}{R}} = Cn$$

式中：R——负载电阻；

R_a——电枢电阻；

C——常数。

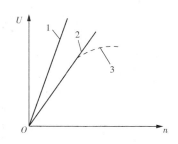

从上式可知，输出电压 U 与转速 n 成正比，$U = Cn$ 为直线，如图 7-3-11 所示为不同负载电阻时的输出特性。

负载电阻 R 一定，当转速较高时 U 较大，I_a 也较大，电枢反应产生去磁作用使磁通 Φ 减小，输出电压 U 相应要降低（图 7-3-11 中曲线 3 所示）。为了减少电枢反应的去磁作用，使用直流测速发电机时，转速范围不要太大，负载电阻不能太小，电磁式直流测速发电机可以安装补偿绕组。

图 7-3-11 直流测速发电机输出特性

2. 交流测速发电机

自动控制系统中应用最广泛的是空心杯转子交流（异步）测速发电机，下面介绍它的结构和原理。

(1)结构特点

空心杯转子异步测速发电机定子槽内嵌放空间位置相差 90° 的两相绕组，其中一相为励磁绕组，另一相为输出绕组。转子是空心杯，用电阻率较大的非磁性材料制成，如硅锰青铜、磷青铜等。杯子里面还有一个由硅钢片叠成的定子，称作内定子，目的是减小主磁路的磁阻。杯子底部固定在转轴上。空心杯转子异步测速发电机的转动惯量很小。另外，与笼型转子相比，其转子电阻大得多、转子漏电抗小得多，使输出特性的线性度较好。图 7-3-12 为一台空心杯转子异步测速发电机简单的结构图。

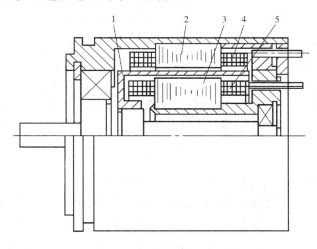

图 7-3-12 空心杯转子异步测速发电机结构

1—空心杯转子；2—外定子；3—内定子；4—励磁绕组；5—输出绕组

（2）基本原理

励磁绕组的轴线为 d 轴，输出绕组的轴线为 q 轴。工作时，励磁绕组接于电压 U_1 和频率 f 恒定的单相交流电源，d 轴方向的脉动磁通为 $\dot{\Phi}_d$，电机转子逆时针方向旋转，转速为 n。如图 7－3－13 所示。

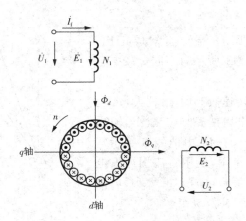

图 7－3－13　交流异步测速发电机工作原理图

交流异步测速发电机工作时，空心杯的转子上有两种电动势存在，一种是变压器电动势，一种是切割电动势。

变压器电动势，指不考虑转子旋转而仅仅由于纵轴磁通 $\dot{\Phi}_d$ 交变时，在空心杯转子感应的电动势。分析变压器电动势时，由于转子结构是对称的，我们可以把空心杯转子看成由无数根并联导体组成的笼式绕组，在空心杯中由于变压器电动势而引起的转子磁势，大小是一个与转子位置无关的常数，方向始终在 d 轴上。这样一来，励磁绕组磁势与转子上变压器电动势引起的磁势的合成磁势 $\dot{F}_d$ 才产生了纵轴磁通 $\dot{\Phi}_d$ 的励磁磁势。励磁绕组磁势与 $\dot{F}_d$ 数值上只相差一个常数。

切割电动势，是指仅仅考虑转子旋转时，转子切割纵轴磁通 $\dot{\Phi}_d$ 产生的电动势。空心杯转子转速为 n，逆时针方向，切割电动势 $\dot{E}_r$ 的方向用右手定则确定，如图 7－3－13 中所示。分析切割电动势时，我们可以把转子看成为无数多根并联的导条，每根导条切割电动势的大小与导条所在处的磁密大小以及导条和磁密的相对切割速度成正比。转子杯轴向长度为 l，所在处磁密 $B_d \propto \Phi_d$，导条与磁密相对切割速度即转子旋转的线速度 $v \propto n$，且 v、l 和 Φ_d 三者方向互相垂直，切割电动势大小则为

$$E_r = C\Phi_d n$$

式中：C 是与电机结构有关的常数。从上式可知，$E_r \propto \Phi_d n$。

异步测速发电机的空心杯转子材料，是具有高电阻率的非磁性材料，因此转子漏磁通和漏电抗数值均很小，而转子电阻数值却很大，这样完全可以忽略转子漏阻抗中的漏电抗，而认为只有电阻存在。因此，切割电动势 $\dot{E}_r$ 在转子中产生的电流 $\dot{I}_r$，与电动势 $\dot{E}_r$ 本身同方向、同相位，该电流建立的磁势则在 q 轴方向，用 $\dot{F}_{rq}$ 表示。其大小正比于 E_r，即 $F_{rq} \propto E_r \propto \Phi_d n$。

磁动势 $\dot{F}_{rq}$ 产生 q 轴方向的磁通 $\dot{\Phi}_q$，环链着 q 轴上的输出绕组，并在其中感应电动势 $\dot{E}_2$。由于 $\dot{\Phi}_d$ 以频率 f 交变，$\dot{E}_r$、$\dot{F}_{rq}$ 和 $\dot{E}_2$ 也都是时间交变量，频率也都是 f。输出绕组感应电动势 $\dot{E}_2$ 的大小与 $\dot{F}_{rq}$ 成正比，即

$$E_2 = 4.44 f N_2 k_{\mathrm{w2}} \Phi_q \varpropto \Phi_q \varpropto F_{rq} \varpropto \Phi_d n$$

（3）输出特性

输出特性是指测速发电机输出电压与转速之间的关系曲线，即 $U_2 = f(n)$。当忽略励磁绕组漏阻抗时，$U_1 = E_1$，只要电源电压 U_1 不变，纵轴磁通 Φ_d 为常数，则测速发电机输出电动势 E_2 只与电机转速 n 成正比，因此输出电压 U_2 也只与转速 n 成正比。输出特性 $U_2 = f(n)$ 为直线，如图 7-3-11 曲线 1 所示。但由于误差的存在，实际的输出特性并不是严格的线性关系。产生误差的主要原因是：

① 幅值及相位误差

由于励磁绕组漏阻抗的存在，使励磁绕组感应电动势与励磁电压之间相差一个漏阻抗压降，漏阻抗压降越大，$\dot{\Phi}_d$ 的大小和相位变化越大，输出电压的幅值和相位误差就越大。

此外，只有当转子电路电阻很大时，才可以忽略转子的漏电抗，认为转子是纯电阻电路。这时由切割电动势 $\dot{E}_r$ 产生的电流 $\dot{I}_r$ 才与 $\dot{E}_r$ 同相位，由 $\dot{I}_r$ 建立的磁势只有 q 轴方向的磁势 $\dot{F}_{rq}$。

② 剩余电压

从原理上讲，测速发电机转子不动时，输出绕组并没有感应电动势，也就没有输出电压。但由于在电机加工和装配过程中，存在机械上的不对称及定子磁性材料性能在各个方向的不对称，使 $\dot{F}_d$ 产生的磁通出现了 q 轴分量，因而在转子静止时也有磁通穿过输出绕组，在输出绕组中感应变压器电动势从而产生剩余电压。减小剩余电压需要提高材料质量和工艺水平，也可以在电机中加补偿绕组，还可以在实际使用时采取一些补偿措施，目前异步测速发电机剩余电压可做到小于 10 mV。

三、步进电动机

步进电动机是数控系统中的一种执行元件，它的功能是把输入的脉冲电信号变换为输出的角位移，亦即电源每输入一个脉冲电信号，电动机就前进一步，转过一个角度，其步进的角位移与脉冲数成正比，转速与脉冲频率成正比。

步进电动机的特点有：

（1）可以用数字信号直接进行控制，无需反馈，整个系统简单廉价；

（2）步距误差不会长期积累；

（3）无电刷，可靠性高；

（4）易于启动、停止、正反转及调速控制，快速响应性好；

（5）停止时有自锁能力；

（6）可在相当宽范围内平滑调速，同时易于实现多台步进电动机的同步运行控制；

（7）步距角选择范围大，可以根据不同需要选择步进电动机；

（8）步进电动机带惯性负载能力差；

(9)存在失步和共振现象；

(10)需要使用步进电动机驱动电源。

步进电动机按工作原理不同分为反应式、永磁式和混合式等，其中反应式步进电动机应用最广泛。本任务简要介绍反应式步进电动机的基本结构、工作原理和特性等。

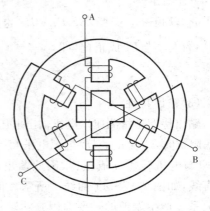

图 7-3-14　三相反应式步进电动机结构示意图

1. 基本结构

反应式步进电动机定子相数 $m=2\sim6$，定子极数为 $2m$。图 7-3-14 为三相反应式步进电动机的示意图。定子上有 3 对磁极，每对磁极上有一相控制绕组，三相定子绕组接成带中线的对称星形；转子上有 4 个齿，齿宽与定子磁极极靴宽度相等，定子、转子铁芯均为凸极结构，由硅钢片冲制叠压而成。

2. 工作原理

(1)运行方式

以如图 7-3-15 所示的三相反应式步进电动机为例来说明，当 A 相绕组通直流电，而 B、C 相不通电时，步进电动机的气隙磁场与 A 相绕组轴线重合。由于磁力线试图通过磁阻最小的路径，所以转子将受磁阻转矩（即反应转矩）的作用，转到使转子齿 1 和 3 的轴线与定子 A 相绕组轴线重合的位置，如图 7-3-15a 所示；当 B 相通电，而 A、C 相不通电时，在反应转矩的作用下，转子将沿逆时针方向转过 30°角，至转子齿 2 和 4 的轴线与定子 B 相绕组轴线重合为止，如图 7-3-15b 所示；当 C 相通电，而 A、B 相不通电时，转子又逆时针转过 30°角，转子齿 3 和 1 的轴线与定子 C 相绕组轴线相重合，如图 7-3-15c 所示。如按 A—B—C—A—…顺序不断轮流接通和断开控制绕组，转子就按逆时针方向一步一步地转动，显然，步进电动机的转速取决于控制绕组通电和断电的频率，亦就是输入电脉冲的频率，旋转方向取决于控制绕组通电的顺序，如将通电顺序改为 A—C—B—A—…，则电动机反向转动。

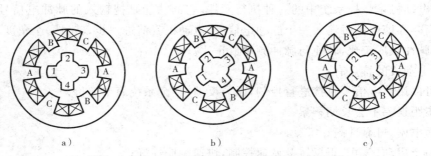

图 7-3-15　三相反应式步进电动机单三拍运行
a)A 相通电；b)B 相通电；c)C 相通电

控制绕组从一种通电状态换到另一种通电状态叫做"一拍"。每一拍转子所转过的空间角度称为步距角，以 θ_b 表示。上述通电方式称为"三相单三拍"，"三相"是指定子共有三相绕组,"单"是指每次通电时,只有一相控制绕组通电,"三拍"是指经过三次切换通电状态完成一个循环,转子转过一个齿距对应的空间角度。三相单三拍通电方式时的步距角为30°。

三相步进电动机还常采用"三相双三拍"和"三相单双六拍"通电方式。"三相双三拍"的通电顺序是 AB—BC—CA—AB—…,每次同时有两相绕组通电,A、B 两相绕组通电时,A、B 两相的定子磁场产生的反应转矩(亦即磁阻转矩)同时作用于转子,其平衡位置如图 7-3-16a 所示;断开 A 相,使 B、C 相通电时、B、C 两相磁场同时作用,转子平衡位置如图 7-3-16b 所示;同理,断开 B 相,使 C、A 相通电时,平衡位置如图 7-3-16c 所示。可见,转子转动方向与 A—B—C—A—…通电方式相同,步距角 θ_b 也不变,仍为 30°角。如要电动机反向转动,只需将通电顺序改为 AC—CB—BA—AC—…。"三相单双六拍"的通电顺序为 A—AB—B—BC—C—CA—A—…,相当于前面两种通电方式的综合,每改变一次通电状态,转子转过的角度只有三拍通电方式的一半,即步距角变为 15°。

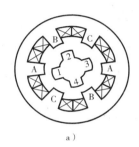 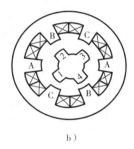 

图 7-3-16　三相反应式步进电动机双三拍运行
a)A、B 相通电; b)B、C 相通电; c)C、A 相通电

(2)步进电动机的步距角的计算

步进电动机步距角的大小直接关系到系统的控制精度。但上述结构的步进电动机,无论采取哪种运行方式,步距角都太大,通常满足不了生产的要求。所以实际上大多采用转子齿数很多,定子磁极上带有小齿的反应式结构,其典型结构示意图如图 7-3-17所示。

图中定子上仍为 6 个磁极,三相控制绕组星形联接,转子上均匀分布 40 个齿,每个磁极的极靴上各有 5 个小齿,定子、转子的齿宽、齿距相等。所谓齿距就是相邻两齿中心线之间的距离,用 t 表示。

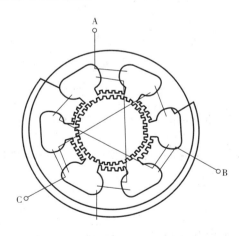

图 7-3-17　步进电动机典型结构示意图

为分析方便起见,将定子、转子展开,如图 7-3-18所示,图中画了一半。由图可以清楚看到 A 相通电时,A 相极下定子、转子齿对齐,而 B 相极下定子、转子齿的中心线之间错开 $\frac{1}{3}t$,C 相极下定子、转子齿的中心线之间错开 $\frac{2}{3}t$;当 A 相断电,B 相通电时,反应转矩使 B

相极下定子、转子齿对齐,因而转子转过 $\frac{1}{3}t$,这时 A 相和 C 相极下的定子、转子齿均错开 $\frac{1}{3}$ t,以此类推。可见,采用"三相单三拍"通电方式运行时的步距角为

$$\theta_\mathrm{b}=\frac{360°}{Z_\mathrm{r}N}=\frac{360°}{40\times3}=3°$$

式中:N——转子转过一个齿距的运行拍数(即每一循环的拍数);

Z_r——转子齿数。

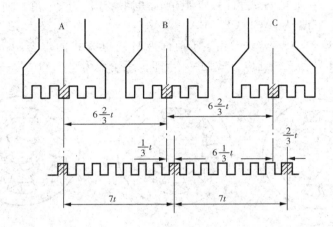

图 7 - 3 - 18 步进电动机定子、转子展开图

如果采用"三相单双六拍"通电方式运行时,步距角为

$$\theta_\mathrm{b}=\frac{360°}{Z_\mathrm{r}N}=\frac{360°}{40\times6}=1.5°$$

如果脉冲频率很低,每输入一个脉冲,定子绕组改变一次通电状态,电动机转过一个步距角,这种控制方式称为角度控制。如果脉冲频率很高,步进电动机就不是步进运动,而是连续转动,这种控制方式称为速度控制,转速与脉冲频率成正比。由步距角 $\theta_\mathrm{b}=\frac{360°}{Z_\mathrm{r}N}$ 可知,每输入一个脉冲,转子转过 $\frac{1}{Z_\mathrm{r}N}$ 转,每分钟的脉冲数为 $60f$,所以速度控制时的转速公式为

$$n=\frac{60f}{Z_\mathrm{r}N}\quad(\mathrm{r/min})$$

单拍制运行时,$N=m$;双拍制运行时,$N=2m$。

3. 步进电动机的运行特性

这里讨论的运行特性是各种步进电动机都具有的,只是不同的步进电动机在某些特性上会有一定的差别。

(1)步距角

步距角即为每运行一拍对应的转子角位移,由于转子每 N 拍前进一个齿距,故可用机械角度表示,则

$$\theta_b = \frac{360°}{Z_r N} \quad \text{(机械角度)}$$

一般来说,每一种步进电动机有两种步距角,对应于整步(三相反应式步进电动机的三拍)运行方式和半步(三拍反应式步进电动机的六拍)运行方式。随着微步驱动或称细分技术的出现,步进电动机的步距角在理论上可以实现无限细分,例如一个 30° 步距角的电动机,采用 10 细分驱动技术,步距角为 3°;若采用 100 细分,则步距角为 0.3°。细分技术是通过改变驱动电压或相电流波形来实现的。

（2）失调角

当步进电动机处于理想空载条件下,且在一相绕组中通以大小不变的电流时,这一相极下的定子、转子齿轴线必然重合,步进电动机产生的转矩为零,此位置称为转子初始平衡位置。如果转子带动某一负载转矩 T_L,则转子将偏离平衡位置一个角度 θ_e,使得与 θ_e 对应的电磁转矩 T_{em} 与 T_L 平衡,则 θ_e 称为失调角。

（3）矩角特性

矩角特性是指一相或几相绕组通入直流电流时,电磁转矩与失调角的关系曲线。当某相绕组通电时,在理想空载条件下,该通电相磁极齿与转子齿的轴线将重合,如图 7-3-19a 所示。这时转子不受切向拉力的作用,故电磁转矩为零。现假设转子向右转过的角度为正,转子受向右的电磁转矩为正,则如果外力使转子向右移动 θ 角($\theta>0$),可以想象转子将受到向左的电磁转矩($T<0$)。反之,若转子受外力作用向左移动一个 θ 角($\theta<0$),则转子受到一个向右的电磁转矩($T>0$)。通常矩角特性曲线接近正弦波,如图 7-3-19b 所示。矩角特性曲线的最大值称为最大静转矩。

图 7-3-19b 中的 O 点称为初始稳定平衡点,这时 $T_{em}=0$,当外力使转子偏离此平衡位置,只要偏离角在 $-\pi<\theta<+\pi$ 范围内,一旦外力消失,在静转矩的作用下,转子仍能回到初始稳定平衡位置。因此,$-\pi<\theta<+\pi$ 的区域称为步进电动机的静稳定区。

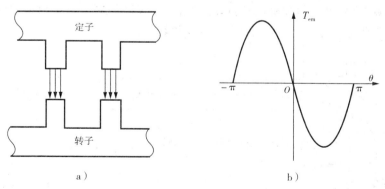

图 7-3-19　步进电动机矩角特性

（4）牵出矩频特性

牵出矩频特性是指步进电动机不失步运行时所能带动的最大负载转矩与频率的关系曲线。通常在驱动条件一定的情况下,不同的转速(不同的频率)所能带动的最大负载转矩是不同的,如图 7-3-20 所示,曲线与纵轴的交点对应于最大静转矩,与横轴的交点对应于步进电动机空载时能达到的最高转速。

（5）牵入矩频特性

牵入矩频特性是指在驱动条件一定的情况下，步进电动机能不失步地突然启动的频率与负载转矩的关系曲线，如图7-3-20所示。曲线与横轴的交点为最高空载启动频率。

（6）启动惯频特性

指负载转矩一定时，负载惯量与电机启动频率的关系。如图7-3-21所示。

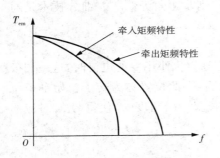

图7-3-20　步进电动机矩频特性

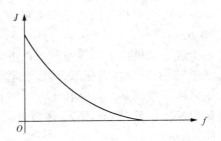

图7-3-21　步进电动机启动惯频特性

（7）单步响应

电动机一相通电时，电动机就处于某一锁定位置。当这一相断电而下一相通电时，电动机就向前运动一步。这种转子对时间的响应定义为单步响应，单步响应是步进电动机的一个重要特性，通常采用阻尼方法以减小或消除振荡。

4. 步进电动机的控制原理

当定子绕组按一定顺序轮流通电时，转子就沿一定方向一步步转动。因此步进电动机绕组是按一定通电方式工作的，为实现该种轮流通电，要将控制脉冲按规定的通电方式分配到电动机的每相绕组。

图7-3-22为典型的步进电机控制系统的组成图，其中步进控制器的作用是把输入的脉冲转换成环型脉冲，以控制步进电动机，并能进行正反转控制。功率放大器的作用是把步进电动机输出的环型脉冲放大，以驱动步进电动机转动。

图7-3-22　典型的步进电机控制系统的组成图

应用实施

PLC直接控制步进电机的使用：

使用PLC直接控制步进电机时，可使用PLC产生控制步进电机所需要的各种时序脉冲。例如三相步进电机可采用三种工作方式：三相单三拍、三相双三拍和三相单六拍。可根据步进电机的工作方式以及所要求的频率（步进电机的速度），画出A、B、C各相的时序图（如图7-3-23所示），并使用PLC产生各种时序脉冲。

例如,采用西门子 S7－300PLC 控制三相步进电机,要求可实现三相步进电机的起停控制,正、反转控制,以及三种工作方式的切换(每相通电时间为 1 秒钟)。

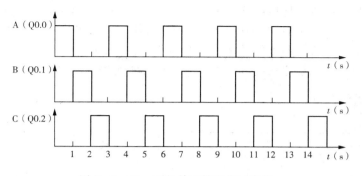

图 7－3－23　三相单三拍正向时序图

1. 变量约定

输入——启动按钮 SB_1:I0.0;方向选择开关 SA_1:I0.1;停止按钮 SB_2:I0.2。

输出——A 相加电压:Q0.0;B 相加电压:Q0.1;C 相加电压:Q0.2。

启动指示灯:Q0.3。

输出脉冲显示灯:Q0.7。

三相单三拍运行方式:Q0.4。

三相双三拍运行方式:Q0.5。

三相单六拍运行方式:Q0.6。

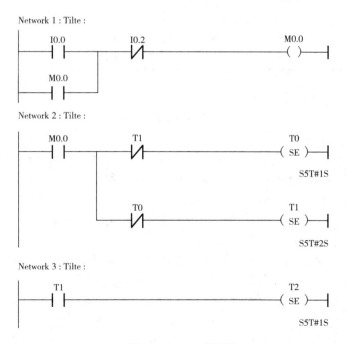

图 7－3－24　梯形图

2. 编程方法

使用定时器产生不同工作方式下的工作脉冲，然后按照控制开关状态输出到各相对应的输出点控制步进电机。梯形图如图 7-3-24 所示。M0.0 作为总控制状态位，控制脉冲发生指令是否启动。一旦启动，采用 T0、T1、T2 以及它们的组合可以得到三相单三拍和三相双三拍两种工作方式下各相的脉冲信号。如 T0 的状态为三相单三拍工作状态下 A 相的脉冲。同理可使用类似程序得到三相单双六拍时各相所需的脉冲信号。

操作与技能考评

序号	主要内容	考核标准	评分标准	配分	扣分	得分
1	交流伺服电动机	(1)能够简述交流伺服电动机三种控制方法的原理； (2)能够熟练地实现伺服电动机的反转	对于(1)叙述不清、不达重点均不给分；对于(2)不熟练扣 5 分，不会不给分	30		
2	测速发电机	(1)能够简述交直流测速发电机的结构和工作原理； (2)能正确操作完成利用测速发电机对异步电动机的转速测量	对于(1)叙述不清、不达重点均不给分；(2)能按操作步骤完成实验才给分	30		
3	步进电动机	(1)能够简述步进电动机的结构和工作原理； (2)会用 PLC 直接控制步进电机	对于(1)叙述不清、不达重点均不给分；(2)能按设计要求编程、调试和完成实验，每步加 10 分	40		

项目小结

单相异步电动机采用鼠笼式转子，定子上如果只有运行绕组，接通单相交流电源时产生脉振磁场，不会产生启动转矩，所以不能自行启动。为解决启动问题，一般应装设启动绕组，使启动时电动机内部的磁场为旋转磁场。具体的启动方法有分相式和罩极式两类，分相式又分电阻分相式和电容分相式两种。电容分相式电动机的结构较复杂一点，但启动、运行性能较好，罩极式电动机结构简单，但启动转矩较小。

三相同步电动机的最大特点是在电动机正常运行范围内，它的转速恒等于旋转磁场的转速而与负载的大小无关，它的功率因数可以人为地进行调节。

三相同步电动机为双边励磁方式，定子三相绕组产生旋转磁势，转子由直流励磁产生一个与转子相对静止的恒定的磁场，其极数与定子旋转磁场极数相同。由于异性磁极之间的吸力使转子受到正方向的磁拉力作用产生电磁转矩(也称为同步转矩)，使转子跟着旋转磁场一起旋转。同步电动机不能自行启动，最常用的启动方法是异步启动法，就是通过转子上装设的启动绕组,利用异步电动机的原理先异步启动,到转速接近同步转速时,通入直流励磁电流,将转子牵入同步,完成启动过程。为了减少启动时的电能损耗和启动电流对电网的影响,可以对同步电动机采用变频启动。

控制电机的功能是实现控制信号的转换与传输,其在自动控制系统中作执行元件或信号元件。自控系统对控制电机的基本要求是精度高、响应快和性能稳定可靠。

伺服电动机的功能是将控制电压信号转换为转速,拖动负载旋转,在自动控制系统中作执行元件用,故又称执行电动机,分直流和交流两类。直流伺服电动机的结构和工作原理与小型他励直流电动机相同,一般保持励磁不变,采用电枢控制方式控制电动机的转速和转向。直流伺服电动机机械特性和调节特性的线性度好,转速控制范围和输出功率都较大,转子比较细长,以减小转动惯量,提高响应速度,缺点是有换向器和电刷,维护比较麻烦。

交流伺服电动机相当于分相式单相异步电动机,励磁绕组和控制绕组相当于单相异步电动机的主绕组和辅助绕组。运行时控制信号加于控制绕组,控制方式有三种,即幅值控制、相位控制和幅值-相位控制,都是通过改变电机中旋转磁场的椭圆度和旋转方向来控制电动机的转速和转向。交流伺服电动机的转子电阻设计得较大,目的在于克服"自转"现象。交流伺服电动机采用空心杯型转子时,转动惯量小、响应快、运转平稳、维护简单,缺点是转矩小、损耗大。

测速发电机的功能是将转速信号转换为电压信号,输出电压与转速成正比关系,在自动控制系统中作检测元件,亦分直流和交流两类。

直流测速发电机输出电压与转速成正比,在理想条件下,输出特性为一直线。而实际会有线性误差,产生误差的因素主要是电枢反应、温度的变化和接触电阻等。

直流测速发电机的电刷和换向器带来很多缺点,但与交流测速发电机相比,它的输出特性斜率大,没有剩余电压,也不存在输出电压的相位移。而在交流测速发电机中,输出电压的频率与励磁电源的频率相同,而与转速无关。其输出特性的线性度主要与幅值和相位误差及剩余电压有关,可通过增加转子电阻、提高电源的频率、增大负载阻抗、采用补偿电路等方法加以改进。

步进电动机是将电脉冲信号转换为角位移或转速的电动机,输入一个脉冲,电动机前进一步,带动负载转过一个步距角,在自动控制系统中作执行元件。反应式步进电动机结构简单,应用最广,步距角的大小决定于转子齿数和通电方式,双拍制通电方式时的步距角比单拍制时小一半。通电方式一定时,步距角一定,角位移与脉冲的数目成正比。步进电动机的转速与脉冲频率成正比,改变脉冲频率就可以调节转速。步进电动机的步距角和转速不受电压波动和负载变化的影响,也不受温度变化和振动等环境条件的影响。步距角的误差不会长期积累,最适用于数字控制的开环或闭环系统。

思考与练习

7-1　只有一个工作绕组的单相异步电动机为什么不能启动？单相异步电动机有哪几种基本类型？各有何特点？

7-2　脉动磁势可以分解为什么样的旋转磁势？试加以证明。

7-3　罩极式单相异步电动机的转向如何确定？该种电机主要优缺点是什么？

7-4　如何改变电容分相式单相异步电动机的转向？

7-5 何种电机为同步电动机?

7-6 同步电动机电源频率为 50 Hz 和 60 Hz 时,4 极同步电动机转速分别是多少?

7-7 一台凸极式同步电动机空载运行时,如果突然失去励磁电流,电动机转速怎样?

7-8 为什么同步电动机只能运行在同步转速下,而异步电动机不能在同步转速下运行?

7-9 同步电动机启动过程中,直流励磁绕组为什么不能接直流电流,不能开路,也不宜直接短路?

7-10 当负载变化时,同步电动机为什么能维持它的转速恒定? 如果负载增大很多,可能会出现什么情况?

7-11 如何消除交流伺服电动机的自转? 在自动装置系统中,伺服电动机起着什么作用? 对它的性能有什么要求?

7-12 当直流伺服电动机励磁电压和控制电压不变时,若负载转矩减小,试问此时电磁转矩、转速将如何变化? 若负载转矩大小不变,调节控制电压增大,电磁转矩和转速又将如何变化?

7-13 何为直流测速发电机的输出特性? 理想输出特性和实际输出特性有何区别?

7-14 为什么两相交流感应测速发电机输出电压的大小与电机转速成正比? 而频率与转速无关?

7-15 直流伺服电动机为什么有始动电压? 与负载的大小有什么关系?

7-16 交流伺服电动机控制信号降到零后,为什么转速为零而不继续旋转?

7-17 幅值控制的交流伺服电动机在什么条件下电机磁势为圆形旋转磁势?

7-18 步进电动机的转速由什么因素决定?

7-19 什么是步进电动机的三相单三拍、三相单双六拍和三相双三拍工作方式? 它们的通电顺序分别是什么?

7-20 什么叫步进电动机的步距角? 步距角的大小由哪些因素决定? 通过哪些途径可以减小步进电动机的步距角?

7-21 步距角为 $1.5°/0.75°$ 的反应式三相单双六拍步进电动机转子有多少齿? 若运行时的 PC 脉冲频率为 2000 Hz,电动机转速是多少?

项目八　电动机的选择

要使电力拖动系统经济且可靠地运行,必须正确地选择电动机。本项目分两个任务分别从电动机的发热和冷却、工作方式、额定功率、种类、结构形式、额定电压、额定转速等方面来讲述电动机的选择。

任务 8.1　电动机额定数据的选择方法

任务要求

(1)了解电动机发热和冷却过程特点。
(2)理解电动机三种工作方式下的负载图与温升曲线。
(3)掌握如何合理地选择电动机的额定数据。

相关知识

电动机的额定数据包括电动机的种类、结构形式、额定电压和额定转速。在对电动机额定数据进行选择前,要了解电动机的发热和冷却过程以及电动机的工作方式。

一、电动机的发热和冷却

1. 电动机的发热

电动机运行过程中,各种能量损耗最终变成热能,使得电动机的各个部分温度上升,因而会超过周围环境温度。温度升高的热过渡过程,称之为电动机的发热过程,电动机温度高出环境温度的值称为温升。在发热过程开始时,电动机所产生的热量全部用来提高本身的温度,所以温度上升得很快。随着电动机温度升高的同时,散出的热量也跟着增加,则本身吸收热量越来越少,电机的温升越来越慢。当电动机单位时间发出的热量等于散出的热量时,温度不再增加,而保持一个稳定不变的温升,称为动态热平衡。如图 8-1-1 为电动机的发热曲线。图中 τ_0 为初始温升,即 $t=0$ 时的温升,τ_w 为稳定温升。

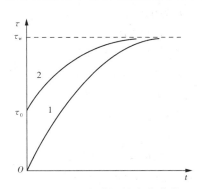

图 8-1-1　电动机的发热曲线

电机在运行中,如果温度过高,会使绕组的绝缘材料老化、变脆而缩短电机的使用寿命,严重时甚至使电机烧坏。例如,对于 A 级绝缘材料,当温度为 95 ℃时,电机能可靠地运行 16～17 年;当温度超过 95 ℃时,每升高 8 ℃～10 ℃,绝缘材料的寿命就要降低一半。国家规定电机所用的各种绝缘材料的最高允许温度如表 8-1 所示。因此,电机容量的选择,首先应该校验电机运行时实际温度是否超过了绝缘材料的最高允许温度。

表 8-1　电机中使用的各级绝缘材料的最高允许温度

绝缘材料等级	A	E	B	F	H	C
最高允许温升(℃)	105	120	130	155	180	180 以上

2. 电动机的冷却

负载运行的电动机,在温升稳定以后,如果减少或去掉负载,那么电动机内耗及单位时间发热量都会随之减少。这样,原来的热平衡状态被破坏,变为发热少于散热,电动机温度就要下降,温升降低。降温过程中,随着温升减小,单位时间散热量也减小。当重新达到平衡时,电动机不再继续降温,而稳定在一个新的温升上。这个温升下降的过程称为电动机的冷却过程。

电动机断开电源后,电动机的损耗为零,原来储存在电动机中的热量逐渐散发出来,使电动机的温升下降。冷却开始时,电动机的温升大,散热快,温升下降快,随着温升的不断下降,散热量愈来愈小,温升下降变慢,最后接近稳定温升或等于零。如图 8-1-2 为电动机的冷却曲线。曲线 2 为电动机负载减少时的冷却过程;曲线 1 为电动机断开电源时的冷却过程。

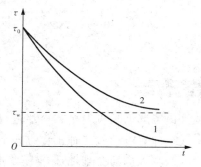

图 8-1-2　电动机的冷却曲线

二、电动机的工作方式

电动机工作时,负载持续时间的长短对电动机的发热情况影响很大,因而对选择的电动机功率影响也很大。按电动机发热的不同情况,可分为以下 3 种工作方式。

1. 连续工作方式

连续运行方式是指电动机工作时间 $t_g > (3～4)T$(T 为电动机的发热时间常数,表征电动机热惯性的大小)后温升可以达到稳态值,也称长期工作制。属于这类生产机械的有水泵、鼓风机、造纸机等。这种工作方式,一般来说负载是稳定的,如图 8-1-3 所示的负载图和温升曲线。

2. 短时工作方式

短时工作方式是指电动机工作时间 $t_g < (3～4)T$,而停歇时间 $t_0 > (3～4)T$。这样,工作时温升达不到稳态值 τ_w,而停歇后温升降为零。属于此类生产机械的有机床的夹紧装置、某些冶金辅助机械、水闸闸门

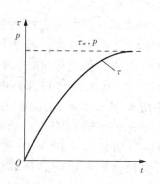

图 8-1-3　连续工作方式电动机的负载图与温升曲线

启闭机等。

短时工作方式下电动机的额定功率是与规定的工作时间相对应的,这一点需要注意,与连续工作方式的情况不完全一样。电动机铭牌上给定的额定功率是按 15 min、30 min、60 min、90 min 四种标准时间规定的。其负载图和温升曲线如图 8-1-4 所示。

3. 周期性断续工作方式

周期性断续工作方式是指电动机带额定负载运行时,运行时间 t_g 很短,电动机的温升达不到稳定温升;停止时间 t_0 也很短,使电动机的温升降不到零。属于此类工作方式的生产机械有起重机、电梯、轧钢辅助机械等。其负载图和温升曲线如图 8-1-5 所示。

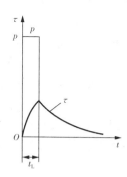

图 8-1-4　短时工作方式电动机
的负载图与温升曲线

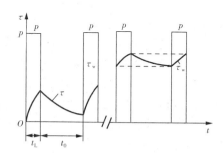

图 8-1-5　周期性断续工作方式
电动机的负载图与温升曲线

在重复短时工作方式下,负载工作时间与整个周期之比称负载持续率,用 ε 表示,即

$$\varepsilon = \frac{t_g}{t_g + t_0} \times 100\%$$

式中:$t_g + t_0$ 常称为工作周期,我国规定周期性断续工作方式的负载持续率有 15％、25％、40％ 和 60％ 四种,一个工作周期 $t_g + t_0$ 小于 10 min。

实际上,生产机械所用的电动机的负载图是各式各样的,但从发热的角度来考虑,总可以把它们折算到以上三种类型中去。

三、电动机额定数据的选择

1. 电动机种类的选择

选择电动机类型应在满足生产机械拖动性能(包括过载能力、启动能力、调速性能指标及运行状态等)的前提下,优先选用结构简单、运行可靠、维护方便、价格便宜的电动机。选择电动机类型时应考虑的主要内容有:

(1)电动机的机械特性应与所拖动生产机械特性相匹配。

(2)电动机调速性能(调速范围、调速的平滑性、调速的经济性)应该满足生产机械的要求。对调速性能的要求在很大程度上决定了电动机的类型、调速方法以及相应的控制方法。

(3)电动机启动性能应满足生产机械对电动机启动性能的要求,电动机的启动性能要求主要是启动转矩的大小,同时还应注意电网容量对电动机启动电流的限制。

(4)电源种类在满足性能的前提下应优先采用交流电动机。

(5)经济性。一是电动机及其相关设备(如启动设备、调速设备等)的经济性;二是电动机拖动系统运行的经济性,主要是要效率高,节省电能。

在选用电动机时,以上几个方面都应考虑到并进行综合分析,以确定出最终方案。

2.电动机的结构形式的选择

电动机安装方式有卧式和立式两种。卧式安装时电动机的转轴处于水平位置,立式安装时转轴则为垂直地面的位置。两种安装方式的电动机使用的轴承不同,一般情况下采用卧式安装,特殊情况采用立式安装。

电动机的工作环境是由生产机械的工作环境决定的。在很多情况下,电动机工作场合的空气中含有不同程度的灰尘和水分,有的还含有腐蚀性气体甚至易燃、易爆气体;有的电动机则要在水中或其他液体中工作。灰尘会使电动机绕组黏结上而妨碍散热;水分、腐蚀性气体等会使电动机的绝缘性能退化,甚至完全丧失绝缘能力;易燃、易爆气体与电动机内产生的电火花接触时将有发生燃烧、爆炸的危险。因此,为了保证电动机能够在其工作环境中长期安全运行,必须根据实际环境条件合理地选择电动机的防护方式。电动机外壳的防护方式有开启式、防护式、封闭式和防爆式几种。

(1)开启式。开启式电动机的定子两侧端盖上都有很大的通风口,其散热条件好、价格便宜,但灰尘、水滴、铁屑等杂物容易从通风口进入电动机内部,因此只适合用于清洁、干燥的工作环境。

(2)防护式。防护式电动机在机座下面有通风口,散热较好,可防止水滴、铁屑等杂物从与垂直方向成小于45°的方向落入电动机内部,但不能防止潮气和灰尘的侵入,因此多用于比较干燥、少尘、无腐蚀性和爆炸性气体的工作环境。

(3)封闭式。封闭式电动机的机座和端盖上均无通风孔,是完全封闭的。这种电动机仅靠机座表面散热,散热条件不好。封闭式电动机又可分为自冷式、自扇冷式、管道通风式以及密封式等。这四种电动机外的潮气、灰尘等不易进入其内部,因此多用于灰尘多、潮湿、易受风雨、有腐蚀性气体、易引起火灾等较恶劣的工作环境。封闭式电动机能防御外部气体或液体进入其内部,因此适用于在液体中工作的生产机械,如潜水泵。

(4)防爆式。防爆式电动机是在封闭式结构的基础上制成隔爆形式,机壳有足够的机械强度,用于有易燃、易爆气体的工作环境,如有瓦斯的煤矿井下、油库、煤气站等。

3.电动机额定电压的选择

电动机的电压等级、相数、频率都要与供电电源一致。因此,电动机的额定电压应根据其运行场所的供电电网的电压等级来确定。

我国的交流供电电源,低压通常为 3 kV、6 kV 或 10 kV。中等功率(约 200 kW)以下的交流电动机,额定电压一般为 380 V;大功率的交流电动机,额定电压一般为 3 kV 或 6 kV;额定功率为 1000 kW 以上的电动机,额定电压可以是 10 kV。

直流电动机的额定电压一般为 110 V、220 V、440 V,大功率电动机可提高到 600 V、800 V 甚至 1000 V,最常用的电压等级为 200 V。当直流电动机由晶闸管整流电源供电时,则应根据不同的整流电路类型选取相应的电压等级。

4.电动机额定转速的选择

对电动机本身来说,额定功率相同的电动机,额定转速越高,体积就越小,质量越小且造价也就越低,效率也越高;转速较高的异步电动机的功率因数也较高,所以选用额定转速较高的电动机,从电动机角度看是合理的,也是比较经济的。但是,如果生产机械要求的转速较低,那么选择较高转速电动机时,就需要增加一套传动比较高、体积较大的减速传动装置。因此,在选择电动机的额定转速时,应综合考虑电动机和生产机械两方面因素来确定。

(1)对不需要调速的高、中速生产机械(如泵、鼓风机),可选择相应额定转速的电动机,从而省去减速机构。

(2)对启动、制动或反转很少,不需要调速的低速生产机械(如球磨机、粉碎机),可选用相应的低速电动机或者传动比较小的机构。

(3)对经常启动、制动和反转的生产机械,选择额定转速时则应主要考虑缩短启动、制动时间以提高生产率。启动、制动时间的长短,主要取决于电动机的飞轮力矩 GD^2 和额定转矩 n_N,应选择较小的飞轮力矩和额定转矩。

(4)对调速性能要求不高的生产机械,可选用多速电动机或者选择额定转矩稍高于生产机械的电动机配以减速机构,也可以采用电器调速的电动机拖动系统。在可能的情况下,应优先选用电器调速方案。

(5)对调速性能要求较高的生产机械,应使电动机的最高转速与生产机械的最高转速相适应,直接采用电器调速。

应用实施

三相异步电动机的节电运行与维护

1. 三相异步电动机的节电运行

目前,在许多生产机械中,老式的JO2系列及其派生的电动机还大量存在,这类电动机启动性能较差,运行效率较低,因而电能损耗较大;其次,在许多场合,经常存在"大马拉小车",即电动机负载过低的情况,也造成大量的能量耗损;在实际中还存在由于电源电压不对称、电源电压过低和电动机使用不当的情况,也会造成电动机额外的电能损耗。

三相异步电动机的节能运行方法如下:

(1)使用电动机时,必须按照《三相异步电动机经济运行标准》合理使用,使用维修及时,避免因管理不善而人为造成电能的大量损耗。

(2)在其他条件允许的情况下采用Y系列或Y2系列高效型电动机取代JO2系列的电动机。

(3)尽可能使电动机与负载相匹配,电动机正常工作时所带的负载应接近额定负载。从三相异步电动机运行特性可知,电动机的最大效率发生在 $(0.7\sim1.0)P_N$ 的范围内,电动机在此范围运行时,电动机的效率是很高的。

(4)对于轻载运行的电动机,应适当降低电动机的工作电压。

从降压时电动机人为机械特性的分析可知,对于满载或重载的电动机,电压降低时,将导致电动机定子电流上升,从而使与定子、转子电流平方成正比的铜损耗迅速增大。若长时间低电压运行,将使电动机发热严重,温升增加,严重时可能烧毁电动机。因而一般情况下,电动机正常运行时的电压变化应该在 $(95\%\sim105\%)U_N$ 之间。

对于轻载运行的电动机,适当降低供电电压是有利于节电运行的。这是因为在降压时电动机的主磁通下降,使空载电流和铁损耗减小,功率因数得以提高。由于轻载时电动机的转速很高,转子电流很小,虽然适当降低电压时电动机的转速略有下降,但变化很小,因而转子电流的变化很小。根据磁势平衡方程式 $\dot{i}_1=\dot{i}_0+(-\dot{i}_2)$ 可知,$\dot{i}_1$ 将随 $\dot{i}_0$ 下降,定子铜损耗相应减小,运行时的效率提高了。但应注意若电压降低过多,电动机的转速急剧下降时,会造成定子、转子电流迅速增大,电动机铜损耗迅速增大,当铜损耗的增加超过铁损耗的下降时,电机的发热增加,运行效率反而降低了,因此电压降低的程度应根据负载的大小来决定。

(5)对电动机进行无功补偿。

从三相异步电动机的运行分析可知,三相异步电动机的功率因数总是滞后的,即运行时总要从电网吸取一定的无功功率来建立磁场,如果采用电容对电动机进行无功补偿,就可以减小电动机从电网吸取的无功功率,使线路损耗减小,这对动力设备较多的工厂尤为重要。

(6)采用新型节能装置。

随着电力电子技术的发展,出现了许多电动机的节能装置,如软启动器。它集软启动、软停车及电动机的各种保护于一体,避免了电动机启动、制动过程中较大的电流所造成的大量能量损耗,对于频繁启动制动的电动机节能效果尤为明显。同时在电动机工作过程中,它可以以电动机的工作电流和工作电压作为取样对象,自动跟踪负载的变化,将电动机的工作电压自动调整到适合负载的数值,实现节电运行。

2. 三相异步电动机的运行监视

(1)启动前的检查

对新安装或较长时间未使用的电动机,在通电使用之前应做如下检查:

① 用兆欧表测量电动机绕组对地及相间的绝缘电阻,对于 380 V 的三相异步电动机采用 500 V 兆欧表测得的绝缘电阻应不小于 0.5 MΩ。

② 检查接地是否良好。

③ 检查电机出现标识是否正确,连接线是否符合电机接线图的规定(Y 接法或 △ 接法);对于必须按规定方向运转的设备,应事先在电机与设备脱开的情况下,通电检查电机转向。

④ 对绕线式异步电动机,应检查其电刷与滑环的接触是否良好,电刷压力是否正常以及滑环表面是否光滑。

⑤ 检查紧固螺栓是否拧紧,用外力使转子转动,检查是否转动灵活,转动时有无异常响声,轴承是否缺油,传动装置是否良好,所拖动的负载是否做好启动准备。

⑥ 检查启动设备是否处于启动位置,熔断器是否完好,电源电压是否正常。

⑦ 对某些自带制动器的电动机,应在安装前单独通电检查或调试制动部分。

(2)启动时的注意事项

① 合闸后,若电动机不转,应迅速、果断地拉闸,以免烧坏电动机。

② 电动机启动后,应注意观察,若有异常情况,应立即停机。待查明故障并排除后,才能重新合闸启动。

③ 笼型转子电动机采用全压启动时,短时间内连续启动的次数不宜过于频繁。对功率较大的电动机要随时注意电动机的温升。

④ 绕线转子异步电动机启动前,应注意检查启动电阻是否接入。接通电源后,随着电动机转速的上升应逐渐切除启动电阻。

⑤ 几台电动机由同一台变压器供电时,不能同时启动,应从大到小逐台启动。

(3)电机运行过程中的监视

① 随时检查电动机的运行是否平稳,有无剧烈振动或异常噪声。

② 监视电流表的指示值是否正常,有无突然增大或三相严重不平衡现象。

③ 监视电动机的转速是否正常,各部分的温度是否过高。

④ 对绕线式异步电动机还应检查电刷与集电环间是否有火花过大现象,有无电刷严重磨损或接触不良等问题。

表 8-2　异步电动机运行监视常用保护电器

保护环节名称	故障原因	采用的保护电器
短路保护	电源、负载短路	熔断器、低压断路器
超速保护	电压过高、弱磁场	过电压继电器、离心开关、测速发电机
电压异常保护	电源电压突然消失、降低或升高	零电压、欠电压、过电压继电器或接触器、中间继电器
过载保护	长期过载运行	热继电器、低压断路器、热脱扣装置
过流保护	错误启动、过大的负载、频繁正反向启动	过流继电器

3. 三相异步电动机的检修

(1)三相异步电动机的日常维护

三相异步电动机的日常维护是消除故障隐患,防止故障发生或扩大的重要措施。

① 定期检查、清扫电动机外壳、通风道及冷却装置,擦除运行中积累的油垢。

② 定期测量电动机定子绕组的绝缘电阻,注意测后要重新接好线,拧紧接头螺母。检查接地线是否可靠。

③ 定期检查电动机端盖、地脚螺栓是否紧固,若有松动应拧紧或更新螺栓。

④ 定期拆下轴承盖,检查润滑油是否干枯、变质,并及时加油或更换洁净的润滑油,处理完毕后,应注意上好轴承盖及紧固螺栓。

⑤ 检查电动机与生产机械间的传动装置是否完好。

(2)三相异步电动机的常见故障原因及处理方法

三相异步电动机在长期运行过程中,会发生各种各样的故障,综合起来可分为电气故障和机械故障两大类。电气故障主要有定子绕组、转子绕组、定子铁芯、转子铁芯、开关及启动设备的故障等;机械故障主要有轴承、转轴、风扇、机座、端盖、负载机械设备等的故障。三相异步电动机的常见故障现象、故障的可能原因以及相应的处理方法如表 8-3 所列。

表 8-3 电动机的常见故障原因及处理方法

故障现象	故障可能的原因	处理方法
通电后电动机不能转动,但无异响,也无异味和冒烟	(1)电源未通(至少两相未通); (2)熔丝熔断(至少两相熔断); (3)过流继电器调得过小; (4)控制设备接线错误	(1)检查电源回路开关、熔丝、接线盒处是否有断点,修复; (2)检查熔丝型号、熔断原因,换新熔丝; (3)调节过流继电器整定值与电动机配合; (4)改正接线
电动机不能启动且有嗡嗡声	(1)定子、转子绕组有断路(一相断线)或电源一相失电; (2)绕组引出线始末端接错或绕组内部接反; (3)电源回路接点松动,接触电阻大; (4)电动机负载过大或转子卡住; (5)电源电压过低; (6)小型电动机装配太紧或轴承内油脂过硬; (7)轴承卡住	(1)查明断点予以修复; (2)检查绕组极性,判断绕组始末端是否正确; (3)紧固松动的接线螺丝,用万用表判断各接头是否假接,予以修复; (4)减载或查出并消除机械故障; (5)检查是否把规定的△接法误接为 Y接法,是否由于电源导线过细使压降过大,予以纠正; (6)重新装配使之灵活,更换合格油脂; (7)修复轴承
电动机机壳带电	(1)电源线与接地线接错; (2)电动机受潮、绝缘老化; (3)引出线与接线盒接地; (4)线圈端部接触端盖接地	(1)纠正接线错误; (2)将电动机进行干燥处理; (3)老化的绕组绝缘应更新引出线绝缘,修理接线盒; (4)拆下端盖,检查绕组接地点,将接地点绝缘加强,端盖内壁垫以绝缘纸
电动机运行时响声不正常,有异响	(1)转子与定子绝缘纸或槽楔相擦; (2)轴承磨损或油内有砂粒等异物; (3)定子、转子铁芯松动; (4)轴承缺油; (5)风道填塞或风扇擦风罩; (6)定子、转子铁芯相擦; (7)电源电压过高或不平衡; (8)定子绕组错接或短路	(1)修剪绝缘,削低槽楔; (2)更换轴承或清洗轴承; (3)检修定子、转子铁芯; (4)加油; (5)清理风道,重新安装; (6)消除擦痕,必要时更换小转子; (7)检查并调整电源电压; (8)消除定子绕组故障
电动机运行中产生焦臭味	(1)由于温度过高,烧毁定子绕组; (2)绝缘老化,绝缘层烧毁; (3)绝缘受潮	(1)更换定子绕组; (2)重新安装绝缘、浸漆、烘干; (3)烘干电动机

操作与技能考评

序号	主要内容	考核标准	评分标准	配分	扣分	得分
1	电动机发热和冷却过程	(1)能够简述电动机发热和冷却过程的特性；(2)能够简述电动机允许的温升与哪些因素有关	叙述不清、不达重点均不给分	25		
2	电动机的工作方式	(1)能够简述电动机三种工作方式的特性；(2)查阅资料总结三种工作方式主要运用场合	叙述不清、不达重点均不给分；按查阅资料的多少加分	25		
3	电动机的日常保养和故障诊断	(1)能够简述电动机保养内容和使用方法；(2)能用测量法找到异步电动机同名端，能嵌定子线圈	叙述不清、不达重点均不给分；能按操作步骤完成实验得满分，否则酌情扣分	50		

任务 8.2　电动机额定功率的选择

任务要求

(1)掌握连续工作方式电动机额定功率选择的一般步骤。

(2)会运用公式计算负载功率，会进行发热校验及过载能力和启动能力的校验。

相关知识

电动机的选择除了考虑电动机的种类、结构形式、额定电压和额定转速外，关键还要正确选择电动机的额定功率。如果额定功率选得小，则可能使电动机处于过载运行，电动机的发热过大，易造成电动机损坏或寿命缩短；反之，如额定功率选得过大，不仅会增大投资，而且电动机经常欠载运行，效率及交流电动机的功率因数都会降低，运行费用较高，极不经济。决定电动机额定功率的主要因素有：

(1)电动机的发热与温升，这是决定额定功率的最主要因素；

(2)允许短时过载能力；

(3)对交流笼型异步电动机还要考虑启动能力。

电动机额定功率的选择是根据实际生产机械负载的负载图 $P = f(t)$ 及温升曲线 $\tau = f(t)$，并考虑电动机的过载能力，计算负载功率，预选一台电动机，然后进行发热校验、过载能力和启动能力的校验。

一、连续工作方式(工作制)电动机额定功率的选择

连续工作方式电动机的负载可分成恒定负载和变动负载两大类。

恒定负载:是指负载长时间不变或变化不大,如水泵、风机、大型机床主轴等。这种生产机械电动机功率的选择较为简单,根据负载功率 P_L,只要在产品目录中选一台电动机,使电动机的额定功率 P_N 等于或大于生产机械需要的额定 P_L 且转速合适即可。

变动负载:是指负载长时间施加,大小周期性变化。电动机长时间拖动负载时,它的输出功率在不断变化,电动机内部的损耗及温升也在不断变化,但经过一段时间后,电动机的温升可达到一种稳定波动状态。在这种情况下,若按最大负载功率选择电动机功率,电动机将不能充分利用;若按最小负载功率选择,电动机将过载,引起电动机温升过高。因此,变化负载下电动机功率的选择只能在最大负载和最小负载之间选择。

连续工作方式电动机额定功率选择一般按下列步骤进行。

1. 计算负载功率

(1)计算恒定负载功率

① 直线运动的生产机械

$$P_L = \frac{F_L v}{\eta} \times 10^{-3} \qquad (8-2-1)$$

式中:F_L——生产机械的负载力,单位为 N;

v——生产机械的线速度,单位为 m/s;

η——系统的传动效率。

② 旋转运动的生产机械

$$P_L = \frac{T_L n}{9.55\eta} \times 10^{-3} \qquad (8-2-2)$$

式中:T_L——负载转矩,单位为 N·m;

n——负载转速,单位为 r/min;

η——系统的传动效率。

③ 泵类生产机械

$$P_L = \frac{v\gamma H}{\eta_B \eta} \times 10^{-3} \qquad (8-2-3)$$

式中:v——泵每秒排出的液体量,单位为 m³/s;

γ——液体的密度,单位为 kg/m³;

H——排除液体高度,单位为 m;

η_B——泵的效率,活塞式泵为 0.8~0.9,高压离心泵为 0.5~0.8,低压离心泵为 0.3~0.6;

η——传动装置的效率。

④ 风机类生产机械

$$P_L = \frac{VH}{\eta_F \eta} \times 10^{-3} \qquad (8-2-4)$$

式中:V——风机每秒钟吸入的气体量,单位为 m³/s;

H——风机对 $1\mathrm{m^3}$ 气体所做的功,单位为 $\mathrm{N \cdot m/m^3}$;

η_F——风机的效率,大型鼓风机为 $0.5 \sim 0.8$,中型离心式鼓风机为 $0.3 \sim 0.5$,小型叶轮鼓风机为 $0.2 \sim 0.35$;

η——传动装置效率。

（2）周期变化负载功率的确定

图 8-2-1 是一个周期内变化的生产机械负载图与温升曲线。据此图得出变化负载的平均功率为

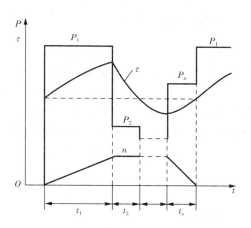

$$P_\mathrm{L \cdot pj} = \frac{P_1 t_1 + P_2 t_2 + \cdots + P_n t_n}{t_1 + t_2 + \cdots + t_n}$$

$$= \frac{\sum\limits_{i=1}^{n} P_i \cdot t_i}{\sum\limits_{i=1}^{n} t_i} \qquad (8-2-5)$$

式中: $P_1,P_2,\cdots,P_n$——各段负载的功率;

$t_1,t_2,\cdots,t_n$——各段负载的持续时间。

图 8-2-1　周期变化负载图与温升曲线

2. 预选电动机的功率

电动机吸收电源的功率既要转换为机械功率供给负载,又要在电动机内部产生损耗。损耗可分为不变损耗和可变损耗。不变损耗不随负载电流的变化而变化,可变损耗与负载电流有关,与负载电流平方成正比。负载电流增大时,可变损耗要增大,因此电动机的额定功率也要相应地选大些。式(8-2-5)没有反映出启动、制动时因负载电流增加而要求预选电动机额定功率增大的问题。定功率时,应先将 $P_\mathrm{L \cdot pj}$ 扩大 $1.1 \sim 1.6$ 倍,再进行预选,故预选电动机的额定功率应为

$$P_\mathrm{N} \geqslant (1.1 \sim 1.6) P_\mathrm{L \cdot pj} \qquad (8-2-6)$$

式中:系数 $1.1 \sim 1.6$ 的取值由实际启动、制动时间占整个工作周期的比例来决定。所占比例大时,系数可适当取得大一些。

3. 电动机的发热校验

预选电动机是否选得适合,还要进行发热校验,但绘制电动机的发热曲线是比较困难的。因此一般情况下用以下几种方法进行校验。

（1）平均损耗法

预选好电动机功率后,根据预选电动机的效率曲线,可以计算出电动机带各段负载时对应的损耗 $\Delta p_1, \Delta p_2, \cdots, \Delta p_n$,然后再计算出变化负载时的平均损耗功率 Δp_pj。

$$\Delta p_i = \frac{P_i}{\eta_i} - P_i \qquad (8-2-7)$$

式中: P_i——电动机带各段负载时输出的功率;

η_i——带各段负载时的电动机的效率。

$$\Delta p_{pj} = \frac{\Delta p_1 t_1 + \Delta p_2 t_2 + \Delta p_3 t_3 + \cdots + \Delta p_n t_n}{t_1 + t_2 + t_3 + \cdots + t_n} = \frac{\sum_{i=1}^{n} \Delta p_i t_i}{\sum_{i=1}^{n} t_i} \qquad (8-2-8)$$

式中：Δp_{pj}——变化负载时平均损耗；

Δp_i——在 t_i 时间内，输出功率为 p_i 时的损耗。

将上式所求的平均损耗与预选电动机的额定损耗相比较，应满足下列关系：

$$\Delta p_{pj} \leqslant \Delta p_N \qquad (8-2-9)$$

式中：Δp_N——选定电动机所对的额定损耗，$\Delta p_N = P_N/\eta_N - P_N$。

这样选出的电动机运行时，实际达到的稳定温升将不会超过其允许温升，预选电动机的发热校验通过。如果预选的电动机不满足式(8-2-9)，说明预选电动机的功率选小了，应选功率大一点的电动机，再进行发热校验，直到适合为止。

应用平均损耗法进行发热校验是比较准确的，可用于电动机大多数情况下的发热校验；但一般应注意其使用条件是变化负载工作周期 $t_Z \leqslant T$（发热时间常数），国家标准规定 $t_Z \leqslant 10$ min。

（2）等效法

平均损耗法在实际应用中不方便，因为在验证电动机发热时，要预先知道电动机的效率曲线，并要先求出各种不同负载下电动机的内部损耗，这种方法的计算比较麻烦，有时电动机的效率曲线不易得到。为了方便起见，常用等效法进行发热校验，等效法包括等效电流法、等效转矩法和等效功率法三种。下面分别介绍说明。

① 等效电流法

等效电流法（或称均方根电流法）验证电动机的发热，其原理是以一个等效不变的电流 I_{dx} 来代替实际变动的负载电流。代替的条件是在同一周期内它们的热量是相等的。假定不变损耗和电阻均为常数，则电动机带各段负载的损耗与其对应的电动机电流平方成正比，即

$$\Delta p_i = P_0 + I_i^2 R \qquad (8-2-10)$$

式中：R——直流电动机中电枢回路电阻 R_a 或交流异步电动机中 $R_1 + R_2'$（指简化等值电路）；

I_i——电动机第 i 负载段的电流；

P_0——电动机的不变损耗。

电动机的平均损耗为

$$\Delta p_{pj} = P_0 + I_{dx}^2 R$$

根据代替前后它们产生的热量相等，可得

$$\Delta p_{pj} t_Z = \sum \Delta p_i t_i$$

$$(P_0 + I_{dx}^2 R) t_Z = (P_0 + I_1^2 R) t_1 + (P_0 + I_2^2 R) t_2 + \cdots + (P_0 + I_n^2 R) t_n$$

由于工作周期 $t_Z = t_1 + t_2 + \cdots + t_n$，上式可写为

$$I_{\mathrm{dx}}^2 R t_Z = I_1^2 R t_1 + I_2^2 R t_2 + \cdots + I_n^2 R t_n$$

因此可求的等效电流 I_{dx} 的大小为

$$I_{\mathrm{dx}} = \sqrt{\dfrac{I_1^2 t_1 + I_2^2 t_2 + \cdots + I_n^2 t_n}{t_1 + t_2 + \cdots + t_n}} = \sqrt{\dfrac{\sum\limits_{i=1}^{n} I_i^2 t_i}{\sum\limits_{i=1}^{n} t_i}} \qquad (8-2-11)$$

将上式求得的等效电流 I_{dx} 与预选电动机的额定电流 I_N 比较，只要 $I_{\mathrm{dx}} \leqslant I_N$，则电动机的发热校验通过。如果电流在途中某一段的电流较大，则应该做短时电流过载能力的校验。

当不变损耗和电阻均为常数，用等效电流法是很方便的，但对于深槽式和双鼠笼转子异步电动机不能采用等效电流法进行发热校验，因为其不变损耗和电阻在启动、制动期间不是常数，必须采用平均损耗法。

② 等效转矩法

等效转矩法(或称均方根转矩法)是由等效电流法导出的。如果生产机械负载图不是负载电流图，而是转矩图，在下列情况下，转矩与电流成正比，可用等效转矩 T_{dx} 来代替等效电流 I_{dx}。

对他励或并励直流电动机，当励磁电流不变，磁通 Φ 不变时，由式 $T_{\mathrm{emi}} = C_T \Phi I_{\mathrm{ai}}$ 可知，T_{emi} 正比于 I_{ai}。

对三相异步电动机，当电源电压、转子电路电阻不变，且在正常运行范围时，Φ_{m} 及 $\cos\varphi_2$ 可视为常数，由式 $T_{\mathrm{emi}} = C_T \Phi_{\mathrm{m}} I_{2i}' \cos\varphi_2$ 可知，T_{emi} 正比于 I_{2i}'。

于是可导出等效转矩 T_{dx}：

$$T_{\mathrm{dx}} = \sqrt{\dfrac{T_{\mathrm{L}1}^2 t_1 + T_{\mathrm{L}2}^2 t_2 + \cdots + T_{\mathrm{L}n}^2 t_n}{t_1 + t_2 + \cdots + t_n}} = \sqrt{\dfrac{\sum\limits_{i=1}^{n} T_{\mathrm{L}i}^2 t_i}{\sum\limits_{i=1}^{n} t_i}} \qquad (8-2-12)$$

将上式求得的等效转矩与预选电动机的额定转矩比较，只要 $T_{\mathrm{dx}} \leqslant T_N$，则电动机的发热校验通过。

等效转矩法不能对串励直流电动机、复励直流电动机进行发热校验，因为其负载变化时的主磁通不为常数。经常启动、制动的异步电动机也不能用等效转矩法进行发热校验，因为其启动、制动时的 Φ_{m} 及 $\cos\varphi_2$ 不为常数。

③ 等效功率法

等效功率法(或称均方根功率法)应用范围较等效转矩法小，如果生产机械负载图以功率形式表示时，在转速基本不变的情况下，可用等效功率法来进行发热校验。

假定不变损耗、电阻、主磁通、异步电动机的功率因数、转速均为常数时，则电动机带各段负载时的转矩与其对应的输出功率成正比，即 $P = T_n / 9.55$。

由等效转矩公式引出等效功率的公式为

$$P_{\mathrm{dx}} = \sqrt{\dfrac{P_1^2 t_1 + P_2^2 t_2 + \cdots + P_n^2 t_n}{t_1 + t_2 + \cdots + t_n}} = \sqrt{\dfrac{\sum\limits_{i=1}^{n} P_i^2 t_i}{\sum\limits_{i=1}^{n} t_i}} \qquad (8-2-13)$$

将上式求得的等效功率 P_{dx} 与预选电动机的额定功率 P_N 比较,只要 $P_{dx} \leqslant P_N$,则电动机的发热校验通过。

需要频繁启动、制动时,一般不用等效功率法进行发热校验,因为启动、制动过程中转速不是常数。

对于启动、制动次数很少的电动机,应先把启动、制动各段对应的功率修正为 $P'_i = \dfrac{n_N}{n} P_i$(其中 n 为各启动、制动阶段的平均转数,且 $n \leqslant n_N$)后,再进行发热校验。

4. 电动机额定功率的修正

电动机的额定功率 P_N,是指电动机在标准环境温度(40 ℃),规定的工作方式和定额下,能够连续输出的最大机械功率。

如果所有的实际情况与预定条件相同,只要电动机的额定功率 P_N 等于负载的实际功率 P_L,就会使电动机运行时实际达到的稳态温升 τ_w 约等于额定温升 τ_N,既能使电动机发热条件得到充分利用,又能使电动机达到规定的使用年限。但是,实际情况与规定的条件往往不尽相同,在保证电动机达到规定的使用年限的前提下,如果实际环境温度与标准环境温度不同、实际工作方式与规定的工作方式不同、实际的短时定额与规定的短时定额不同、实际的断续定额与规定的断续定额不同,那么在选用电动机额定功率 P_N 时,可先对电动机的额定功率 P_N 进行修正,使电动的额定功率 P_N 大于或等于实际负载功率 P_L。

按照电动机工作过程中的温升不超过规定允许温升的原则,当环境温度高于标准环境温度(40 ℃)时,若是电动机的绝缘温度保持不变,就要降低它的允许温升,也就是要降低它的输出功率,把大电动机当小电动机用。可见,当环境温度与标准环境温度(40 ℃)相差较多时,电动机可按下式进行修正,即

$$P'_N = P_N \cdot \sqrt{\frac{\theta_m - \theta_o}{\theta_m - 40} \cdot (\alpha + 1) - \alpha} \qquad (8-2-14)$$

式中:θ_m——绝缘材料的最高允许温度;

θ_o——环境温度;

α——电动机的不变损耗与额定负载下的铜损耗之比,α 一般为 0.4~1.1。

由式(8-2-14)即可计算出电动机在实际环境温度 θ_o 时的额定功率 P'_N。显然 $\theta_o >$ 40 ℃时,$P'_N < P_N$;$\theta_o < 40$ ℃时,$P'_N > P_N$。

由于电机制造厂在规定绝缘材料的最高允许温度时,已经考虑了自然气候变化的因素,所以环境温度由于季节变化低于 40 ℃时,不应进行修正。

在实际工作中,当周围环境温度长期低于或高于 40 ℃,可按表 8-4 进行修正;环境温度低于 30 ℃时,一般电动机的功率也只增加 8%。

这样选择电动机,不会因额定功率 P_N 选得过大而使电动机的发热条件得不到充分利用,也不会因额定功率 P_N 选得过小导致电动机过载运行而缩短使用年限,甚至损坏。

表 8-4 环境温度变化时电动机额定功率的修正

环境温度/℃	≤30	35	40	45	50	55
功率增减量/(%)	+8	+5	0	−5	−12.5	−25

5. 过载能力和启动能力的校验

电动机在承受短时负载波动时,由于热惯性,温升增大并不多,所以能否稳定运行就取决于电动机的过载能力,要求电动机负载增大转矩 T_{Lm} 小于或等于预选电动机的最大转矩,即

$$T_{Lm} \leqslant \lambda_m T_N \qquad (8-2-15)$$

式中:λ_m 为电动机的过载系数。各种电动机的过载能力如表 8-5 所列。

表 8-5 各种电动机的过载系数

电动机类型	过载系数 λ_m
直流电动机	2(特殊型可达 3～4)
绕线式电动机	2～2.5(特殊型可达 3～4)
鼠笼式电动机	1.6～2.2
同步电动机	2～2.5(特殊型可达 3～4)

在选择异步电动机时,应考虑到电网电压可能发生波动,对异步电动机的最大转矩 $\lambda_m T_N$ 进行修正。一般考虑 15% 的电压波动,按下式进行修正,即

$$T_{Lm} \leqslant 0.85^2 \lambda_m T_N \qquad (8-2-16)$$

当所选的电动机为鼠笼式异步电动机时,还需进行启动能力的校验。由机械特性可知,异步电动机的启动转矩并不大,当生产机械的负载转矩很大时,会造成启动很慢或不能启动,甚至损坏电机。

一般要求启动转矩应大于 1.1 倍的负载转矩,即

$$T_{st} = K_{st} T_N > 1.1 T_{Lm} \qquad (8-2-17)$$

式中:K_{st}——电动机的启动转矩倍数;

T_{Lm}——负载转矩最大值。

对于绕线式异步电动机和直流电动机,它们的启动转矩是可调的,不必校验其启动能力。

二、短时负载下电动机额定功率的选择

短时工作方式负载下运行的电动机,其特点是工作时间很短,在工作时间内电动机的温升达不到稳态值,而停歇时间又很长,可以使电动机的温升降为零。对这种工作方式的机械,可选用为连续工作方式而设计的电动机,也可选用专为短时工作方式而设计的电动机。

1. 直接选用短时工作方式的电动机

电动机制造企业专门为短时工作方式的生产机械设计制造了短时工作方式电动机,我国规定的标准时间有 15 min、30 min、60 min 和 90 min 四种,因此当工作时间接近上述标准时,可按生产机械的功率、工作时间及转速的要求,从产品目录上直接选取,选择时使 $P_N \geqslant P_L$ 即可。在短时变化负载下,可按计算出的等效功率选择电动机,然后再校验电动机的过载能力。对于鼠笼式异步电动机,还要校验启动能力。

如果电动机的实际工作时间 t_{sj} 与标准工作时间 t_g 不同时,应把实际工作时间 t_{sj} 下的功率 P_{sj} 折算成标准工作时间下的功率 P_g,再按 P_g 的大小来进行电动机功率的选择和发热校验。

折算的依据是两种情况下发热相同,也就是说能量损耗相等,即

$$P_{\text{g}} = P_{\text{sj}}\sqrt{\frac{t_{\text{sj}}}{t_{\text{g}}}}$$

(8 - 2 - 18)

折算时,应尽量选择标准工作时间 t_{g} 接近于实际工作 t_{sj} 值代入上式。

计算出 P_{g} 后,按 P_{g} 对应的 t_{g} 预选电动机的额定功率,$P_{\text{N}} \geqslant P_{\text{g}}$ 时,满足发热条件。由于折算时就是依照发热的温升等效,因此按标准时间折算后,发热就不必校验了。

当没有合适的短时工作方式的电动机时,可采用为断续周期性工作方式设计的电动机来代替。短时工作时间与负载持续率之间的换算关系,可近似的认为:30 min 相当于 $\varepsilon = 15\%$;60 min 相当于 $\varepsilon = 25\%$;90 min 相当于 $\varepsilon = 40\%$。

2. 选用连续方式的电动机

由于短时工作方式的电动机很少生产,所以在实际中常用连续工作方式的电动机来代替短时工作方式的电动机。

发热条件为短时工作方式的负载,如果按生产机械所需的功率来选择连续工作方式的电动机的功率是不经济的,因为电动机运行时间短,在发热上没有被充分利用。在这种情况下,可以选择电动机的允许温升,这样电动机既不会过热,又在发热上得到了充分利用。然而,电动机的容量要选多少才合适?下面进行讨论分析。

电动机额定功率 P_{N} 选择的依据是:在短时工作时间 t_{g} 内电动机过载运行,让电动机温升恰好达到电动机所允许的最高温升。

按发热条件为短时工作方式的负载选用连续工作方式电动机时,电动机的额定功率 P_{N} 可按下式进行计算,即

$$P_{\text{N}} = P_{\text{g}}\sqrt{\frac{1 - e^{t_{\text{g}}/T}}{1 + \alpha e^{-t_{\text{g}}/T}}}$$

(8 - 2 - 19)

式中:α——电动机的不变损耗与额定负载下的铜损耗之比;

T——电动机的发热时间常数。

考虑到电动机的过载能力,电动机工作时的实际过载倍数应小于电动机的过载系数。如果按电动机的额定过载倍数来选择电动机的额定功率,可按下式进行,即

$$P_{\text{N}} \geqslant \frac{P_{\text{g}}}{\lambda_{\text{m}}}$$

(8 - 2 - 20)

通过理论和实践的证明,一般按允许过载倍数选择的电动机,发热方面有宽裕,肯定可以满足电动机的温升要求,所以不必再进行发热校验了。最后校验电动机的启动能力。

三、断续周期工作方式下电动机额定功率的选择

断续周期工作方式的电动机,每个工作周期包含一个工作段和停止段,各个周期负载功率的大小、工作段和停止段时间几乎是相同的。这类生产机械有起重机、电梯、轧钢辅助机械等。断续周期工作方式与短时工作方式的负载差别在于:前者在停车时间内电动机的温度下降不到周围介质的温度;而后者在较长的停车时间内能使电动机的温度下降到周围介质的温度。在生产实践中,许多生产机械都是在断续周期性工作方式下工作的,按标准规定,断续周期性工作的每一周期不超过 10 min,其中包括启动、运行、制动和停歇各个阶段。

普通形式的电动机难以胜任这样频繁的启动、制动工作,因此,专为这一工作方式设计了电动机,供断续周期工作方式的生产机械使用。这类电动机的共同特点是:直径小、机体长、启动能力强、过载能力大、惯性小(飞轮力矩小)、机械强度大、绝缘材料等级高。

断续周期工作方式下电动机的标准负载持续率有 15%、25%、40%、60% 四种。对一台具体的电动机而言,不同的负载持续率 ε 对应的额定输出功率也不同。负载持续率 ε 越小,额定输出功率越大,即 $P_{15\%} > P_{25\%} > P_{40\%} > P_{60\%}$。

断续周期工作方式电动机功率选择的步骤与连续工作方式变动负载下功率选择相似,要经过预选电动机和校验等步骤。一般情况下,应根据生产机械的负载持续率来选择电动机。

如果生产机械的实际负载持续率 ε_{sj} 与标准持续率 ε 相同或相近时,平均负载功率和转速也已知,那么在产品目录中直接选一台合适的断续周期性工作方式的电动机即可,最后校验。

如果生产机械的实际负载持续率 ε_{sj} 与标准持续率 ε 不同时,应把实际负载持续率 ε_{sj} 下的实际功率 P_{sj} 折算成标准持续率 ε 下的负载功率 P_g,再选择电动机的容量和进行发热校验。

折算方法的依据是实际负载持续率 ε_{sj} 下的功率 P_{sj} 的损耗与标准持续率 ε 下的功率 P_g 的发热相同。功率折算公式为

$$P_g \approx P_{sj}\sqrt{\frac{\varepsilon_{sj}\%}{\varepsilon\%}} \qquad\qquad (8-2-21)$$

换算时,应选取与 $\varepsilon_{sj}\%$ 值接近的值代入上式。

计算出 P_g 后,根据 P_g 所对应的 $\varepsilon\%$ 值,在产品目录中预选合适的电动机,使其 $P_N \geqslant P_g$,则发热通过,然后再对预选电动机进行过载能力和启动能力的校验。

应该指出,如果负载持续率 $\varepsilon_{sj}\% < 10\%$,可按短时工作方式选择电动机;如果负载持续率 $\varepsilon_{sj}\% < 70\%$,可按连续工作方式选择电动机。

应用实施

一、知识拓展

选择电动机额定功率的实用方法:

如前所述,选择电动机的容量,首先应根据生产机械的运行特点和静负载功率的大小,初选电动机功率;再根据生产机械典型的工作过程作出电动机的负载图 $[P=f(t)$ 或 $T=f(t)$ 或 $I=f(t)]$;以此为依据去校验初选电动机的发热和过载能力。这种方法无疑是正确的,但对绝大多数生产机械而言,很难找出一个有代表性的典型负载图,就算有了负载图,计算起来不但工作量大而且准确度也差。为此,介绍两种简便而实用的方法:

1. 统计分析法

对各国同类型先进生产机械所选用电动机的额定功率进行统计与分析,从中找出电动机的额定功率和该类型机械主要参数的关系,再根据我国的国情得出相应的计算公式,这就叫统计分析法。

如机械制造业应用统计分析法得出了几种机床功率的计算公式。如外圆磨床 $P = 0.097kb(\text{kW})$，其中 b 为砂轮宽度（mm）；k 为系数，滚动轴承为 $0.8 \sim 1.1$，滑动轴承为 $1.0 \sim 1.3$。其他机床的计算公式可查阅相关手册。

由于统计分析法是从同类型机械中得出的计算公式，所以不适用于不同类型机械电动机额定功率的计算，局限性很大。

2. 类比法

类比法就是在调查同类生产机械采用电动机功率的基础上，将新设计的生产机械从加工特点、带负载功率等方面和国内外同类生产机械相比较，根据工作条件最接近现有生产机械所用电动机大小来比照确定应选电动机的发热和过载能力。

二、例题

一台自冷式他励直流电动机：$P_N = 60 \text{ kW}$，$U_N = 220 \text{ V}$，$n_N = 1000 \text{ r/min}$，$\lambda_m = 2$。负载图如图 8-2-2 所示，对应数据如表 8-6 所示。在环境温度为 40 ℃ 下，校验电动机的发热和过载能力。

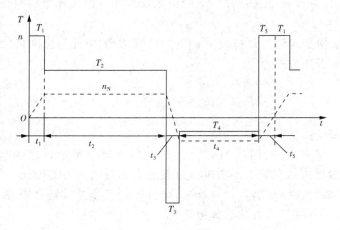

图 8-2-2

表 8-6

转矩/(N·m)	T_1	T_2	T_3	T_4	T_5
	1150	600	−1150	−155	1150
时间/s	t_1	t_2	t_3	t_4	t_5
	0.14	9.5	0.35	5.5	0.17

解：由于负载图是转矩负载图，所以可考虑用等效转矩法来进行发热校验。

这是一台他励直流电动机，其电枢电阻基本不变，主磁通没有人为改变，可以认为基本不变，从负载图可以看出启动、制动时间相对很短，可以认为固定损耗基本不变。

由于基本符合等效转矩法的应用条件，因此用等效转矩法进行发热校验。

根据式（8-2-12），周期变化负载的等效转矩为

$$T_{dx} = \sqrt{\frac{T_{L1}^2 t_1 + T_{L2}^2 t_2 + \cdots + T_{Ln}^2 t_n}{t_1 + t_2 + \cdots + t_n}}$$

$$= \sqrt{\frac{1150^2 \times 0.14 + 600^2 \times 9.5 + 1150^2 \times 0.35 + 155^2 \times 5.5 + 1150^2 \times 0.17}{0.75 \times 0.14 + 9.5 + 0.75 \times 0.35 + 5.5 + 0.75 \times 0.17}} \text{ N} \cdot \text{m}$$

$$= 534 \text{ N} \cdot \text{m}$$

电动机的额定转矩为

$$T_N = 9550 \frac{P_N}{n_N} = 9550 \times \frac{60}{1000} \text{ N} \cdot \text{m} = 573 \text{ N} \cdot \text{m}$$

因为 $T_N > T_{dx}$，所以发热校验通过。

负载的最大转矩为

$$T_m = \lambda_m T_N = 2 \times 573 \text{ N} \cdot \text{m} = 1146 \text{ N} \cdot \text{m}$$

因为 $0.85^2 T_m = 0.85^2 \times 1146 \text{ N} \cdot \text{m} = 828 \text{ N} \cdot \text{m} < T_{Lm} = 1150 \text{ N} \cdot \text{m}$，所以过载校验没有通过，应选择过载能力更大的电动机。

操作与技能考评

序号	主要内容	考核标准	评分标准	配分	扣分	得分
1	电动机额定功率	(1)能够简述平均损耗法、等效电流法、等效转矩法和等效功率法；(2)能熟练运用公式计算	(1)叙述不清、不达重点均不给分；(2)能独立完成思考与练习	50		
2	电动机的分类和性能特点	能够简述电动机种类、特性和运用场合	叙述不清、不达重点均不给分；电动机分类越细越好	50		

项目小结

电动机的选择包括电流种类、结构形式、额定电压、额定转速和额定功率等，其中以额定功率的选择为主要内容。

电动机运行时，总存在损耗，这些损耗是以热量的形式表现出来的。在电动机发热的同时，也存在向周围环境散热，当发热量和散热量相平衡时，电动机的温升达到稳定值。从电动机工作时能否达到其额定温升值，可确定电动机的发热条件是否得到充分利用。

绝缘材料的等级，反映了电动机工作时允许的最高温度值，超过此温度值运行则会使电动机绝缘材料老化速度加快，甚至烧坏。对于同样尺寸的电动机，采用等级高的绝缘材料，改善散热条件和提高额定效率，都可以使电动机的额定功率得到提高。

根据电动机负载和发热情况的不同,电动机的工作方式分为连续工作方式、短时工作方式和断续周期性工作方式 3 种。制造厂分别设计和制造不同工作方式的电动机,一般情况下,电动机铭牌上标明的工作方式应和电动机实际运行的工作方式相一致,但有时也可以不一致,例如连续运行方式的电动机也可用于短时工作方式等。

选择电动机功率分 3 个步骤,先根据生产机械的负载图计算负载功率,然后预选电动机,最后校验其过载能力和启动能力。

生产实际中的负载大多是周期变化负载,可根据生产机械的负载图及具体限制条件,借助平均损耗法、等效电流法、等效功率法计算出与实际负载时的发热量等效的等效损耗、等效电流、等效转矩、等效功率并以此作为发热校验的依据。其中,平均损耗法适用范围最为广泛。

三相异步电动机应采取适当措施实现节电运行,要对电机的运行过程进行正确的监护和日常维护。电动机的主要种类、性能特点及典型应用实例见下表。

电动机种类			主要性能特点	典型生产机械实例
交流电动机	三相异步电动机	笼式 普通笼式	机械特性硬、启动转矩不大、调速时需要调速设备	调速性能要求不高的各种机床、水泵、通风机
		笼式 高启动转矩	启动转矩大	带冲击性负载的机械,如剪床、冲床、锻压机;静止负载或惯性负载较大的机械,如压缩机、粉碎机、小型起重机
		多速	有几挡转速(2~4 挡)	要求有级调速的机床、电梯、冷却塔等
		绕线式	机械特性硬(转子串电阻后变软)、启动转矩大、调速方法多、调速性能及启动性能较好	要求有一定调速范围、调速性能较好的生产机械,如桥式起重机;启动、制动频繁且对启动、制动转矩要求高的生产机械,如起重机、矿井提升机、压缩机、不可逆轧钢机
	同步电动机		转速不随负载变化,功率因数可调节	转速恒定的大功率生产机械,如大中型鼓风及排风机、泵、压缩机、连续式轧钢机、球磨机
直流电动机	他励、并励		机械特性硬、启动转矩大、调速范围宽、平滑性好	调速性能要求高的生产机械,如大型机床(车、铣、刨、磨、镗)、高精度车床、可逆轧钢机、造纸机、印刷机
	串励		机械特性软、启动转矩大、过载能力强、调速方便	要求启动转矩大、机械特性软的机械,如电车、电气机车、起重机、吊车、卷扬机、电梯等
	复励		机械特性硬度适中、启动转矩大、调速方便	

思考与练习

8-1 电力拖动系统中电动机的选择主要包括哪些内容？

8-2 电动机运行时,发热的原因有哪些？

8-3 电动机稳定运行时的稳定温升取决于什么？ 在相同的尺寸下,提高电机的额定功率有哪些措施？

8-4 电动机的三种工作制是如何划分的？ 负载持续率 ε 表示什么意思？

8-5 电动机的温升主要受哪些因素的影响？ 可以采取哪些措施来降低电动机的温升？

8-6 为什么电动机刚投入运行时温升增长得很快,越到后来,温升增长越慢？

8-7 简述短时工作制的工作特点和定额指标。

8-8 电动机所采用的绝缘材料分哪些等级？ 它们允许的最高工作温度是多少？

8-9 电动机有哪几种工作方式？ 各有什么特点？

8-10 电动机的功率为何主要受温度限制？ 同一台电动机分别在连续长期工作、短时工作、周期工作时,电动机发热情况一样吗？

8-11 电动机额定功率的含义是什么？

8-12 电动机额定功率选得过大或不足时会引起什么后果？

8-13 连续工作方式的电动机功率的选择步骤是什么？

8-14 等效电流法、等效转矩法、等效功率法的适用条件有哪些？

8-15 同一台电动机,如果不考虑机械强度问题或换向问题,在下列条件下拖动负载运行时,为充分利用电动机,它的输出功率是否一样？ 哪个大？ 哪个小？

  (1)自然冷却,环境温度为 40 ℃ ;(2)强迫通风,环境温度为 40 ℃ ;(3)自然冷却,高温环境。

8-16 一台与电动机直接连接的离心式泵,流量为 0.018,扬程为 15 m,吸程为 3 m,转速为 1450 r/min,泵的效率为 $\eta_B = 0.48$,环境不超过 30 ℃,试选择电动机。

8-17 电动机额定功率修正的原因是什么？

8-18 为什么说平均损耗法和 3 种等效法只能用来进行发热校验而不能用来直接选择电动机的额定功率？

8-19 电动机的日常保养和运行监测包括哪些内容？

参考文献

[1] 周斐,张会娜.电机与拖动.南京:南京大学出版社,2012.

[2] 郭丙君.电机与拖动基础.北京:化学工业出版社,2012.

[3] 刘述喜,王显春.电机与拖动基础.北京:中国电力出版社,2012.

[4] 朱毅,徐木政.电机与拖动.北京:中国水利水电出版社,2012.

[5] 刘丽红.电机原理与拖动技术.北京:电子工业出版社,2012.

[6] 李开勤.电机与拖动基础.北京:高等教育出版社,2010.

[7] 赵君有.电机与拖动基础(第二版).北京:中国水利水电出版社,2012.

[8] 魏立明.电机与拖动基础.北京:中国电力出版社,2012.

[9] 张广溢.电机与拖动基础.北京:中国电力出版社,2012.

[10] 王晓敏.电机拖动与控制.北京:电子工业出版社,2012.

[11] 高学民等.电机与拖动.济南:山东科学技术出版社,2009.

[12] 范国伟.电机与拖动.北京:中国铁道出版社,2011.

[13] 王勇.电机及电力拖动.北京:中国农业出版社,2004.

[14] 许缪.电机与电气控制技术.北京:机械工业出版社,2008.

[15] 吴浩烈.电机及电力拖动基础.重庆:重庆大学出版社,1996.

[16] 茹反反,朱毅.电机与拖动.北京:国防工业出版社,2011.

[17] 赵影.电机与电力拖动(第3版).北京:国防工业出版社,2010.

[18] 王晓敏,段正忠.电机与拖动.郑州:黄河水利出版社,2008.

[19] 戴文进,陈瑛等.电机与拖动.北京:清华大学出版社,2008.

[20] 陈亚爱,周京华.电机与拖动基础及 MATLAB 仿真.北京:机械工业出版社,2011.

[21] 张爱玲.电力拖动与控制.北京:机械工业出版社,2003.

[22] 戴文进,肖倩华.电机与电力拖动基础.北京:清华大学出版社,2012.

[23] 林瑞光.电机与拖动基础(第三版).杭州:浙江大学出版社,2011.

[24] 张勇.电机拖动与控制.北京:机械工业出版社,2011.

[25] 姜玉柱.电机与电力拖动.北京:北京理工大学出版社,2011.

[26] 袁清萍.电机拖动与 PLC 技术.合肥:合肥工业大学出版社,2009.

[27] 刘玫,孙雨萍.电机与拖动.北京:机械工业出版社,2009.

[28] 李发海,王岩.电机与拖动基础(第4版).北京:清华大学出版社,2012.

[29] 王艳秋.电机及电力拖动.北京:化学工业出版社,2001.

［30］ 刘振兴,李新华,吴雨川. 电机与拖动. 武汉:华中科技大学出版社,2008.

［31］ 王石莉,张卫华. 电机与拖动技术基础. 北京:北京航空航天大学出版社,2012.

［32］ 边春元,满永奎. 电机原理与拖动. 北京:人民邮电出版社,2013.

［33］ 邵世凡. 电机与拖动. 杭州:浙江大学出版社,2008.

［34］ 许建国. 电机与拖动基础. 北京:高等教育出版社,2009.

［35］ 郭小波. 电机与电力拖动. 北京:北京航空航天大学出版社,2007.

［36］ 范国伟. 电机原理与电力拖动. 北京:人民邮电出版社,2012.

［37］ 王进野,张纪良. 电机拖动与控制(第2版). 天津:天津大学出版社,2011.

［38］ 李明. 电机与电力拖动(第3版). 北京:电子工业出版社,2010.

［39］ 徐虎. 电机及拖动基础. 北京:机械工业出版社,2001.

［40］ 孙建忠,刘凤春. 电机与拖动. 北京:机械工业出版社,2007.

［41］ 姚舜才,赵耀霞. 电机学与电力拖动技术. 北京:国防工业出版社,2009.

［42］ 叶云汉. 电机与电力拖动项目教程. 北京:科学出版社,2008.